La Sixième Extinction

Elizabeth Kolbert

La Sixième Extinction

Comment l'homme détruit la vie

Traduit de l'anglais (États-Unis)
par Marcel Blanc

La librairie
VUIBERT

ISBN 978-2-311-10061-7

Titre original :
The Sixth Extinction – An Unnatural History
Éditeur original :
Henry Holt and Company, New York, 2014.

La Librairie Vuibert
5, allée de la 2e D.-B., 75015 Paris
www.vuibert.fr
www.la-librairie-vuibert.com

Si un danger se profile à l'horizon de la trajectoire humaine, ce n'est pas tellement au sujet de la survie de notre propre espèce, mais plutôt dans la réalisation de cette suprême ironie de l'histoire évolutive : au moment où l'évolution organique est sur le point de « s'autocomprendre » par l'intermédiaire de l'esprit humain, elle envoie au néant ses plus belles créations.

Edward O. Wilson

Des siècles et des siècles et c'est seulement dans le présent que les faits se produisent.

Jorge Luis Borges

Prologue

Les commencements, dit-on, sont souvent nébuleux. C'est le cas dans la présente histoire, qui débute il y a peut-être deux cent mille ans par l'apparition d'une nouvelle espèce. Celle-ci n'a pas encore de nom, comme tout ce qui existe alors. Elle dispose en revanche de la capacité de nommer les choses.

Comme pour toute espèce dans ses premiers moments, sa survie est précaire. Ses effectifs sont faibles et son aire de répartition est restreinte : une petite partie de l'Afrique de l'Est seulement. Lentement, sa population s'accroît, mais il semble bien qu'elle diminue ensuite (frôlant l'extinction, affirment certains), jusqu'à ne plus compter que quelques milliers de couples.

Les membres de cette espèce ne sont pas particulièrement rapides, ni forts, ni féconds. Ils sont, cependant, singulièrement ingénieux. Ils colonisent progressivement des régions où ils trouvent des proies, des prédateurs et des climats inédits. Aucune des contraintes exercées habituellement par le milieu ou les circonstances géographiques ne semble les arrêter. Ils franchissent des rivières, des plateaux, des chaînes de montagnes. Dans les régions côtières, ils ramassent des coquillages ; à l'intérieur des terres, ils chassent les mammifères. Partout où ils s'installent, ils s'adaptent, ils innovent. Lorsqu'ils atteignent l'Europe, ils rencontrent des êtres qui leur ressemblent beaucoup : plus trapus, probablement plus musclés, ils vivent sur ce continent depuis bien plus longtemps également. Ils se croisent avec eux, puis, sans qu'on sache réellement comment, les exterminent.

La façon dont prend fin cette rencontre constituera le prototype d'autres interactions. À mesure que notre espèce étend son aire de répartition, elle croise le chemin d'animaux deux fois, dix fois ou même vingt fois plus imposants que ses membres : il s'agit de félins gigantesques, d'ours monstrueux, de tortues éléphantesques, de paresseux hauts de 5 mètres. Ces animaux sont bien plus forts et souvent bien plus féroces. Mais ils se reproduisent lentement et se font éliminer.

Bien que foncièrement adaptée à la vie sur terre, notre espèce, douée d'une capacité d'invention sans limites, franchit les mers. Elle découvre des îles peuplées par des produits « hors normes » de l'évolution : des oiseaux dont les œufs avoisinent les 30 centimètres, des hippopotames à peine plus grands que des cochons, des scinques géants. Accoutumées à vivre isolées, ces espèces sont mal préparées à affronter les nouveaux venus ou les immigrants qui les accompagnent (des rats, principalement). Nombre d'entre elles succombent à leur tour.

L'histoire se poursuit, procédant par à-coups, pendant des milliers d'années, jusqu'à ce que notre espèce, que l'on ne saurait continuer à qualifier de « nouvelle », se répande dans pratiquement tous les recoins de la planète. À ce moment-là, plusieurs phénomènes se déroulent plus ou moins simultanément, qui permettent à *Homo sapiens* (c'est ainsi que cette espèce s'est elle-même baptisée) de se reproduire à une vitesse désormais sans précédent. En un siècle, sa population double ; puis de nouveau, et de nouveau encore. De vastes forêts sont rasées. Les hommes procèdent à l'élimination des arbres dans le but explicite de se nourrir grâce à l'agriculture. Sans l'avoir aussi rigoureusement planifié, ils font transiter des animaux et des plantes d'un continent à l'autre, redistribuant ainsi les composantes de la biosphère.

Pendant ce temps, une transformation encore plus singulière et radicale se produit. Ayant découvert des réserves d'énergie souterraines, les hommes provoquent le changement de la composition de l'atmosphère. Celui-ci, à son tour, modifie le climat et la composition chimique des océans. Certaines espèces de plantes et d'animaux s'adaptent en se déplaçant. Elles gagnent de l'altitude dans les montagnes ou migrent vers les pôles. Un grand nombre d'entre elles cependant (d'abord des centaines, puis des milliers, et finalement peut-être des millions) sont condamnées. Les taux d'extinction montent en flèche et la structure du monde organique s'en trouve bouleversée.

Auparavant, aucun être vivant n'a jamais modifié de cette façon la faune et la flore à l'échelle planétaire ; et, cependant, des événements comparables se sont déjà produits. À de très, très rares occasions, dans le passé lointain, la planète a subi des changements tellement violents que la diversité de la vie s'est effondrée. Cinq de ces événements survenus dans les temps paléontologiques ont représenté de telles catastrophes qu'on les a rangés dans une catégorie à part : celle des cinq grandes extinctions. Par ce qui semble être une extraordinaire coïncidence, mais qui n'en est probablement pas une, l'homme devient capable de retracer l'histoire de ces extinctions massives au moment même où il prend conscience qu'il est en train d'en provoquer une nouvelle. S'il est encore trop tôt pour affirmer qu'elle atteindra des proportions identiques à celles des cinq grandes, on a coutume de la qualifier de *sixième extinction.*

L'histoire de la sixième extinction, du moins telle que j'ai choisi de la raconter, se décline en treize chapitres. Chacun d'entre eux relate le destin d'une espèce donnée, chacune étant, d'une certaine façon, emblématique : le mastodonte d'Amérique ; le grand pingouin ; une espèce d'ammonite disparue à la fin du Crétacé, en même temps que les dinosaures.

Les organismes dont il est question dans les premiers chapitres sont des espèces effectivement éteintes ; aussi la première partie de ce livre est-elle surtout consacrée aux grandes extinctions du passé et aux péripéties auxquelles leur étude scientifique, initiée grâce aux travaux du naturaliste Georges Cuvier, a donné lieu. La seconde partie se rapporte plus franchement aux temps présents : elle examine la forêt tropicale humide d'Amazonie, de plus en plus morcelée ; un flanc de montagne andine, où la température augmente rapidement ; des bancs rocheux à la périphérie de la Grande Barrière de corail. J'ai choisi de me rendre en ces lieux particuliers, pour les raisons mêmes que les journalistes invoquent habituellement : parce qu'il y avait là une station de recherche, ou parce que quelqu'un m'avait invitée à rejoindre une expédition donnée. L'ampleur actuelle des changements en cours est telle que j'aurais pu aller à peu près n'importe où dans le monde et, avec des indications appropriées, trouver des signes révélant ces changements. L'un des chapitres porte ainsi sur un processus d'extinction ayant plus ou moins cours dans mon propre jardin (et peut-être bien aussi dans le vôtre).

Si le phénomène de l'extinction constitue en soi un sujet morbide, celui de l'extinction de masse l'est au plus haut point. J'ai essayé de mettre en lumière ici les deux aspects majeurs qui lui sont liés : celui, saisissant, des connaissances que l'homme acquiert, et celui, apocalyptique, d'une désolation annoncée. J'espère que les lecteurs refermeront ce livre en ayant pris conscience de la période véritablement exceptionnelle que nous sommes en train de vivre.

Chapitre 1

La sixième extinction

Atelopus zeteki

La ville d'El Valle de Antón, dans le centre du Panamá, est située au milieu d'un cratère volcanique. Formé il y a environ un million d'années, celui-ci mesure presque 7 kilomètres de large, mais par temps clair, on aperçoit une série de collines escarpées autour de la ville qui rappellent les murs d'enceinte d'une forteresse en ruine. El Valle possède une unique rue principale, un poste de police et un marché en plein air. Outre l'étalage habituel de chapeaux « panamas » et de broderies vivement colorées, on y trouve ce qui est probablement la plus vaste collection au monde de statuettes de grenouilles dorées du Panamá. Certaines sont posées sur des feuilles, d'autres se tiennent droites sur leur arrière-train, d'autres encore, on se demande pourquoi, serrent un téléphone portable entre leurs pattes. Ces statuettes sont parfois vêtues de jupes à fanfreluches, esquissent un pas de danse ou portent aristocratiquement un fume-cigarette à leur bouche. La grenouille dorée, jaune comme les taxis new-yorkais, avec des taches d'un brun sombre, est endémique de la région d'El Valle. Elle est considérée au Panamá comme un porte-bonheur : son effigie ornait autrefois les billets de loterie.

Il y a encore dix ans, on apercevait des grenouilles dorées dans les collines environnant El Valle. Leur venin (on a calculé que celui contenu dans la peau d'un seul individu peut tuer mille souris de taille moyenne) les pare d'une couleur éclatante, ce qui les fait ressortir de façon très voyante sur le fond sombre du sol de la forêt. Il existe un petit cours d'eau, non loin d'El Valle, jadis surnommé le « ruisseau aux mille grenouilles ». Un promeneur marchant le long de ses rives pouvait croiser une telle quantité de ces amphibiens se chauffant au soleil qu'un herpétologiste qui avait effectué cette randonnée de nombreuses fois m'avait décrit le spectacle en disant : « C'était proprement stupéfiant. »

Les grenouilles autour d'El Valle ont ensuite commencé à disparaître. Ce phénomène (il n'était alors pas encore perçu comme critique) avait été observé pour la première fois à l'ouest du pays, à la frontière du Panamá avec le Costa Rica. Une étudiante américaine s'y était rendue par hasard pour étudier les grenouilles de la forêt tropicale humide. Elle était ensuite repartie aux États-Unis pour y rédiger sa thèse, puis, lors de son retour dans la région, avait été incapable d'y retrouver la moindre grenouille, ni d'ailleurs aucun autre amphibien d'aucune sorte. Elle n'avait pas la moindre idée de ce qu'il était en train de se passer, mais puisqu'elle avait besoin de grenouilles pour son travail de recherche, elle s'était rabattue sur un nouveau site d'étude, localisé un peu plus loin à l'est. Au début, les grenouilles y semblèrent en bonne santé, mais un phénomène identique se produisit : les amphibiens disparurent. La malédiction se répandit à travers la forêt tropicale humide jusqu'à ce que, en 2002, les grenouilles des collines et des ruisseaux aux environs de Santa Fe, à 80 kilomètres environ à l'ouest d'El Valle, fussent complètement décimées. En 2004, on commença à trouver de petits cadavres encore plus près d'El Valle, autour de la ville d'El Copé. À ce moment-là, un groupe de biologistes panaméens et américains estima que la grenouille dorée était une espèce en danger critique. Ils décidèrent d'essayer de sauver une population relique, en capturant dans la forêt quelques dizaines d'individus de chaque sexe et en les élevant en milieu fermé. Cependant, le phénomène inconnu responsable de la mort des amphibiens balayait le pays encore plus vite que les biologistes ne l'avaient craint. Avant même qu'ils aient pu mettre en œuvre leur plan, les grenouilles furent décimées.

La première fois que j'entendis parler des grenouilles d'El Valle, c'était dans un magazine sur la nature que j'avais emprunté à mes enfants[1]. L'article, illustré de photos de la grenouille dorée panaméenne et d'autres espèces vivement colorées, rapportait l'histoire du fléau en expansion, ainsi que les efforts déployés par les biologistes pour y faire face. Ils avaient espéré faire construire un nouveau laboratoire à El Valle, mais ce projet ne put aboutir assez rapidement. Les biologistes s'employèrent à sauver autant d'animaux que possible, sans savoir où ils pourraient les héberger. Quelle décision prirent-ils en fin de compte ? Ils les logèrent dans un « hôtel pour grenouilles ». Au « merveilleux hôtel pour grenouilles » (en fait, un *bed and breakfast* local), pour reprendre le titre de l'article, on accepta de garder les grenouilles (dans leurs bacs) au sein d'une maison dont la vocation initiale était d'accueillir les visiteurs de passage.

« Avec les biologistes aux petits soins pour elles, les grenouilles bénéficient de prestations tout confort, comprenant ménage et repas servis en chambre », remarquait le magazine. On leur servait également de déli-

cieux aliments frais (« tellement frais, en fait, qu'ils pourraient fort bien sauter hors de l'assiette »).

Quelques semaines après avoir lu cet article au ton fort différent, j'en découvris un autre, qui évoquait lui aussi ces amphibiens[2]. Publié dans les *Proceedings of the National Academy of Sciences*, il avait été rédigé par deux herpétologistes. Il était intitulé : « Sommes-nous en plein cœur de la sixième extinction de masse ? Les enseignements du monde des amphibiens ». Les auteurs, David Wake, de l'université de Californie à Berkeley, et Vance Vredenburg, de l'université d'État de San Francisco, rappelaient la survenue de cinq grandes extinctions de masse au cours de l'histoire de notre planète. Ils décrivaient ces extinctions comme des événements ayant entraîné une « baisse marquée de la biodiversité ». La première avait eu lieu à la fin de la période géologique appelée Ordovicien, il y a quelque 450 millions d'années, à une époque où les animaux et les végétaux étaient encore largement confinés au domaine aquatique. L'extinction la plus dévastatrice était survenue à la fin de la période géologique appelée Permien, il y a environ 250 millions d'années, et elle avait failli provoquer l'élimination pure et simple de toute forme de vie à la surface de la Terre. (Cet événement est parfois désigné sous le nom de « mère de toutes les extinctions de masse » ou encore sous celui de « grande hécatombe ».) La plus récente (et la plus célèbre) des extinctions de masse s'était produite à la fin de la période géologique appelée Crétacé : elle balaya, outre les dinosaures, les plésiosaures, les mosasaures, les ammonites et les ptérosaures. Wake et Vredenburg soutenaient que, sur la base des taux d'extinction observés chez les amphibiens, on pouvait affirmer qu'un phénomène catastrophique d'une nature similaire était actuellement en cours. Leur article était illustré d'une seule et unique photographie : une dizaine de grenouilles des montagnes à pattes jaunes, gisant mortes sur des pierres, boursouflées et le ventre en l'air.

Je comprenais qu'un magazine pour enfants ait choisi de publier des photos de ces grenouilles vivantes plutôt que mortes. Je comprenais aussi que les rédacteurs aient eu envie de monter en épingle une histoire charmante, à la Beatrix Potter, dans laquelle des amphibiens commandaient leurs repas depuis leur chambre. J'estimais toutefois, en tant que journaliste, que cet article n'avait rapporté que des détails secondaires et était passé à côté du sujet essentiel. On ne peut que considérer comme extraordinairement rare un type d'événement qui ne s'est produit que cinq fois depuis que les premiers animaux dotés de vertèbres sont apparus, il y a quelque 500 millions d'années. L'idée qu'un sixième événement de ce genre était vraisemblablement en train de se dérouler plus ou moins directement sous nos yeux me stupéfiait. Sans aucun doute cette histoire, d'une ampleur bien plus considérable, bien plus dramatique, et aux conséquences bien plus importantes que l'anecdote de l'hôtel, méritait-elle, elle aussi, d'être rapportée. Si Wake et Vredenburg ont raison, alors nous sommes aujourd'hui non seulement les témoins de l'un des événements les plus rares de l'histoire des êtres vivants, mais également ses instigateurs. « Une espèce envahissante, remarquaient les deux biologistes, est, sans l'avoir recherché à dessein, devenue capable d'affecter directement son propre destin ainsi que celui de la plupart des autres espèces sur cette planète. » Quelques jours après avoir lu l'article de Wake et Vredenburg, je m'envolai pour le Panamá.

Le Centre de conservation des amphibiens d'El Valle s'étend le long d'une route non goudronnée, pas très loin du marché en plein air où l'on vend des statuettes de grenouilles dorées. Il possède à peu près les dimensions de ces grandes villas tout en longueur et de plain-pied, typiques des banlieues résidentielles américaines, et se trouve à l'arrière d'un petit zoo assoupi, juste après la cage des paresseux (vraiment assoupis, quant à eux). Le bâtiment est entièrement rempli de bacs. Certains sont alignés le long des murs, d'autres sont entassés en grand nombre au centre de la pièce, à l'instar de livres sur des étagères. Les plus grands de ces bacs sont occupés par des espèces comme la rainette lémur arboricole, qui vit dans la canopée ; les plus petits abritent des espèces telles que *Craugastor megacephalus*, qui vit sur le plancher de la forêt. Les bacs contenant des grenouilles marsupiales cornues, qui portent leurs œufs dans une poche, voisinent avec ceux contenant des rainettes à tête casquée, qui portent leurs œufs sur leur dos. Quelques dizaines de bacs hébergent la grenouille dorée panaméenne, *Atelopus zeteki*.

Une grenouille dorée du Panamá (*Atelopus zeteki*).

Cette dernière se déplace de façon caractéristique : elle va l'amble, ce qui lui donne vaguement l'air d'un ivrogne essayant de marcher droit. Elle a de longs membres très minces, un museau jaune très pointu et des yeux très sombres grâce auxquels elle semble regarder le monde avec circonspection. Au risque de paraître un peu naïve, j'affirme qu'elle a l'air intelligente. Dans la nature, les femelles déposent leurs œufs dans des cours d'eau peu profonds ; les mâles, pendant ce temps, défendent leur territoire, perchés sur de grosses pierres moussues. Au Centre de conservation des amphibiens d'El Valle, chaque bac contenant des grenouilles dorées possède son propre filet d'eau courante, alimenté par son propre petit tuyau, de sorte que les animaux peuvent se reproduire dans un environnement simulant les ruisseaux qui constituaient jadis leur habitat. Dans l'un de ces ersatz de cours d'eau, j'ai remarqué un chapelet de petits œufs ressemblant à des perles. Sur un tableau blanc voisin, quelqu'un avait triomphalement noté que l'une des grenouilles « *depositó huevos !!* ».

Le Centre de conservation des amphibiens d'El Valle se trouve *grosso modo* au centre de l'aire de répartition de la grenouille dorée, mais il est, à dessein, totalement isolé du monde extérieur. Rien ne pénètre dans ce bâtiment sans avoir été minutieusement désinfecté, y compris les grenouilles, lesquelles, pour y être admises, doivent d'abord être traitées au moyen d'eau de Javel diluée. Il est demandé aux visiteurs de porter des chaussures spéciales et de laisser au vestiaire tout sac ou matériel qu'ils auraient pu utiliser dans la nature. Toute l'eau entrant dans les bacs est filtrée et fait l'objet d'un traitement spécial. Le caractère clos de ce lieu donne l'impression de se trouver dans un sous-marin ou, pour utiliser une comparaison plus opportune, dans une arche en plein déluge.

Le directeur du Centre est un Panaméen nommé Edgardo Griffith. Grand, la carrure sportive, le visage rond et souriant, il porte un anneau d'argent à chaque oreille et un grand tatouage sur le tibia gauche représentant un squelette de crapaud. Âgé d'environ trente-cinq ans, il a consacré pratiquement toute sa vie d'adulte aux amphibiens d'El Valle, et a également converti sa femme, une Américaine venue au Panamá faire de l'humanitaire, en militante de la cause des grenouilles. Il fut le premier à remarquer les petits cadavres dans la région et recueillit personnellement un grand nombre des centaines d'amphibiens qui avaient pris une chambre à l'hôtel. (Ces animaux furent transférés au Centre de conservation lorsque sa construction fut achevée.) Si le Centre est une sorte d'arche, Griffith en est le Noé, mais en service prolongé, car il s'occupe de cette mission depuis bien plus de quarante jours. Il m'a déclaré qu'une part importante de son travail consistait à apprendre à connaître les grenouilles individuellement. « Chacune d'entre elles a la même valeur à mes yeux qu'un éléphant », m'a-t-il dit.

La première fois que j'ai visité le Centre, Griffith m'a montré les représentants d'espèces désormais éteintes. Il y avait, parmi celles-ci, outre la grenouille dorée panaméenne, la rainette aux membres frangés, décrite pour la première fois en 2005 seulement. Lors de ma première visite, le Centre ne possédait déjà plus qu'une seule de ces rainettes, de sorte que, pour cet amphibien, le stade « arche de Noé », qui aurait consisté à sauvegarder au moins un couple de cette espèce, était déjà dépassé. Cette grenouille, d'un brun verdâtre, avec des petites taches jaunes, mesurait environ 10 centimètres de long et avait des pieds surdimensionnés, ce qui lui donnait l'aspect d'un adolescent un peu gauche. Les rainettes aux membres frangés vivaient dans la forêt au-dessus d'El Valle, et elles pondaient leurs œufs dans les trous de souches. Les modalités de développement de leur progéniture comportaient une caractéristique inhabituelle, peut-être unique en son genre : les mâles prenaient soin des têtards en leur permettant de ronger un peu de leur peau sur le dos. Griffith m'a dit que, selon lui, on était probablement passé à côté de nombreuses autres espèces d'amphibiens, lorsqu'on s'était empressé, à l'origine, de collecter ces animaux pour le Centre, et que, depuis, ces espèces qui n'avaient pas été recueillies s'étaient sûrement éteintes ; il était difficile d'en évaluer le nombre, puisque la plupart d'entre elles n'avaient pas bénéficié d'une identification par la science. « Malheureusement, me dit-il, nous sommes en train de perdre tous ces amphibiens avant même d'en connaître l'existence. »

« Même les habitants humains d'El Valle le remarquent, me confia-t-il. Ils me disent : "Qu'est-il arrivé aux grenouilles ? On ne les entend plus lancer leurs cris d'appel." »

Il y a quelques dizaines d'années, lorsque commencèrent à être publiés les premiers articles signalant que les populations de grenouilles étaient en train de s'effondrer, ces informations furent initialement mises en doute par certains des herpétologistes les mieux renseignés. Après tout, les amphibiens comptent parmi les animaux dont la durée de survie sur la planète est la plus longue. Les ancêtres des grenouilles d'aujourd'hui sont sortis de l'eau il y a quelque 400 millions d'années, et c'est aux alentours de 250 millions d'années avant notre époque qu'apparurent par évolution les premiers représentants de ce qui allaient devenir les ordres d'amphibiens modernes : l'un comprend les grenouilles et les crapauds ; un autre, les tritons et les salamandres ; et un troisième, d'étranges animaux, dépourvus de membres, appelés les « gymnophiones ». Cela signifie que les amphibiens étaient là non seulement avant, disons, les mammifères ou les oiseaux... mais même avant les dinosaures.

La plupart des amphibiens (d'après son étymologie grecque, ce mot signifie « double vie ») sont encore très étroitement liés au domaine aquatique d'où ils sont sortis. (Les Égyptiens pensaient que les grenouilles étaient engendrées par l'accouplement des eaux et de la terre, lors des crues annuelles du Nil.) Leurs œufs, qui n'ont pas de coquille, doivent garder une teneur en eau suffisante pour permettre le développement des têtards. C'est la raison pour laquelle de nombreuses grenouilles, à l'instar de la grenouille dorée du Panamá, pondent leurs œufs dans des cours d'eau ; d'autres, dans des mares temporaires ; d'autres encore, sous la terre ; et d'autres enfin, dans des nids bâtis avec de la mousse. Outre les grenouilles qui portent leurs œufs sur le dos ou dans des poches, il en est qui les enroulent autour de leurs pattes comme des bandages. Jusqu'à récemment, avant qu'elles ne se soient toutes deux éteintes, il existait deux espèces qui incubaient leurs œufs dans leur estomac et donnaient naissance par la bouche à de minuscules grenouilles.

Les amphibiens sont apparus à une époque où la totalité des terres émergées formait un seul supercontinent, la Pangée. Après sa dislocation, ils se sont adaptés aux conditions qui régnaient sur chacun des continents en ayant résulté, à l'exception de l'Antarctique. On a identifié un peu plus de 7 000 espèces d'amphibiens dans le monde entier, et tandis que le plus grand nombre d'entre elles habite les forêts tropicales humides, quelques-unes, comme la grenouille des dunes d'Australie, vivent dans le désert, et d'autres, comme la grenouille des bois, au-delà du cercle arctique. Plusieurs espèces communes d'Amérique du Nord, comme la rainette crucifère, sont capables de survivre à l'hiver complètement congelées, à l'instar de bâtonnets de glace au sirop. La longue histoire évolutive des amphibiens a eu pour conséquence que des espèces qui semblent superficiellement très similaires aux yeux d'observateurs néophytes peuvent, du point de vue génétique, être aussi différentes les unes des autres que, par exemple, la chauve-souris du cheval.

David Wake, l'un des auteurs de l'article qui m'avait incitée à partir au Panamá, faisait partie des biologistes qui, initialement, ne croyaient pas que les amphibiens étaient en train de disparaître. On était alors au milieu des années 1980. Ses étudiants commençaient à revenir de missions de collecte dans la sierra Nevada sans avoir pu rencontrer la moindre grenouille. Wake se souvint alors que, lorsqu'il était lui-même étudiant, dans les années 1960, il était difficile de ne pas trouver d'amphibiens dans cette région montagneuse. « Dès que vous marchiez à travers prés, vous tombiez sur des grenouilles par inadvertance, me dit-il. Il y en avait vraiment partout. » Il soupçonna alors ses étudiants de ne pas se rendre aux bons endroits, ou bien de tout bonnement ignorer la manière de repérer ces animaux. Par la suite, un chercheur ayant à son actif un doctorat et plusieurs années d'expérience dans la collecte des amphibiens lui dit qu'il ne parvenait pas non plus à les localiser. « Je lui ai répondu : "Bon, je vais vous accompagner, et nous allons nous rendre dans des endroits où la présence des amphibiens est bien attestée", m'a raconté Wake. Je l'ai emmené dans l'un de ces lieux, et nous n'avons trouvé, ma foi, qu'un ou deux crapauds. »

L'un des facteurs qui rendaient ces constatations assez incompréhensibles était la diversité des conditions géographiques régnant dans les régions dépeuplées d'amphibiens. Il ne s'agissait pas seulement de zones à forte densité de populations humaines, bouleversées par l'urbanisation ou l'agriculture, mais aussi de lieux restés à peu près dans leur état vierge originel, comme la sierra Nevada aux États-Unis ou les montagnes de l'Amérique centrale. À la fin des années 1980, une herpétologiste américaine se rendit à la réserve de la forêt de nuages de Monteverde, au nord du Costa Rica, pour étudier le comportement reproducteur du crapaud doré[3]. Elle passa deux saisons sur le terrain à rechercher cet animal. Là où jadis on observait des masses grouillantes de crapauds en train de s'accoupler, un seul mâle fut repéré. (Le crapaud doré, désormais répertorié comme « éteint », était en réalité de couleur orange vif. Il n'était que très lointainement apparenté à la grenouille dorée panaméenne, laquelle est aussi, scientifiquement parlant, un crapaud, en raison de l'existence d'une paire de glandes situées derrière les yeux.) À peu près à la même époque, dans le centre du Costa Rica, les biologistes remarquèrent que les populations de plusieurs espèces endémiques de grenouilles avaient beaucoup diminué. Des espèces rares et extrêmement spécialisées étaient en train de disparaître, et il en allait de même pour d'autres, beaucoup plus courantes. En Équateur, l'atélope flamboyant, un crapaud qui s'aventurait fréquemment dans les jardins autour des maisons, avait disparu en l'espace de quelques années. Enfin, dans l'État du Queensland, en Australie, on ne pouvait plus désormais trouver de représentants de la grenouille diurne méridionale, jadis l'une des plus répandues dans la région.

Le premier indice sur l'identité du mystérieux tueur qui s'attaquait aux grenouilles, du Queensland à la Californie, provint d'un zoo (ce qui peut sembler paradoxal, mais ne l'est peut-être pas tant que ça). Au zoo national de Washington, on conservait des grenouilles appelées « dendrobates à tapirer » (issues du Surinam), que l'on avait réussi à faire se reproduire sur de nombreuses générations. Plus ou moins du jour au lendemain, la population de ces grenouilles élevées en terrarium commença à chuter. Un pathologiste vétérinaire du zoo préleva des échantillons sur quelques cadavres et les observa au microscope électronique à balayage. Il découvrit un étrange micro-organisme sur la peau des amphibiens : il l'identifia à un champignon appartenant au groupe des chytrides.

On trouve des champignons chytrides à peu près partout, au sommet des arbres aussi bien que dans les profondeurs du sol. On n'avait cependant encore jamais rencontré cette espèce particulière. Elle était même tellement inhabituelle qu'il fallut créer un genre nouveau pour la situer dans la classification des champignons microscopiques. On la baptisa du nom de *Batrachochytrium dendrobatidis* (*batrachos* est le terme grec pour « grenouille »), que l'on abrège en « Bd ».

Le pathologiste vétérinaire envoya à un mycologue de l'université du Maine des échantillons prélevés sur les grenouilles infectées du zoo national. Ce spécialiste réalisa des cultures du microchampignon et en retourna quelques-unes à Washington. Lorsque des dendrobates à tapirer en bonne santé furent exposés aux souches de « Bd » cultivées en laboratoire, ils tombèrent malades. Au bout de trois semaines, ils moururent. Des recherches ultérieures montrèrent que « Bd » interfère avec une importante fonction physiologique des grenouilles : le transport d'électrolytes cruciaux à travers la peau. Cette interférence a pour conséquence de provoquer un arrêt cardiaque.

L'expression « travaux en cours » est peut-être la plus appropriée pour décrire l'ambiance régnant en permanence au Centre de conservation des amphibiens d'El Valle. Pendant la semaine que j'y ai passée s'y trouvait également une équipe de volontaires américains qui participaient à la mise en place d'une exposition. Celle-ci allait être ouverte au public, aussi, pour des raisons de biosécurité, fallait-il faire en sorte qu'elle soit isolée et dispose d'une entrée séparée. Les murs présentaient des emplacements évidés, dans lesquels on mettrait les bacs de verre des amphibiens. Autour de ces cavités, on avait peint un paysage montagneux semblable à celui qu'on pouvait apercevoir si on regardait les hautes collines environnantes. Le clou de l'exposition devait être un grand bac rempli de grenouilles dorées panaméennes, et les volontaires s'efforçaient de construire pour elles une murette en béton d'un mètre de haut, d'où tomberait une cascade. Mais ils rencontraient des problèmes avec le système de pompage de l'eau et il leur était difficile de trouver des pièces de rechange dans cette vallée dénuée de la moindre quincaillerie. Les volontaires passaient donc le plus clair de leur temps à attendre, sans rien pouvoir faire.

J'ai passé aussi de longues heures à partager leur désœuvrement. À l'instar de Griffith, tous les volontaires étaient des amoureux des amphibiens. J'appris que plusieurs d'entre eux étaient gardiens de zoo et qu'ils s'occupaient d'amphibiens, chez eux, aux États-Unis. (L'un d'eux me confia que les grenouilles avaient conduit son couple au divorce.) Je fus touchée par le dévouement de cette équipe, mue par un sentiment de responsabilité identique à celui qui avait amené leurs pairs panaméens à installer les grenouilles « à l'hôtel », puis les avait poussés à construire le Centre de conservation des amphibiens et à le faire fonctionner, avant même qu'il ne soit complètement achevé. Mais je ne pouvais pas m'empêcher de ressentir une impression d'affreuse tristesse en regardant les paysages montagneux verdoyants peints sur les murs et la cascade artificielle.

Puisqu'il ne restait pratiquement plus de grenouilles dans les forêts autour d'El Valle, la décision de les transférer au Centre de conservation apparaissait maintenant clairement fondée. Et cependant, plus la durée de leur séjour au Centre se prolongeait, plus il devenait difficile de définir l'objectif de leur prise en charge. Il s'avéra que le chytride n'avait nul besoin des amphibiens pour survivre. Cela signifiait que, même après avoir tué toutes les grenouilles de la région, il continuerait à y mener sa vie de chytride, quelle qu'en fût la nature. Donc, si on permettait aux grenouilles dorées du Centre de conservation de retourner dans les vraies collines environnant El Valle, elles tomberaient malades et périraient. (Bien qu'on puisse détruire le microchampignon au moyen d'eau de Javel, il est évidemment impossible de désinfecter une forêt entière.) Toutes les personnes avec lesquelles je me suis entretenue au Centre de conservation m'ont dit que l'objectif de celui-ci était de garder les amphibiens jusqu'à ce qu'ils puissent être relâchés et repeupler les forêts, mais toutes ont également reconnu qu'elles ne voyaient pas comment cet objectif pourrait être concrètement réalisé.

« Nous espérons que, d'une manière ou d'une autre, tout finira par s'arranger », m'a dit Paul Crump, un herpétologiste du zoo de Houston, qui dirigeait le projet en souffrance de la cascade artificielle. « Nous espérons qu'il se produira quelque chose, que nous serons alors en mesure de tout remettre sur pied et que tout redeviendra comme avant, ce qui, énoncé ainsi à voix haute, me paraît hautement improbable. »

« L'enjeu crucial consiste à ramener les grenouilles dans la nature, un projet que je considère chaque jour un peu plus comme chimérique », estime Griffith.

Après que le chytride eut sévi dans la région d'El Valle, il ne s'arrêta pas en si bon chemin : il continua à se propager vers l'est. Il arriva également au Panamá via la Colombie. Le microchampignon se répandit dans toutes les régions montagneuses de l'Amérique du Sud et descendit sur toute la côte est de l'Australie pour finalement parvenir en Nouvelle-Zélande et en Tasmanie. Il s'est propagé à toute vitesse dans les Caraïbes et a été détecté en Italie, en Espagne, en Suisse et en France. Aux États-Unis, il semble avoir rayonné à partir de plusieurs points, avançant non pas tellement à la manière d'une seule lame, mais à la façon d'une série de vagues. À ce stade, rien ne paraît, en fait, pouvoir l'arrêter*.

De la même façon que les acousticiens parlent de « bruit de fond » dans le domaine de l'écoute des sons, les biologistes invoquent un « bruit de fond d'extinctions ». En temps ordinaires (les temps considérés ici étant des époques géologiques entières), les extinctions ne se produisent que rarement, plus rarement même que les spéciations, et elles se produisent à une fréquence que l'on nomme le « taux d'extinction de fond ». Ce taux varie d'un groupe d'organismes à l'autre ; on l'exprime souvent en termes d'extinctions par million d'espèces-année. Le calcul du taux d'extinction de fond est une tâche laborieuse, qui demande de passer au crible des bases de données entières d'espèces fossiles. En ce qui concerne le groupe probablement le mieux étudié, c'est-à-dire celui des mammifères, on a calculé qu'il est grossièrement de 0,25 par million d'espèces-

* Récemment, des expériences en laboratoire ont montré qu'une bactérie vivant naturellement sur la peau des amphibiens, appelée *Janthinobacterium lividum*, sécrète une toxine capable de tuer le champignon « Bd » et ainsi de protéger en laboratoire certaines espèces de grenouilles contre la maladie, par exemple la grenouille des montagnes à pattes jaunes (mais non la grenouille dorée du Panamá). À partir de 2010, le biologiste américain Vance Vredenburg a alors introduit dans des mares de la sierra Nevada des grenouilles des montagnes à pattes jaunes qu'il avait préalablement baignées dans une solution enrichie en cette bactérie protectrice. Dans une communication personnelle à Elizabeth Kolbert, il a rapporté, en novembre 2014, que « 40 % des grenouilles traitées avaient survécu dans la nature en dépit de l'épidémie de mycose, comparé à 0 % des grenouilles non traitées ». Malheureusement, l'expérience a été interrompue prématurément à cause d'épisodes de sécheresse puis de froid intense durant l'hiver 2011-2012 ayant tué tous les amphibiens. On ne sait donc pas si la protection des grenouilles aurait pu aussi concerner les générations ultérieures, grâce à la diffusion de *Janthinobacterium lividum* dans les mares de la sierra Nevada. *[Sauf mention contraire, toutes les notes de bas de page sont du traducteur.]*

année[4]. Dans la mesure où l'on dénombre environ 5 500 espèces de mammifères vivant autour de nous aujourd'hui, il faut s'attendre, étant donné ce taux d'extinction de fond, à ce qu'une espèce disparaisse tous les sept cents ans (encore une fois, très grossièrement).

Les extinctions de masse sont très différentes. Au lieu du ronronnement de fond, il se produit une fracassante débâcle, au cours de laquelle le nombre de disparitions d'espèces grimpe en flèche. Anthony Hallam et Paul Wignall, des paléontologues britanniques qui ont beaucoup écrit sur ce sujet, définissent les extinctions de masse comme des événements éliminant une « partie considérable des biotes du monde entier au cours d'un intervalle de temps géologiquement insignifiant[5] ». Un autre spécialiste, David Jablonski, caractérise les extinctions de masse comme des « pertes élevées de biodiversité » qui surviennent rapidement et s'étendent à « l'échelle de la planète[6] ». Michael Benton, un paléontologue qui a étudié l'extinction de la fin du Permien, emploie la métaphore de « l'arbre de la vie » : « Lors d'une extinction de masse, de vastes séries de branches sont coupées à ras, comme si l'arbre était attaqué à la hache par des bûcherons fous[7]. » Un cinquième paléontologue, David Raup, a essayé de considérer les choses selon le point de vue des victimes : « Les espèces ne connaissent qu'un faible risque d'extinction la plupart du temps. » Cependant, « cet état de relative stabilité est ponctué à de rares moments par des épisodes où le risque d'extinction est infiniment plus élevé ». L'histoire de l'ensemble des êtres vivants consiste ainsi en « de longues périodes d'ennui, entrecoupées occasionnellement de moments de panique[8] ».

Dans ces dernières circonstances, des groupes entiers d'organismes jadis dominants peuvent disparaître ou être relégués à des positions secondaires, comme si le globe connaissait un changement dans la distribution des rôles. Ces disparitions simultanées d'innombrables espèces ont conduit les paléontologues à émettre l'hypothèse que, durant les extinctions de masse, les règles habituelles de la survie ne s'appliquent plus. (Outre celles que l'on appelle les « cinq grandes », il y eut de nombreuses autres extinctions, mais de moindre ampleur.) Les conditions

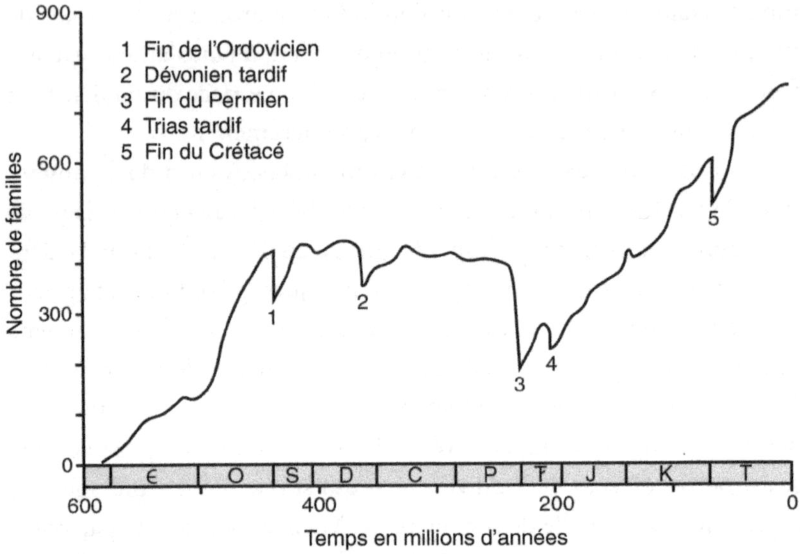

Les « cinq grandes extinctions », d'après les archives fossiles marines, ont toutes provoqué une chute marquée de la diversité en termes de nombre de familles. Si une seule espèce au sein d'une famille a réussi à survivre, la famille est décomptée parmi les survivantes ; comme les familles comprennent généralement plusieurs espèces, il s'ensuit que les pertes en nombre d'espèces ont toujours été bien plus élevées qu'en nombre de familles.

changent si radicalement ou si soudainement (ou si radicalement et si soudainement) que les acquis de l'histoire évolutive comptent peu. En fait, ceux-là même des traits qui s'étaient montrés les plus utiles pour affronter des dangers usuels peuvent se révéler mortels dans le cadre de ces circonstances sortant de l'ordinaire.

Il n'a pas été réalisé de calcul rigoureux du taux d'extinction de fond pour les amphibiens, l'une des raisons étant que leurs fossiles sont très rares. Il est pourtant quasi certain que ce taux est plus faible que celui des mammifères[9]. On peut estimer qu'une espèce d'amphibiens disparaît tous les mille ans environ, que ce soit en Afrique, en Asie ou en Australie. En d'autres termes, la probabilité qu'un observateur humain assiste à un tel événement est, en fait, égale à zéro. Or Griffith a déjà observé plusieurs extinctions d'amphibiens. À peu près tous les herpétologistes effectuant des recherches dans la nature en ont observé plusieurs. (Moi-même, pendant le temps que j'ai passé à préparer ce livre, j'ai vu une espèce qui s'est depuis complètement éteinte et trois ou quatre autres, comme la grenouille dorée du Panamá, qui sont encore présentes dans les centres de conservation mais ont disparu dans la nature.) « J'ai voulu faire carrière dans l'herpétologie, parce que j'aime faire des recherches sur ces animaux, a écrit Joseph Mendelson, un herpétologiste du zoo d'Atlanta. Mais je ne m'attendais pas à ce que mon travail se rapproche de la paléontologie[10]. »

Aujourd'hui, les amphibiens ont le triste honneur d'être reconnus comme la classe d'animaux la plus menacée du monde par les extinctions. On a calculé que le taux d'extinction actuel de ce groupe pourrait être 45 000 fois plus élevé que son taux d'extinction de fond, ce qui est énorme[11]. Cependant, les taux d'extinction chez de nombreux autres groupes approchent celui des amphibiens. On estime qu'un tiers de tous les coraux bâtisseurs de récifs, un tiers de tous les mollusques d'eau douce, un tiers des requins et des raies, un quart de tous les mammifères, un cinquième de tous les reptiles et un sixième de tous les oiseaux sont en voie d'extinction[12]. Ces disparitions d'espèces surviennent partout sur le globe : dans le Pacifique sud et dans l'Atlantique nord, dans l'Arctique et dans le Sahel, dans des lacs et sur des îles, sur des sommets montagneux et dans des vallées. Si vous savez où regarder, vous pouvez probablement trouver dans votre propre jardin des signes révélateurs de l'extinction de masse en cours.

Il y a probablement toutes sortes de causes apparemment disparates expliquant les disparitions actuelles d'espèces. Pourtant, chaque fois que l'on pousse l'analyse assez loin, on finit par retomber immanquablement sur le même coupable : la fameuse « espèce envahissante » de notre commencement.

Le microchampignon « Bd » est capable de se propager tout seul. Il produit des spores microscopiques dotées d'un long flagelle très mince, qui leur permet de se mouvoir dans l'eau ou d'être transportées sur de bien plus longues distances par les cours d'eau ou par les eaux de ruissellement qui coulent après les orages. (Il est vraisemblable que ce mode de dispersion fut celui qui présida, dans le centre du Panamá, à la diffusion de l'épidémie mortelle de mycose d'ouest en est.) Cependant, ce mode de propagation ne peut pas expliquer l'apparition quasi simultanée du microchampignon dans de nombreuses régions du monde très éloignées les unes des autres : Amérique centrale, Amérique du Sud, Amérique du Nord, Australie. Selon l'une des hypothèses, le microchampignon « Bd » aurait été dispersé à travers le monde par le biais de la distribution aux laboratoires d'analyses médicales d'un amphibien africain, le xénope lisse, utilisé dans les années 1950 et 1960 pour réaliser des tests de grossesse. (Lorsqu'on injecte aux femelles de cette espèce l'urine d'une femme enceinte, elles pondent des œufs dans les heures qui suivent.) Le point important de cette théorie spéculative est que les xénopes ne semblent pas souffrir de la présence de « Bd » sur leur peau, alors même qu'ils sont largement infectés par ce microchampignon. Une autre hypothèse est que ce dernier aurait été dispersé par des grenouilles-taureaux d'Amérique du Nord ayant été introduites (parfois accidentellement, parfois intentionnellement) en Europe, en Asie et en Amérique du Sud, souvent à des fins de consommation par l'homme. Les grenouilles-taureaux d'Amérique du Nord sont, elles aussi, largement infectées par « Bd » mais ne semblent pas en souffrir. On a qualifié la première hypothèse du nom de « théorie de l'origine africaine » tandis que la seconde pourrait être appelée la « théorie de la soupe aux cuisses de grenouille ».

Que l'on considère l'une ou l'autre de ces hypothèses, l'explication ultime des causes de l'épidémie reste la même. S'il n'y avait pas eu quelqu'un pour mettre l'un ou l'autre de ces amphibiens porteurs sains de « Bd » à bord d'un avion ou d'un bateau, il leur aurait été impossible d'atteindre l'Australie depuis l'Afrique, ou l'Europe depuis l'Amérique du Nord. Ce genre de redistribution intercontinentale, que l'on trouve de nos jours complètement banale, n'a probablement jamais eu de précédent au cours des trois milliards et demi d'années d'existence de la vie sur cette planète.

Même si « Bd » s'est maintenant répandu sur la plus grande partie du Panamá, Griffith part encore de temps en temps collecter d'éventuels amphibiens survivants pour les ramener au Centre de conservation. J'avais organisé ma visite pour qu'elle coïncide avec l'une de ces sorties, si bien qu'un beau soir je me suis mise en route en sa compagnie et celle de deux des volontaires américains qui travaillaient sur le projet de cascade. Nous nous sommes dirigés vers l'est pour traverser le canal de Panamá et passer la nuit dans une région appelée Cerro Azul, et avons été hébergés dans une pension de famille cernée d'une clôture métallique de 2,50 mètres de haut. À l'aube, nous avons roulé jusqu'au poste des gardes forestiers, à l'entrée du parc national Chagres. Griffith espérait trouver des femelles appartenant à deux espèces, car le Centre de conservation en manquait. Il présenta son permis officiel de collecte des amphibiens aux gardes de service ensommeillés. Des chiens faméliques sortirent du poste et vinrent flairer le camion.

Au-delà de l'entrée du parc, la route présentait des séries de gros nids-de-poule reliés par de profondes ornières. Griffith mit un CD de Jimi Hendrix dans le lecteur, et nous avons roulé en tressautant sur nos sièges, en rythme avec la musique. La collecte d'amphibiens requiert une grande quantité de matériel et Griffith s'était donc assuré le concours de deux porteurs. Au niveau du tout dernier groupe de maisons, dans le minuscule village de Los Ángeles, nous avons aperçu les deux hommes émergeant du brouillard. Nous avons continué à rouler cahin-caha jusqu'à ce que le camion ne puisse plus du tout avancer. Tout le monde est sorti du véhicule, et nous avons poursuivi en marchant.

Le chemin, couvert d'une boue rouge, serpentait à travers la forêt tropicale humide. Tous les 100 ou 200 mètres, la piste principale en croisait d'autres, plus étroites, résultant du passage de fourmis champignonnistes. Ces insectes font, en effet, des millions (peut-être des milliards) d'allers-retours pour rapporter des morceaux de feuilles à leur colonie. (Celle-ci, qui ressemble à un gros tas de sciure en forme de butte, peut couvrir une surface équivalente à celle d'un square.) L'un des Américains, Chris

Bednarski, du zoo de Houston, me recommanda d'éviter les fourmis soldats, car elles laissent régulièrement leurs mandibules plantées dans vos jambes, même après leur mort. « Celles-là peuvent vraiment vous faire mal », observa-t-il. L'autre Américain, John Chastain, du zoo de Toledo, portait un crochet muni d'un long manche, afin de faire face aux serpents venimeux. « Heureusement, ceux qui sont véritablement dangereux sont plutôt rares », m'assura Bednarski. Les singes hurleurs criaient dans le lointain. Griffith signala des empreintes de jaguar sur le sol malléable.

Après environ une heure de marche, nous sommes arrivés à une ferme qu'on aurait dit surgie de la mer d'arbres. Il y avait un champ de maïs clairsemé, mais on n'apercevait personne dans les parages, et il était difficile de dire si le paysan avait définitivement abandonné son exploitation à cause de la pauvreté du sol forestier ou s'il était juste parti pour la journée. Un vol de perroquets vert émeraude s'élança soudainement dans les airs. Après avoir marché encore plusieurs heures, nous avons débouché sur une petite clairière. Un papillon morpho bleu passa en voletant, ses ailes étaient couleur de ciel. Il y avait là une cabane, mais elle était tellement délabrée que tout le monde choisit de dormir à l'extérieur. Griffith m'aida à suspendre mon sac de couchage (mi-tente, mi-hamac, il fallait l'accrocher entre deux arbres). Le panneau du bas présentait une fente permettant d'entrer dans le sac, et le panneau du haut était censé offrir une protection contre l'inévitable pluie. Quand je grimpai à l'intérieur de cette chose, j'eus l'impression de m'allonger dans un cercueil.

Ce soir-là, Griffith cuisina du riz sur un camping-gaz. Nous avons ensuite attaché nos lampes frontales sur nos têtes et, nous aidant de nos mains, sommes descendus le long d'une pente raide en direction d'un cours d'eau voisin. De nombreux amphibiens sont nocturnes et la seule façon de les apercevoir est de partir à leur recherche dans le noir, ce qui, comme on peut s'en douter, n'est pas chose aisée. Je n'arrêtais pas de glisser et de violer la règle de sécurité numéro un en forêt tropicale humide : ne jamais s'agripper à quelque chose si l'on ignore ce que c'est. Après l'une de mes chutes, Bednarski me montra une tarentule de la grosseur de mon poing, postée sur un tronc d'arbre voisin.

Les chasseurs de grenouilles expérimentés sont capables de trouver ces amphibiens dans la nuit en promenant un faisceau lumineux alentour et en recherchant la lueur reflétée par leurs yeux. Le premier amphibien que Griffith repéra par ce moyen fut une cochranelle de San José, juchée sur le dessus d'une feuille. Cette espèce fait partie d'un groupe plus vaste, appelé « grenouilles de verre » parce que la peau de leur ventre est transparente et laisse apercevoir les contours de leurs organes internes. Celle-ci était verte, ornée de minuscules points jaunes. Griffith sortit de son sac à dos une paire de gants chirurgicaux. Resté debout, il se figea puis, à la façon d'un héron, cueillit la grenouille en un éclair. Avec sa main libre, il attrapa un petit objet qui ressemblait à un bout de coton-tige et en frotta l'extrémité sur le ventre de l'amphibien. Il plaça ensuite son coton-tige dans un flacon de plastique (son prélèvement serait ultérieurement envoyé à un laboratoire pour y rechercher la présence de « Bd ») et, puisqu'elle n'appartenait pas à l'une des espèces qu'il recherchait, il reposa la grenouille sur sa feuille. Il sortit ensuite l'appareil photo de son sac. L'amphibien regarda fixement l'objectif, d'un air impassible.

Nous avons continué à avancer à l'aveuglette dans l'obscurité. Quelqu'un repéra un hylode de La Loma, une grenouille d'un rouge orangé comme le plancher de la forêt ; un autre aperçut une grenouille de Warszewitsch, d'un vert vif et qui avait la forme d'une feuille. Pour chacun de ces amphibiens, Griffith répéta la même procédure : capture, frottage du ventre et photographie. Finalement, nous sommes tombés sur un couple d'éleuthérodactyles panaméens unis en *amplexus* (c'est le nom scientifique du coït chez les amphibiens). Griffith les laissa tranquilles.

L'une des grenouilles que Griffith espérait attraper, la grenouille marsupiale cornue, possède un cri d'appel très particulier que l'on pourrait comparer au bruit d'une bouteille de champagne que l'on débouche. Tandis que nous avancions en pataugeant au milieu d'un torrent, nous l'avons entendu ; il semblait provenir de plusieurs endroits en même temps. D'abord, d'une source proche, mais, alors que nous progressions, il paraissait s'éloigner. Griffith se mit à imiter le cri d'appel, produisant avec ses lèvres le bruit d'un bouchon qui saute. Finalement, il nous expliqua que nous effrayions les grenouilles à chacune de nos enjambées. Il continua donc à avancer seul en pataugeant, et nous restâmes plantés là un long moment, de l'eau jusqu'aux genoux, en essayant de ne pas bouger. Lorsqu'il finit par nous inviter d'un geste à le rejoindre, nous le retrouvâmes en face d'une grosse grenouille jaune aux longs pieds dont la tête ressemblait un peu à celle d'un hibou. Elle était sur une grosse branche d'arbre, juste au-dessus du niveau de nos yeux. Griffith espérait trouver une femelle de l'espèce qu'il recherchait, afin de lui faire rejoindre ses congénères au sein du Centre de conservation. Il allongea promptement le bras, attrapa l'amphibien, puis le retourna. Tandis qu'une grenouille marsupiale cornue femelle aurait présenté une poche, celle-ci n'en avait pas. Griffith fit son prélèvement, la photographia et la replaça sur sa branche.

« Tu es un beau garçon », lui murmura-t-il.

Aux alentours de minuit, nous avons pris le chemin du retour au camp. Les seuls animaux que Griffith décida de rapporter furent deux minuscules dendrobates au ventre bleu et une salamandre blanchâtre, dont ni lui ni les deux Américains ne purent déterminer l'espèce. Ces animaux furent placés dans des sacs en plastique, avec quelques feuilles permettant d'y maintenir un taux d'humidité suffisant. L'idée m'effleura que ces grenouilles, ainsi que leurs descendants, à supposer qu'elles en eussent, et les descendants de leurs descendants, à supposer qu'ils en eussent eux aussi, ne reverraient plus jamais la forêt, mais que tous passeraient le reste de leur vie dans des bacs de verre désinfectés. Cette nuit-là, la pluie tomba à verse, et, dans mon hamac en forme de cercueil, je fis des rêves agités et saisissants, dont je ne me rappelai plus tard qu'une seule scène : celle d'une grenouille jaune vif, un fume-cigarette à la main.

Chapitre 2

Les molaires du mastodonte

Mammut americanum

L'idée d'extinction est peut-être la première notion scientifique à laquelle les enfants d'aujourd'hui se trouvent confrontés. On donne à des bébés d'un an des figurines en forme de dinosaures, et les enfants de deux ans comprennent, plus ou moins intuitivement, que ces petites bêtes en plastique représentent en fait de très gros animaux. Ils portent encore des couches que, déjà, ils sont capables d'expliquer qu'il y eut jadis d'innombrables sortes de dinosaures et qu'ils périrent tous, il y a fort longtemps. (Mes propres fils, alors qu'ils étaient tout juste en âge de marcher, jouaient des heures entières avec une série de dinosaures qu'ils disposaient sur un tableau en plastique représentant une forêt du Jurassique ou du Crétacé. Le paysage comportait aussi un volcan crachant de la lave qui émettait, lorsqu'on appuyait dessus, un rugissement merveilleusement terrifiant.) Ces quelques remarques laissent à penser que l'idée d'extinction nous semble aller de soi. Et pourtant, il n'en est rien.

Aristote a écrit son *Histoire des animaux* en dix volumes sans jamais envisager la possibilité que les animaux aient réellement une histoire. L'*Histoire naturelle*, de Pline l'Ancien, comprend des descriptions d'animaux réels et d'autres mythiques, mais n'aborde jamais le thème des espèces disparues. Cette idée n'a pas davantage été avancée durant le Moyen Âge ou la Renaissance, époques où le terme « fossile » désignait toute chose extraite du sol (un sens qui survit aujourd'hui dans l'expression « combustibles fossiles »). À l'époque des Lumières, l'idée dominante était que chaque espèce constitue un maillon au sein d'une grande « chaîne de l'être », laquelle ne peut être brisée. Comme l'écrivit Alexander Pope dans son *Essai sur l'homme* :

> Toutes ne sont que des parties d'un seul prodigieux tout,
> Dont la nature est le corps, et Dieu, l'âme.

Lorsque Carl von Linné introduisit son système de nomenclature binominal, il ne distingua pas les espèces vivantes des espèces mortes : il n'y avait à ses yeux aucune raison de le faire. La dixième édition de son *Systema naturae*, publiée en 1758, énumère soixante-trois espèces de scarabées, trente-quatre espèces de cônes (des coquillages) et seize espèces de poissons plats. Dans ce *Systema naturae*, on ne distingue qu'une seule sorte d'animaux : ceux qui existent.

Cette conception a persisté en dépit d'un assez grand nombre de faits tendant à prouver le contraire. Certains cabinets de curiosités à Londres, Paris ou Berlin étaient remplis de fragments ou de restes d'étranges créatures que personne n'avait jamais vues : on dirait aujourd'hui qu'ils proviennent de trilobites, de bélemnites ou d'ammonites. Certaines ammonites étaient si grandes que la taille de leurs coquilles fossiles était comparable à celle de roues de chariot. Au XVIIIe siècle, on rapporta en Europe des os de mammouths trouvés en Sibérie. Ces derniers furent eux aussi intégrés dans le système linnéen, au prix d'arguments spécieux. Ces os ressemblaient beaucoup à ceux des éléphants. Puisque ces animaux ne vivaient manifestement pas dans la Russie d'alors, on estima que les ossements en question avaient dû appartenir à des éléphants ayant été entraînés par les flots vers le nord, lors du déluge raconté dans la Genèse.

C'est pendant la période révolutionnaire, et cela n'est peut-être pas dû au seul hasard, que le concept d'extinction finit par apparaître, grâce à la découverte d'un animal particulier, celui qu'on dénomme aujourd'hui le mastodonte américain, *Mammut americanum*, et au travail d'un homme, le naturaliste Jean Léopold Nicholas Frédéric Cuvier, plus connu sous le nom de Georges Cuvier. Cuvier est un personnage ambigu dans l'histoire des sciences. Très en avance sur ses contemporains, il freina cependant les recherches de beaucoup de ses collègues. Il pouvait en effet se montrer charmant, mais également odieux. Il était tout à la fois visionnaire et réactionnaire. Vers le milieu du XIXe siècle, nombre de ses idées ont été discréditées. Les plus récentes recherches ont toutefois tendu à soutenir ses théories les plus vaillamment contestées, de sorte que la conception fondamentalement tragique qu'il avait de l'histoire de la Terre est aujourd'hui considérée comme prophétique.

On ignore exactement quand les Européens ont, pour la première fois, découvert par hasard les os d'un mastodonte américain. Une molaire isolée, déterrée dans un champ du nord de l'État actuel de New York, fut expédiée à Londres en 1705 ; elle fut baptisée « dent de géant »[1]. Les premiers os de mastodonte ayant fait l'objet de ce que l'on pourrait appeler, de façon anachronique, une étude scientifique furent découverts en 1739. Cette année-là, Charles Le Moyne, second baron de Longueuil, descendait la rivière Ohio, à la tête d'une troupe de quatre cents soldats. Certains d'entre eux étaient français, comme lui, d'autres, les plus nombreux, Algonquins et Iroquois. Le voyage était difficile, et les vivres vinrent à manquer. En désespoir de cause, se rappela plus tard l'un des soldats français, les hommes durent se rabattre sur des glands pour se nourrir[2]. Plus tard, probablement à l'automne, Longueuil et sa troupe s'arrêtèrent pour camper sur la rive est de l'Ohio, non loin de ce qui se trouve aujourd'hui être la ville de Cincinnati. Plusieurs des Amérindiens partirent alors à la chasse. À quelques kilomètres de là, ils découvrirent une zone marécageuse d'où se dégageait une forte odeur de soufre. On pouvait apercevoir des pistes tracées par les bisons, conduisant au marais et émanant de toutes les directions, ainsi que des centaines, peut-être des milliers, d'énormes os dépassant du sol boueux, semblables à des mâts et des vergues de bateaux disloqués. Les hommes rapportèrent au camp un fémur de plus d'un mètre de long, une immense défense et plusieurs énormes dents. Ces dernières avaient des racines aussi longues qu'une main, et chacune pesait près de 5 kilos.

Longueuil fut tellement intrigué qu'il ordonna à ses soldats d'assurer le transport de ces ossements lors de la levée du camp. Chargés de ces énormes objets (la défense, le fémur et les dents), les hommes reprirent leur voyage à travers cette région sauvage. Finalement, ils atteignirent le Mississippi, où ils retrouvèrent une autre troupe française. Au cours des mois suivants, nombre des hommes de Longueuil moururent de maladies, et la campagne qu'ils étaient venus mener contre les Amérindiens Chickasa se solda par une défaite humiliante. Néanmoins, Longueuil réussit à préserver les étranges os. Il atteignit La Nouvelle-Orléans et expédia par bateau la défense, les dents et le fémur géants à destination de la France. Ils furent présentés à Louis XV, qui les fit installer dans son muséum, le « cabinet du roi ». Des décennies plus tard, les cartes décrivant la vallée de l'Ohio étaient encore globalement vierges, et ne présentaient qu'une seule mention, celle de « l'endroit où on a trouvé des os d'éléphant* ». (De nos jours, le lieu est devenu un parc naturel de l'État du Kentucky, dénommé « Big Bone Lick** ».)

Les os de Longueuil déconcertèrent tous ceux qui les examinèrent. Le fémur et la défense auraient pu appartenir, semblait-il, à un éléphant ou à un mammouth, ce qui revenait à peu près au même selon la classification des animaux en vigueur à l'époque. Les dents représentaient quant à elles une énigme. On ne parvenait pas à les ranger dans une catégorie adéquate. Le dessus des dents d'éléphants et de mammouths est plat, de fines crêtes les parcourent d'un bord à l'autre, de sorte que la surface masticatrice ressemble à celle d'une semelle de chaussure destinée à la course à pied. Les dents de mastodonte, en revanche, sont munies de tubercules. Leur aspect pourrait, en fait, faire penser qu'elles appartiennent à un être

* En français dans le texte.

** « Le marais salé aux gros os ».

humain géant. Le premier naturaliste à avoir étudié l'une d'entre elles, Jean-Étienne Guettard, alla jusqu'à refuser de se prononcer sur sa provenance. « De quel animal est-elle ? » se demande-t-il plaintivement dans son mémoire présenté en 1752 à l'Académie royale des sciences[3].

En 1762, le garde-démonstrateur du cabinet du roi, Louis Jean-Marie Daubenton, tenta de résoudre le problème de la curieuse dent en déclarant que « l'animal inconnu de l'Ohio » n'était pas du tout un animal, mais bien deux animaux. La défense et le fémur appartenaient à un éléphant ; les molaires provenaient d'une autre bête complètement différente. Selon lui, il s'agissait probablement d'un hippopotame.

À peu près au même moment, une autre cargaison d'ossements de mastodonte était envoyée en Europe, mais cette fois-ci à Londres. Provenant aussi de Big Bone Lick, ils présentaient le même insoluble problème : les os longs et les défenses semblaient ceux d'un éléphant, tandis que les molaires étaient couvertes de tubercules amincis en pointe à leur sommet. William Hunter, le médecin personnel de la reine, trouva insatisfaisante l'explication de cette discordance par Daubenton. Il en avança une autre, la première à être (pour moitié) exacte.

« L'éléphant américain supposé », suggéra-t-il, était un animal totalement nouveau « que les anatomistes n'avaient jamais encore rencontré[4] ». Il estima que celui-ci était carnivore, d'où l'aspect inquiétant de ses dents, et baptisa cette bête du nom d'*incognitum* d'Amérique.

Le plus grand des naturalistes français, Georges Louis Leclerc, comte de Buffon, ajouta une complication supplémentaire aux débats. Il soutint que les ossements en question ne représentaient ni un ni deux, mais trois animaux distincts : un éléphant, un hippopotame et une troisième espèce encore inconnue. Très excité, Buffon affirma que cette dernière (« la plus grande de toutes ») semblait avoir disparu[5]. C'était, proposa-t-il, le seul animal terrestre à avoir eu un tel destin.

En 1781, Thomas Jefferson entra dans la controverse. Dans ses *Notes sur l'État de Virginie,* écrites juste après avoir quitté ses fonctions de gouverneur de cet État, il élabora sa propre version de l'*incognitum.* Cet animal, soutint-il en accord avec Buffon, était le plus grand de tous les animaux : « Son volume était cinq ou six fois supérieur à celui de l'éléphant. » (Il venait ainsi contredire la théorie, alors en vogue en Europe, selon laquelle les animaux du Nouveau Monde étaient plus petits et plus « dégénérés » que ceux de l'Ancien.) Enfin, en accord avec Hunter, il le décrivit comme probablement carnivore. Selon lui, cet animal devait encore exister. S'il n'était pas présent en Virginie, il errait sûrement dans les parties du continent nord-américain « encore dans leur état primitif, inexploré et non dérangé ». Lorsqu'il devint président des États-Unis, il envoya en 1804 Meriwether Lewis et William Clark explorer le nord-ouest du pays, espérant qu'ils trouveraient des *incognita* dans les forêts de ces régions.

« L'économie de la nature est telle, écrivit-il, qu'elle ne peut engendrer aucune circonstance permettant à une seule de ses espèces de s'éteindre ; ou à un seul maillon de sa grande chaîne d'être si faible qu'il puisse se briser. »

Cuvier arriva à Paris au début de l'année 1795, un demi-siècle après la réception à la cour royale des ossements de la vallée de l'Ohio. Il avait vingt-cinq ans, des yeux bleu pâle très écartés, le nez proéminent, et un tempérament qu'un de ses amis a comparé à celui de l'écorce terrestre : généralement froid, mais capable de violentes secousses et d'éruptions[6]. Il avait grandi dans une petite ville non loin de la frontière avec la Suisse et n'avait eu que peu de contacts dans la capitale. Néanmoins, il réussit à y obtenir un poste prestigieux, d'une part à la faveur de l'effondrement de l'Ancien Régime, d'autre part grâce au sens suprême qu'il avait de ses propres intérêts. Un collègue plus âgé dira de lui que son apparition à Paris avait été comparable à « celle d'un champignon[7] ».

Officiellement, le travail de Cuvier au Muséum national d'histoire naturelle (instauré par la République pour remplacer le cabinet du roi) était d'enseigner. Cependant, pendant son temps libre, il se plongeait dans les collections du Muséum. Il passa de longues heures à étudier les os que Longueuil avait envoyés à Louis XV, et à les comparer à d'autres spécimens. Le 4 avril 1796 (ou, selon le calendrier révolutionnaire alors en usage, le 15 germinal an IV), il présenta le résultat de ses recherches à l'occasion d'une conférence publique.

Cuvier commença celle-ci par une discussion sur les éléphants. Les Européens savaient depuis longtemps que les éléphants d'Afrique étaient considérés comme dangereux, tandis que ceux d'Asie s'avéraient plus dociles. Cependant, tous étaient considérés comme des éléphants, de la même manière que les chiens, qu'ils fussent gentils ou féroces, étaient regardés comme des chiens. Sur la base de l'observation de restes d'éléphants conservés au Muséum, dont un crâne particulièrement bien préservé provenant de Ceylan, et un autre du cap de Bonne-Espérance, Cuvier détermina que ces deux pièces appartenaient à deux espèces distinctes[8] (ce qui était, bien sûr, exact).

« Il est clair que l'éléphant de Ceylan diffère plus de celui d'Afrique que le cheval de l'âne ou la chèvre de la brebis[9] », déclara-t-il. Parmi les nombreuses caractéristiques différenciant les deux espèces figuraient leurs dents. Les molaires des éléphants de Ceylan étaient, à leur surface, ornées de crêtes onduleuses semblables à des « rubans festonnés » tandis que, sur celles des éléphants du cap de Bonne-Espérance, les crêtes dessinaient des losanges[10]. La seule observation de ces animaux vivants n'aurait pas permis d'apercevoir cette différence, car qui aurait été assez téméraire pour aller examiner attentivement le fond de la bouche d'un éléphant ? « C'est à l'anatomie seule que la zoologie doit cette intéressante découverte », affirma Cuvier.

Ayant réussi, pour ainsi dire, à couper en deux l'entité « éléphant », il poursuivit plus avant sa dissection. Après un « examen scrupuleux » des faits, il conclut que la théorie jusqu'ici acceptée au sujet des os géants provenant de Russie était erronée. Les dents et les mâchoires trouvées en Sibérie « ne ressemblent pas tout à fait à celles de l'éléphant ». Elles appartenaient à une espèce totalement différente. Quant aux dents et aux mâchoires de l'animal de l'Ohio, eh bien, il suffisait « d'un coup d'œil pour voir qu'elles s'en éloignent encore davantage ».

« Que sont devenus ces deux énormes animaux dont on ne trouve plus de trace à l'état vivant ? » demandait-il. La question, telle qu'il la formulait, contenait sa réponse. Il s'agissait d'espèces perdues. Cuvier avait donc déjà fait passer de un à deux, c'est-à-dire doublé, le nombre des espèces de vertébrés éteintes. Mais ce n'était qu'un début.

Quelques mois plus tôt, il avait reçu les dessins d'un squelette qui avait été découvert sur les rives du río Luján, à l'ouest de Buenos Aires. Ce squelette (de 3,50 mètres de long et de 1,80 mètre de haut) avait été envoyé à Madrid, où il avait été méticuleusement reconstruit. Se fondant sur les dessins, Cuvier avait (correctement, encore une fois) identifié l'animal correspondant à ces os : une sorte de paresseux, incroyablement grand. Il l'avait nommé « mégathérium », ce qui signifie « bête géante ». Bien qu'il ne soit jamais allé en Argentine, ni d'ailleurs dans aucun autre pays étranger, hormis l'Allemagne, Cuvier était convaincu qu'on ne pouvait plus trouver de mégathérium déambulant d'un pas pesant sur le bord des rivières d'Amérique du Sud. Lui aussi avait disparu. Il en allait de même pour ce que l'on appelait l'animal de Maastricht, dont les restes (une énorme mâchoire très pointue, parsemée de dents ressemblant à celles des requins) avaient été trouvés dans une carrière hollandaise. Ce fossile avait été récemment transféré en France, car l'armée française avait occupé la Hollande en 1795.

Si on dénombrait quatre espèces éteintes, déclara Cuvier, il devait y en avoir d'autres. Cette hypothèse était audacieuse, étant donné les faits disponibles. Sur la base de quelques os d'origine diverse, Cuvier avait conçu une façon totalement nouvelle d'envisager le monde organique. Les espèces mouraient. Ce phénomène n'était pas isolé, mais au contraire très répandu.

« Tous ces faits, analogues entre eux, et auxquels on n'en peut opposer aucun de constaté, me paraissent prouver l'existence d'un monde antérieur au nôtre, exposa Cuvier. [...] Mais qu'était cette terre primitive ?... Et quelle révolution a pu l'anéantir ? »

Depuis l'époque de Cuvier, le Muséum d'histoire naturelle s'est énormément développé, et il possède dans toute la France des établissements ou sites qui lui sont reliés. Ses bâtiments principaux, cependant, sont encore situés sur l'emplacement des anciens jardins royaux, dans le cinquième arrondissement de Paris. Cuvier ne se contentait pas de travailler au Muséum : durant la plus grande partie de sa vie, il vécut également sur place, au milieu des jardins, dans une grande maison en blocs de calcaire reconvertie depuis en immeuble de bureaux. Juste à côté, on trouve désormais un restaurant, et un peu plus loin, une ménagerie, où des wallabies se prélassaient au soleil dans l'herbe le jour de ma venue. En traversant les jardins, on parvient à un grand bâtiment qui abrite les collections de paléontologie du Muséum.

Pascal Tassy y est professeur, spécialiste des proboscidiens, groupe comprenant les éléphants et leurs cousins disparus : les mammouths, les mastodontes et les gomphothères, pour n'en citer que quelques-uns. J'étais venue le voir car il m'avait promis de me montrer les os mêmes que Cuvier avait tenus dans ses mains. Dans son bureau faiblement éclairé, au sous-sol du bâtiment de paléontologie, il était entouré de vieux crânes, dont la quantité était digne de celle d'un dépôt mortuaire. Les murs du bureau étaient ornés de couvertures d'anciens numéros du journal *Tintin*. Pascal Tassy me dit qu'il avait décidé de devenir paléontologue à l'âge de sept ans, après avoir lu, dans ce magazine, une aventure racontant la découverte de ptérodactyles*.

Nous avons discuté des proboscidiens pendant un moment. « C'est un groupe fascinant, m'expliqua Pascal Tassy. Par exemple, la trompe, qui représente un changement absolument extraordinaire de l'anatomie faciale, est apparue séparément dans l'évolution à cinq reprises. Deux fois, cela serait déjà surprenant. Mais ce phénomène s'est produit cinq fois de façon indépendante ! On est obligé d'accepter ce fait lorsqu'on examine les fossiles. » Jusqu'ici, me dit-il, on a identifié quelque 170 espèces de proboscidiens, depuis leur apparition il y a environ 55 millions d'années, « et l'inventaire est loin d'être achevé, j'en suis sûr ».

* Dans cette aventure, une expédition spéléologique découvre des ptérodactyles vivants et volants dans un monde souterrain, censé être l'Atlantide (communication personnelle de P. Tassy : celui-ci a présenté la planche de l'illustré lors de l'exposition « Blake et Mortimer à Paris » au musée de l'Homme, en 2003-2004).

Nous avons gravi des escaliers pour nous rendre dans une annexe, reliée à l'arrière du bâtiment de la paléontologie. Pascal Tassy me fit entrer dans une petite pièce surchargée d'armoires métalliques. Juste derrière la porte, à l'intérieur, se trouvait, partiellement enveloppée dans du plastique, une chose ressemblant à un porte-parapluies velu. « Ceci, expliqua Pascal Tassy, est l'une des pattes du mammouth laineux que l'on a trouvé, congelé et desséché, sur une île au nord de la Sibérie. » Lorsque je la regardai de plus près, je vis que sa peau présentait des coutures, comme sur un mocassin. Les poils étaient d'un brun très sombre et semblaient, après plus de dix mille ans, être presque parfaitement conservés.

Pascal Tassy ouvrit l'une des armoires métalliques et en disposa le contenu sur une table en bois. Il s'agissait des dents que Longueuil avait acheminées le long de la rivière Ohio. Elles étaient énormes, bosselées et noircies.

« Voici la Joconde de la paléontologie, dit-il en désignant la plus grande du groupe. Elle est au commencement de tout. C'est fabuleux parce que Cuvier lui-même a fait le dessin de cette dent. Donc, il l'a examinée très soigneusement. » Pascal Tassy me montra les numéros de catalogue originaux qui avaient été peints sur les dents au XVIIIe siècle : ils étaient maintenant tellement effacés qu'il était difficile de les lire.

Je pris cette grosse dent à deux mains. C'était, en effet, un objet remarquable. Elle mesurait environ 20 centimètres de long et 10 de large (soit à peu près la dimension d'une brique, pour un poids presque comparable). Les tubercules (répartis en quatre groupes) étaient très pointus et l'émail était encore largement intact. Les racines, dont chacune était d'un diamètre comparable à celui d'une grosse corde, formaient ensemble une masse compacte de couleur acajou.

D'un point de vue évolutionniste, les molaires de mastodontes n'ont rien de réellement étrange. Elles sont formées, comme les dents de la plupart des autres mammifères, d'un cœur d'ivoire recouvert d'une couche d'émail, matériau plus dur mais plus fragile. Il y a environ 30 millions d'années, la lignée de proboscidiens qui allait conduire aux mastodontes s'est séparée de la lignée qui mènerait aux mammouths et aux éléphants. Cette

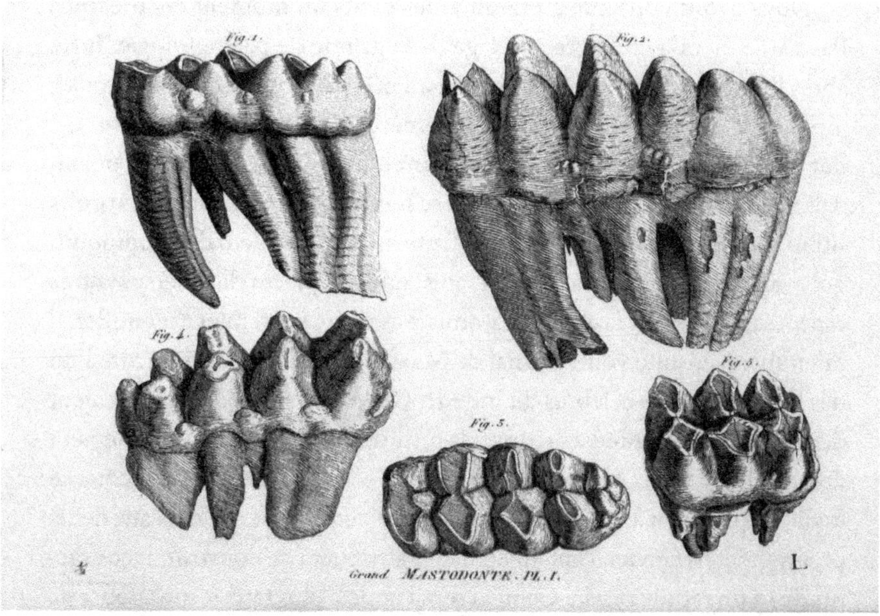

Cette planche représentant des dents de mastodonte a été publiée, accompagnée d'une description, par Cuvier en 1812.

dernière finirait par acquérir, au fil de l'évolution, des dents plus perfectionnées, constituées de lames recouvertes d'émail se soudant pour former une structure ayant quelque peu l'aspect d'une miche de pain. Ce type de dent est considérablement plus résistant : il a permis aux mammouths (et permet encore aux éléphants) de manger des aliments extrêmement abrasifs. Les mastodontes, pendant ce temps, ont conservé leur type de molaire relativement primitif (ce qui a également été le cas des êtres humains) et ont tout simplement continué à mastiquer énergiquement leur nourriture. Bien entendu, me fit remarquer Pascal Tassy, la perspective évolutionniste était précisément celle qui manquait à Cuvier, mais, d'une certaine façon, ses analyses en sont encore plus impressionnantes.

« Bien sûr, il a fait des erreurs, reconnut Pascal Tassy. Mais, en ce qui concerne ses études anatomiques, la plupart d'entre elles sont splendides. C'était un anatomiste véritablement extraordinaire. »

Nous avons continué à examiner les dents un moment encore, puis Pascal Tassy m'a conduite à l'étage de la galerie de paléontologie. Juste après l'entrée, le fémur géant envoyé à Paris par Longueuil était exposé, monté sur un piédestal. Il était du diamètre d'un piquet de clôture. Un flot d'écoliers passa près de nous, criant à tue-tête. Pascal Tassy possédait un gros trousseau de clés, dont il se servit pour ouvrir plusieurs tiroirs situés sous les vitrines d'exposition. Il me montra une dent de mammouth qui avait été examinée par Cuvier, ainsi que des pièces de diverses autres espèces éteintes que le grand anatomiste avait été le premier à identifier. Il m'emmena ensuite voir l'animal de Maastricht, de nos jours encore l'un des fossiles les plus célèbres du monde. (Bien que les Hollandais en aient demandé à de nombreuses reprises la restitution, les Français le conservent depuis plus de deux cents ans.) Au XVIIIe siècle, certains pensaient que ce fossile appartenait à un étrange crocodile, d'autres à une baleine aux dents proéminentes. Cuvier allait finalement l'attribuer (de nouveau, avec exactitude) à un reptile marin. Celui-ci serait appelé plus tard « mosasaure ».

À l'heure du déjeuner, je raccompagnai Pascal Tassy à son bureau, puis je me promenai dans les jardins jusqu'au restaurant voisin de l'ancienne maison de Cuvier. Je commandai le « Menu Cuvier » (avec entrée au choix et dessert) : ce qui me semblait aller de soi. Tandis que je dégustais lentement le plat principal, une sensation de lourdeur m'envahit. Je me souvins alors d'une description que j'avais lue concernant « l'anatomie de l'anatomiste ». À l'époque de la Révolution, Cuvier était mince[11]. Au cours des années durant lesquelles il habita au Muséum, il ne cessa de grossir, et ce jusqu'à la fin de sa vie.

Dans le cadre de sa conférence « sur les espèces d'éléphants, tant vivantes que fossiles », Cuvier avait réussi à établir l'extinction en tant que fait. Cependant, son affirmation la plus audacieuse, selon laquelle il avait existé un monde antérieur rempli d'espèces perdues, demeurait à l'état d'hypothèse. Si un tel monde avait réellement existé, on devrait nécessairement pouvoir trouver des vestiges de ces autres animaux éteints. Aussi Cuvier se mit-il en devoir de les découvrir.

Paris, dans les années 1790, représentait justement un lieu idéal pour les paléontologues. Les collines du nord de la ville étaient criblées de carrières dont on tirait activement du gypse, le principal composant du plâtre de Paris. (La capitale se développait de façon anarchique au-dessus de très nombreuses carrières en cours d'exploitation, au point que, à l'époque de Cuvier, les effondrements de bâtiments constituaient un danger majeur.) Assez souvent, les mineurs découvraient d'étranges ossements, très prisés des collectionneurs, même si ceux-ci n'avaient pas la moindre idée de ce qu'ils collectionnaient. Avec l'aide de l'un de ces amateurs enthousiastes, Cuvier eut bientôt rassemblé les pièces d'un nouvel animal éteint, qu'il appela « l'animal moyen de Montmartre* ».

Par ailleurs, il sollicita les autres naturalistes de différents pays d'Europe afin qu'ils lui envoient des spécimens. Peu de collectionneurs envoyèrent de véritables fossiles car les Français avaient la réputation de s'approprier les objets de valeur, mais des dessins précis parvinrent de divers endroits, comme, entre autres, Hambourg, Stuttgart, Leyde, Bologne. « Je dois dire que j'ai été secondé avec le zèle le plus ardent [...] par tous les Français et les étrangers qui cultivent ou qui aiment les sciences[12] », écrivit Cuvier avec reconnaissance.

En 1800, c'est-à-dire quatre ans après son mémoire sur les éléphants, la faune fossile de Cuvier s'était agrandie et comptait désormais vingt-trois espèces qu'il estimait éteintes. Celles-ci comprenaient, entre autres : un hippopotame nain, dont il avait trouvé les restes dans une réserve du Muséum ; un élan doté d'énormes bois, dont on avait découvert les os en Irlande ; un grand ours (qu'on appelle de nos jours « ours des cavernes ») provenant d'Allemagne. L'animal de Montmartre avait été divisé, ou plutôt multiplié, en six espèces distinctes. (Actuellement encore, on ne sait pas grand-chose de ces espèces, sauf qu'il s'agissait d'ongulés et qu'elles vivaient il y a environ 30 millions d'années.) « Si tant d'espèces perdues ont été rétablies en si peu de temps, combien ne doit-on pas supposer qu'il en existe encore dans les entrailles de la terre[13] ! » disait Cuvier.

* En français dans le texte.

Ce dernier avait le sens du spectacle et, longtemps avant que le Muséum n'emploie des spécialistes des relations publiques, il savait comment s'y prendre pour capter l'attention du public. (« Il aurait pu être une vedette de télévision », me dit Pascal Tassy.) Un jour, on trouva dans les carrières de gypse parisiennes les restes fossiles d'un animal de la taille d'un lapin, au corps étroit doté d'une tête plus ou moins carrée. Cuvier conclut, sur la base de la forme de ses dents, que ce fossile était celui d'un marsupial. C'était une affirmation audacieuse, car on ne connaissait aucun marsupial vivant en Europe. Pour donner un tour spectaculaire à sa démonstration, il annonça qu'il allait soumettre son diagnostic à une vérification en public. Les marsupiaux présentent une paire caractéristique d'os, aujourd'hui appelés « os épipubiens », s'étendant sous le bassin depuis le pubis. Alors que de tels os n'étaient pas visibles dans le fossile tel qu'il se présentait à lui dans son bloc de gypse, Cuvier fit la prédiction qu'il pourrait les mettre en évidence s'il dégageait suffisamment de matériau autour du squelette. Il invita quelques membres de l'élite scientifique parisienne à se rassembler autour de lui et à le regarder gratter autour du fossile avec une fine pointe d'acier. Et voilà ! Les os en question apparurent. (Un moulage de ce marsupial fossile est exposé dans la galerie de paléontologie du Muséum à Paris, tandis que l'original, considéré comme trop précieux pour être montré, est conservé dans un coffre spécial.)

Cuvier organisa le même genre de mise en spectacle de la paléontologie lors d'un voyage en Hollande. Dans un muséum de Haarlem, il examina un spécimen, un gros crâne arrondi en forme de demi-lune, auquel était attaché un fragment de colonne vertébrale. Ce fossile d'un mètre de long avait été découvert près d'un siècle plus tôt et avait été attribué à l'espèce humaine (ce qui était assez curieux, étant donné la forme de la tête. On lui avait donné un nom scientifique : *Homo diluvii testis*, ce qui signifiait « l'homme témoin du déluge »). Pour réfuter cette attribution, Cuvier apporta un squelette de salamandre ordinaire. Avec l'accord du directeur du muséum de Haarlem, il commença à creuser la pierre autour de la colonne vertébrale de « l'homme du déluge ». Lorsqu'il mit au jour les pattes antérieures de l'animal fossile, on put voir qu'elles avaient, comme il l'avait prédit, la forme de celles d'une salamandre[14]. On avait donc affaire non pas à un homme antédiluvien, mais à quelque chose de bien plus étrange : un amphibien géant.

Plus Cuvier découvrait d'espèces éteintes, plus la nature même des animaux semblait changer. Les ours des cavernes, les paresseux géants et même les salamandres géantes, tous ces fossiles avaient quelque parenté avec des espèces encore existantes. Mais à quoi pouvait bien s'apparenter un fossile bizarre qui avait été trouvé dans une formation calcaire en Bavière ? Cuvier en avait reçu une gravure, envoyée par l'un de ses nombreux correspondants. Elle montrait un ensemble d'os enchevêtrés, certains paraissant être des bras étrangement longs, d'autres, des doigts très minces ou encore un bec étroit. Le premier naturaliste qui avait examiné ces restes fossiles avait émis l'hypothèse qu'ils pouvaient correspondre à un animal marin utilisant ses longs bras comme des palettes natatoires. Sur le fondement de la gravure, Cuvier détermina que l'animal était en réalité un reptile volant (ce qui était très surprenant). Il l'appela ptérodactyle, ce qui signifiait « aile (sur) doigt ».

La découverte par Cuvier de l'extinction (celle d'un « monde antérieur au nôtre ») représenta un événement sensationnel, et la nouvelle s'en répandit bientôt de l'autre côté de l'Atlantique. Lorsque des ouvriers agricoles déterrèrent à Newburgh, dans l'État de New York, un squelette géant presque complet, on accorda une grande importance à cette trouvaille. Thomas Jefferson, alors vice-président des États-Unis, fit plusieurs tentatives pour mettre la main sur ces os, mais sans succès. L'un de ses amis, plus persévérant, y réussit : il s'agissait de l'artiste Charles Willson Peale, qui venait de créer le premier Muséum d'histoire naturelle des États-Unis à Philadelphie.

Peale avait, plus encore peut-être que Cuvier, le sens du spectacle. Il assembla pendant des mois les os qu'il avait acquis à Newburgh, façonnant les pièces manquantes avec du bois et du papier mâché. Il présenta le squelette reconstitué au public la veille de Noël 1801. Pour faire de la publicité à l'exposition, il demanda à son serviteur noir, Moses Williams, de porter une coiffe d'Indien et de parcourir les rues de Philadelphie, monté sur un cheval blanc[15]. La bête reconstituée, avec une taille un peu surdimensionnée, mesurait 3,30 mètres de haut à l'épaule et 5 mètres de long des défenses à la queue. Pour la voir, les visiteurs devaient payer 50 cents (une somme assez importante à l'époque). Cet animal (le mastodonte américain) n'avait pas encore de nom reconnu, et on le désignait sous des appellations variées, par exemple *incognitum*, animal de l'Ohio, ou mammouth (cette dernière dénomination entraîna nombre de confusions dans l'identification du fossile). Cette exposition fut la première au monde à connaître un grand succès, et elle déclencha une mode dont le mot « mammouth » constitua le pilier. Dans la ville de Cheshire (Massachusetts), on produisit un fromage « mammouth » de 558 kilos ; un boulanger de Philadelphie façonna un pain « mammouth » ; les journaux rapportèrent un cas de panais « mammouth », un autre, de pêcher « mammouth », et un autre encore d'un « mangeur mammouth » qui avait « avalé quarante-deux œufs en dix minutes[16] ». Peale réussit également à reconstituer un second mastodonte, à partir d'os supplémentaires trouvés à Newburgh et dans des localités voisines de la vallée de l'Hudson. Après un banquet tenu sous la vaste cage thoracique de l'animal, il envoya ce second squelette en Europe accompagné de deux de ses fils. Il fut exposé à Londres pendant plusieurs mois, période durant laquelle les jeunes Peale décidèrent d'eux-mêmes que les défenses, du vivant de l'animal, avaient dû pointer vers le bas, comme celles d'un morse. Ils projetèrent d'emmener le squelette à Paris pour le vendre à Cuvier, mais, tandis qu'ils se trouvaient encore à Londres, la guerre éclata entre l'Angleterre et la France, ce qui rendit impossible tout voyage entre les deux pays.

Finalement, Cuvier désigna cet animal du nom de « mastodonte » dans un article publié à Paris en 1806. Cette étrange appellation est formée à partir de racines grecques signifiant « dent en forme de mamelle » ; apparemment, les pointes des tubercules sur les molaires ressemblaient selon lui à des mamelons. (À ce moment-là, l'animal avait déjà reçu sa dénomination scientifique de la part d'un naturaliste allemand : *Mammut americanum*. Malheureusement, celle-ci n'a fait qu'entretenir la confusion entre les mastodontes et les mammouths.)

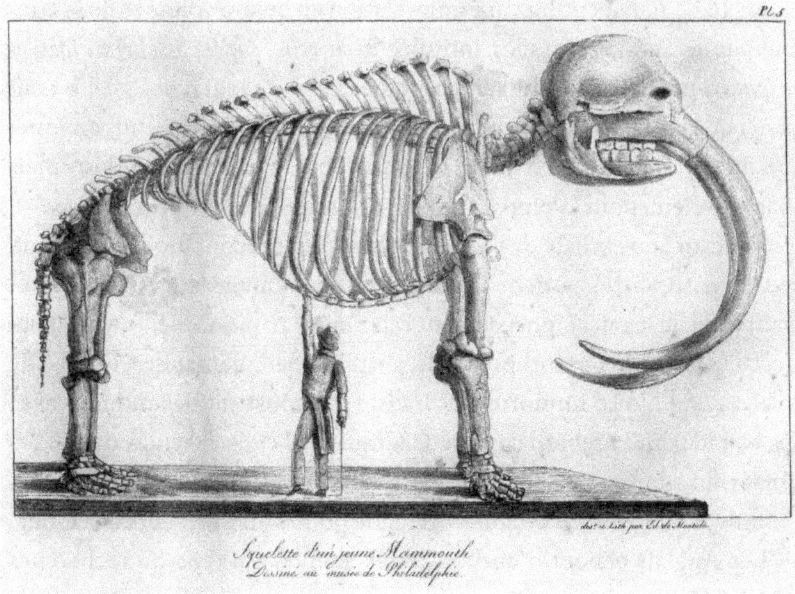

En dépit de la guerre en cours entre les Britanniques et les Français, Cuvier réussit à obtenir des dessins du squelette que les fils Peale avaient apporté à Londres, ce qui lui permit de mieux comprendre l'anatomie de l'animal. Il se rendit compte que le mastodonte était bien plus éloigné des éléphants modernes que les mammouths, et il l'assigna à un nouveau genre. (De nos jours, on classe les mastodontes non seulement dans leur propre genre, mais aussi dans leur propre famille.) Outre le mastodonte américain, Cuvier reconnut quatre autres espèces de mastodontes, « toutes également inconnues aujourd'hui sur la terre[17] ». Peale n'eut pas connaissance du nouveau nom avancé par Cuvier avant 1809, et lorsqu'il l'apprit, il s'en saisit immédiatement. Il écrivit à Jefferson, proposant un « baptême » pour le squelette de mastodonte conservé dans son muséum de Philadelphie. Jefferson ne manifesta aucun enthousiasme pour le nom inventé par Cuvier (« celui-là ou un autre », dit-il, méprisant) et il ne daigna pas répondre à la proposition de baptême.

En 1812, Cuvier publia une compilation en quatre volumes de ses travaux sur les animaux fossiles, intitulée *Recherches sur les ossements fossiles de quadrupèdes*. Avant qu'il ait commencé ses « recherches », il n'était admis qu'une seule espèce de vertébré éteinte, ou pas du tout, en fonction du naturaliste qui en faisait l'évaluation. On en recensait désormais quarante-neuf, pour la plupart reconnues grâce à ses propres travaux.

À mesure que la liste de Cuvier s'allongeait, sa réputation grandissait. Peu de naturalistes osaient annoncer publiquement leurs découvertes avant qu'il ne les ait soigneusement examinées au préalable. « M. Cuvier n'est-il pas le plus grand poète de notre siècle ? demanda Honoré de Balzac. [...] Notre immortel naturaliste a reconstruit des mondes avec des os blanchis, a rebâti, comme Cadmus, des cités avec des dents[18]. » Cuvier fut honoré par l'empereur et, après la fin des guerres napoléoniennes, il fut invité en Grande-Bretagne pour y être présenté à la Cour.

Les Anglais étaient d'enthousiastes adeptes du type de recherches entreprises par Cuvier. Durant les premières années du XIXe siècle, la collecte de fossiles devint une activité tellement populaire au sein des classes supérieures qu'une toute nouvelle profession fit son apparition : le « chasseur de fossiles ». Celui-ci gagnait sa vie en recherchant des vestiges paléontologiques pour de riches mécènes. L'année même où Cuvier publia ses *Recherches sur les ossements fossiles de quadrupèdes*, l'un de ces « chasseurs », une jeune femme nommée Mary Anning, découvrit un spécimen particulièrement bizarre. Le crâne de cet animal, trouvé dans les falaises calcaires du Dorset, mesurait presque 1,20 mètre de long et ses mâchoires ressemblaient à des pinces à bec long. Ses orbites, étrangement grandes, étaient recouvertes par des plaques osseuses.

Ce fossile se retrouva à la Galerie égyptienne de Londres, un muséum privé comparable à celui de Peale. Il fut d'abord exposé sous le nom de poisson, puis d'un animal apparenté à l'ornithorynque, avant d'être reconnu comme une nouvelle sorte de reptile : un « ichtyosaure », ou « poisson-lézard ». Quelques années plus tard, on trouva parmi des spécimens collectés par Mary Anning des pièces appartenant à un autre animal encore plus extraordinaire, qui fut baptisé « plésiosaure »

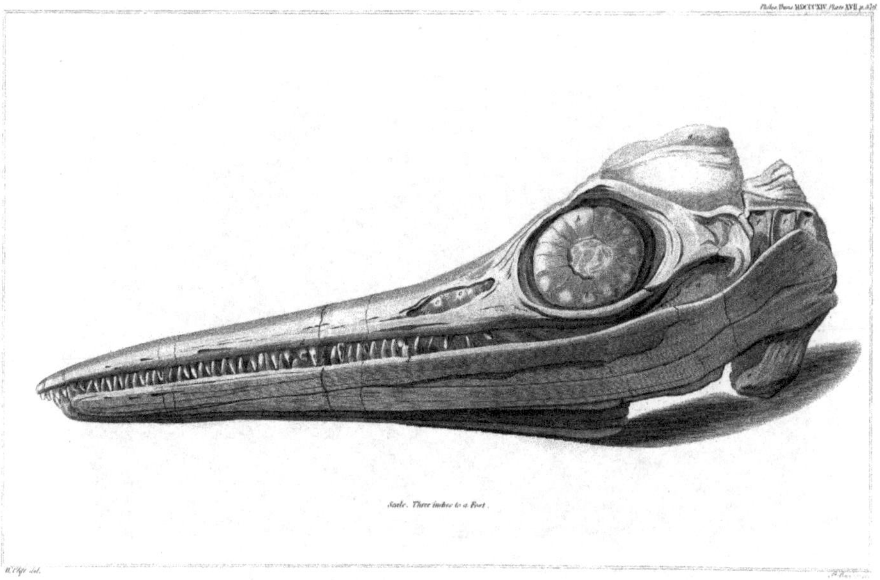

Le premier fossile d'ichtyosaure à avoir été découvert fut exposé à la Galerie égyptienne de Londres.

ou « presque lézard ». Le premier professeur de géologie de l'université d'Oxford, le révérend William Buckland, dit du plésiosaure qu'il avait « la tête d'un lézard » attachée à un cou « d'une longueur énorme, ressemblant au corps d'un serpent », « les côtes d'un caméléon et les palettes natatoires d'une baleine ». Informé de cette découverte, Cuvier trouva la description du plésiosaure si extravagante qu'il demanda si les spécimens n'avaient pas été truqués. Lorsque Mary Anning découvrit un autre spécimen de plésiosaure presque complet, il en fut là aussi rapidement informé, et dut alors reconnaître qu'il s'était trompé. « Il n'y a rien de si monstrueux que l'on ne doive s'attendre à voir sortir des carrières du Lias[19] », écrivit-il à l'un de ses correspondants anglais. Pendant son séjour en Angleterre, il se rendit à Oxford, où Buckland lui montra encore un autre fossile étonnant : une énorme mâchoire de laquelle dépassait une dent incurvée, tel un cimeterre. Cuvier aussi identifia cet animal à une sorte de lézard. Quelques décennies plus tard, on attribuera ladite mâchoire à un dinosaure.

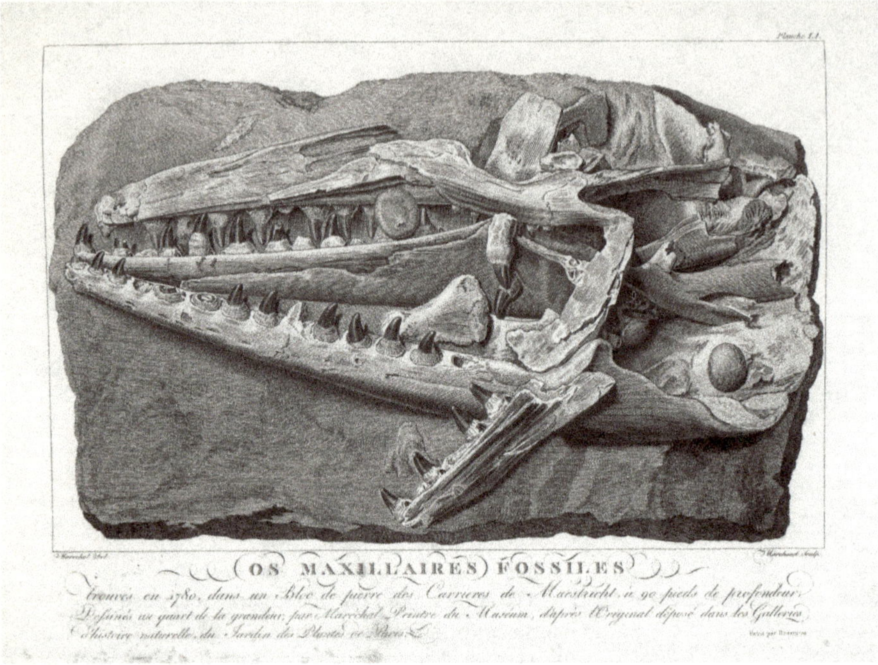

L'animal de Maastricht est encore exposé de nos jours à Paris.

À ce moment-là, l'étude de la stratigraphie n'en était qu'à ses balbutiements, mais on avait déjà compris que des couches de roches différentes s'étaient formées à des époques différentes. Le plésiosaure, l'ichtyosaure et le dinosaure encore sans nom avaient tous été trouvés dans des dépôts calcaires datant de ce que l'on appelait alors le Secondaire, et que l'on connaît à présent sous le nom d'ère mésozoïque. Le ptérodactyle et l'animal de Maastricht y avaient eux aussi été trouvés. Ce type de distribution des fossiles conduisit Cuvier à comprendre une autre notion extraordinaire concernant l'histoire de la vie : elle avait une direction. Les espèces perdues dont on pouvait trouver les restes près de la surface du sol, comme les mastodontes et les ours des cavernes, appartenaient à des ordres d'animaux qui existaient encore aujourd'hui. Si l'on creusait plus profondément, on découvrait des organismes, comme l'animal de Montmartre, qui n'avaient pas de parenté évidente avec les animaux d'aujourd'hui. Si l'on continuait à creuser, les mammifères disparaissaient complètement des archives fossiles. Finalement, on atteignait un monde pas seulement antérieur au nôtre, mais un monde encore antérieur à ce monde-là, dominé par des reptiles géants.

On pourrait penser que les conceptions de Cuvier au sujet de l'histoire des êtres vivants (sa longueur, ses changements répétés et son foisonnement d'animaux fantastiques aujourd'hui disparus) auraient fait de lui un partisan naturel de l'évolution. Il était toutefois opposé à la théorie évolutionniste, que l'on appelait à cette époque à Paris le transformisme*, et il essaya (généralement avec succès, semble-t-il) de ridiculiser tous ceux de ses collègues qui avançaient de telles idées. Curieusement, les compétences qui l'avaient conduit à découvrir l'extinction lui faisaient considérer l'évolution comme une chose absurde, aussi invraisemblable que la lévitation par exemple.

Cuvier aimait à le souligner, il faisait entièrement confiance à l'anatomie : c'est ainsi qu'il avait pu distinguer les os d'un mammouth de ceux d'un éléphant et reconnaître les restes d'une salamandre géante, alors que d'autres les avaient pris pour ceux d'un homme. Sa maîtrise de l'anatomie reposait sur une notion clé qu'il appelait « la corrélation des parties ». Il signifiait ainsi que toutes les pièces anatomiques d'un animal sont liées les unes aux autres et présentent une structure optimale correspondant à son mode de vie particulier : ainsi, par exemple, un carnivore a généralement un système intestinal adapté à la digestion de la viande. En même temps

> il faut aussi que ses mâchoires soient construites pour dévorer une proie ; ses griffes pour la saisir et la déchirer ; ses dents pour en découper et en diviser la chair ; le système entier de ses organes du mouvement pour la poursuivre et pour l'atteindre ; ses organes des sens pour l'apercevoir de loin[20].

* En français dans le texte.

Inversement, un animal doté de sabots doit nécessairement être un herbivore, puisqu'il n'a « aucun moyen de saisir une proie ». Il aura généralement « des dents à couronne plate pour broyer les semences et les herbages » et une mâchoire inférieure capable de mouvements latéraux. Si l'un ou l'autre de ces traits anatomiques se trouvait modifié, l'intégrité fonctionnelle du tout serait détruite. Un animal qui naîtrait avec, par exemple, des dents ou des organes des sens différant d'une façon ou d'une autre de ceux de ses parents ne pourrait pas survivre, sans parler même de pouvoir être à l'origine d'une lignée d'un tout nouveau type d'animal.

À l'époque de Cuvier, le partisan le plus éminent du transformisme était un de ses collègues plus âgé du Muséum d'histoire naturelle, Jean-Baptiste Lamarck. Selon ce dernier, il existait une force – le « pouvoir de la vie » – qui entraînait la complexification des organismes. En même temps, les animaux mais aussi les plantes devaient souvent faire face à des changements de milieu. Ils y parvenaient en adaptant leurs habitudes. Ces nouveaux comportements, à leur tour, déterminaient des modifications physiques transmises ensuite à leurs descendants. Les oiseaux qui cherchaient leur nourriture dans les lacs écartèrent les doigts de leurs pattes pour pagayer ; ce faisant, ils développèrent finalement des pattes palmées et devinrent des canards. Les taupes, qui avaient élu domicile sous terre, cessèrent de se servir de la vue, de sorte qu'au fil des générations leurs yeux rapetissèrent et devinrent inefficaces. Lamarck, en outre, s'opposait résolument à l'idée d'extinction mise en avant par Cuvier ; il ne pouvait imaginer aucun processus capable d'anéantir un type donné d'organisme. (Il est intéressant de noter cependant qu'il faisait une exception : l'homme, estimait Lamarck, pouvait être capable d'exterminer certains grands animaux à reproduction lente.) L'hypothèse des espèces perdues défendue par Cuvier était battue en brèche par Lamarck, qui affirmait qu'il s'agissait simplement d'espèces qui avaient été complètement transformées.

Cuvier trouvait absurde la théorie selon laquelle les animaux modifiaient leur type d'organisation anatomique lorsque les circonstances le demandaient. Il tourna en dérision l'idée que « les canards à force de plonger devinrent des brochets ; les brochets à force de se trouver à sec se changèrent en canards ; les poules en cherchant leur pâture aux bords des eaux, et en s'efforçant de ne pas se mouiller les cuisses, réussirent si bien à s'allonger les jambes qu'elles devinrent des hérons ou des cigognes[21] ». C'est dans une collection de momies qu'il trouva ce qui, à ses yeux du moins, constituait la preuve réfutant définitivement le transformisme.

Lorsque Napoléon avait mené son expédition en Égypte, les Français s'étaient emparés, comme à leur habitude, de tout ce qui les intéressait. Dans les caisses de butin ramenées à Paris se trouvait la momie d'un chat[22]. Cuvier l'examina, recherchant des signes de transformation. Il n'en vit aucun. Ce chat de l'Égypte antique ne différait en rien, du point de vue de l'anatomie, d'un chat de gouttière parisien. Cela prouvait que les espèces étaient fixes. Lamarck objecta que les quelques milliers d'années qui s'étaient écoulées depuis que le chat égyptien avait été embaumé représentaient « une durée infiniment petite » au regard de l'immensité du temps[23].

« Je sais que quelques naturalistes comptent beaucoup sur les milliers de siècles qu'ils accumulent d'un trait de plume[24] », répondit Cuvier d'un ton dédaigneux. À la mort de Lamarck, il fut demandé au célèbre anatomiste de rédiger son éloge funèbre, exercice dans lequel il s'employa bien plus à le discréditer qu'à le louer. Lamarck, selon Cuvier, avait entretenu des « conceptions fantastiques[25] ». À l'instar des « palais enchantés de nos vieux romans », ses théories étaient fondées sur des « bases imaginaires », de sorte qu'elles auraient pu « amuser l'imagination d'un poète, [mais qu'elles ne pouvaient] soutenir un moment l'examen de quiconque a disséqué une main, un viscère ou seulement une plume ».

Ayant réfuté le transformisme, Cuvier se retrouva devant un vide béant. Il n'avait rien à proposer pour rendre compte de la façon dont de nouveaux organismes apparaissaient, et il ne pouvait pas non plus expliquer comment le monde avait été peuplé de groupes d'animaux différents à des moments différents. Il ne semble pas que cela lui ait posé de problème. Tout compte fait, ce qui l'intéressait n'était pas l'apparition des espèces, mais leur disparition.

La première fois qu'il avait abordé ce sujet, Cuvier avait laissé entendre qu'il connaissait la raison sous-tendant l'extinction, même s'il en ignorait la nature exacte. Dans sa conférence « sur les espèces d'éléphants, tant vivantes que fossiles », il avait suggéré que le mastodonte, le mammouth et le mégathérium avaient tous été balayés « par une catastrophe quelconque[26] ». Il hésitait à spéculer sur la nature précise de celle-ci (« Ce n'est pas à nous qu'il appartient de nous engager dans le vaste champ de conjectures que ces questions présentent », dit-il), mais il semble qu'il estimait alors qu'une seule et unique catastrophe avait dû suffire.

Plus tard, alors que sa liste des espèces éteintes s'allongeait, il changea de position. Il considéra qu'il avait dû y avoir de multiples cataclysmes. « La vie a donc souvent été troublée sur cette terre par des événements terribles[27], écrivit-il. [...] Des êtres vivants sans nombre ont été les victimes de ces catastrophes. »

De même que son interprétation négative du transformisme, la conception que se faisait Cuvier des cataclysmes s'accordait avec sa façon d'appréhender l'anatomie (on pourrait même dire qu'elle en découlait). Puisque les animaux étaient des touts fonctionnels, idéalement adaptés à leur mode de vie, il n'existait aucune raison pour laquelle, dans le cours ordinaire de l'Histoire, ils auraient dû s'éteindre. Même les phénomènes les plus dévastateurs connus dans le monde contemporain (les éruptions volcaniques, par exemple, ou les incendies de forêt) ne pouvaient suffire à expliquer les extinctions. Lorsqu'ils étaient confrontés à de tels événements, les organismes se déplaçaient tout simplement, et survivaient[28]. Les changements qui avaient provoqué les extinctions avaient donc dû être d'une ampleur considérable : les animaux avaient été incapables d'y faire face. Que ni lui ni aucun autre naturaliste n'ait jamais observé de tels événements extrêmes ne faisait qu'indiquer que la nature pouvait changer : dans le passé, elle avait subi des bouleversements majeurs, plus intenses et plus brutaux qu'elle n'en subissait actuellement.

« Le fil des opérations est rompu ; la marche de la nature est changée ; et aucun des agents qu'elle emploie aujourd'hui ne lui aurait suffi pour produire ses anciens ouvrages[29] », écrivit Cuvier. Il passa plusieurs années à étudier les formations rocheuses autour de Paris (avec un ami, il élabora la première carte stratigraphique du Bassin parisien) et, là aussi, il aperçut des signes de changements cataclysmiques. Les roches montraient que la région avait, à divers moments, été submergée. Les changements d'un type d'environnement à l'autre (du milieu marin au milieu terrestre, ou, à certains moments, du milieu marin au milieu d'eau douce) « n'ont point été lents[30] », estima Cuvier ; en réalité, ils ont résulté de soudaines « révolutions de la surface de la terre ». La plus récente de ces révolutions avait dû se produire dans un passé relativement peu éloigné, car les traces en étaient encore partout apparentes. Cet événement, pensait Cuvier, avait eu lieu juste avant le début de l'histoire humaine connue. Il notait que de nombreux textes et mythes datant de cette période, y compris l'Ancien Testament, faisaient allusion à une sorte de crise (généralement, un déluge) ayant précédé le monde tel qu'il existe aujourd'hui.

Les conceptions de Cuvier sur les destructions périodiques du globe par des cataclysmes eurent presque autant d'influence que ses découvertes originales. Son ouvrage majeur sur ce sujet, ses *Recherches sur les ossements fossiles de quadrupèdes*, publié en France en 1812 (comme nous l'avons vu), fut presque immédiatement traduit en anglais et diffusé aux États-Unis. Il fut aussi traduit en allemand, suédois, italien, russe et tchèque. Cependant, les traductions ne rendirent pas compte d'une grande partie de son contenu, ou donnèrent une mauvaise interprétation de celui-ci. L'ouvrage de Cuvier n'avait rien à voir avec la religion. Il citait la Bible en tant que l'un des nombreux ouvrages anciens (et pas totalement fiables), en même temps que les Veda de l'hindouisme et le Shujing. Cette sorte d'œcuménisme n'était pas acceptable aux yeux des membres du clergé anglican qui constituaient le corps enseignant d'institutions telles que l'université d'Oxford, si bien que l'essai de Cuvier, une fois traduit, fut considéré par Buckland et d'autres auteurs comme un ouvrage apportant la preuve de l'existence du déluge de Noé.

De nos jours, les arguments concrets avancés par Cuvier ont été largement réfutés. Les preuves physiques qui le convainquirent de l'existence d'une « révolution » juste avant le début de l'histoire connue (et que les Anglais interprétèrent comme la preuve du déluge) étaient en réalité les vestiges laissés par la dernière glaciation. La stratigraphie du Bassin parisien ne reflète pas de soudaines « irruptions » maritimes, mais résulte plutôt de changements graduels du niveau de la mer et de la tectonique des plaques. Sur tous ces points, on le sait maintenant, Cuvier se trompait.

À l'inverse, certaines de ses thèses jugées à l'époque parmi les plus extravagantes se révèlent à présent d'une surprenante justesse. La vie sur Terre a réellement été troublée par des « événements terribles », et des « êtres vivants sans nombre » en ont été les victimes. Les événements en question ne peuvent pas être expliqués par les forces, ou « agents », qui sont à l'œuvre de nos jours. De temps à autre, la nature « change réellement sa marche » et, dans ces moments, c'est comme si le « fil des opérations » se rompait.

En tout cas, en ce qui concerne le mastodonte américain, Cuvier avait vu incroyablement juste. Il estimait que cet animal avait été éliminé cinq ou six mille ans auparavant, au cours de la « révolution » qui avait également exterminé le mammouth et le mégathérium. En fait, le mastodonte américain s'est éteint il y a environ treize mille ans. Sa disparition a fait partie d'une vague d'éliminations que l'on appelle à présent « l'extinction de la mégafaune ». Cette vague a coïncidé avec l'expansion de l'homme moderne, et l'on considère de plus en plus qu'elle en a été la conséquence. En ce sens, l'événement destructeur que Cuvier discernait juste avant le début de l'histoire connue, c'était nous.

Chapitre 3

Le pingouin d'origine

Pinguinus impennis

Le terme « catastrophiste » a été inventé en 1832 par William Whewell, l'un des premiers présidents de la Société géologique de Londres, qui a aussi légué à l'anglais les mots : « anode », « cathode », « ion » et « scientifique ». Ce vocable a ultérieurement pris un sens péjoratif qui lui est resté attaché de façon persistante, bien que telle n'ait pas été l'intention de Whewell. Lorsqu'il l'a proposé, il a expressément déclaré qu'il se considérait lui-même comme un « catastrophiste », et que la plupart des scientifiques qu'il connaissait étaient eux aussi des catastrophistes[1]. En fait, il n'y avait réellement qu'une seule personne de sa connaissance qui ne pouvait se ranger sous cette bannière : il s'agissait d'un jeune géologue plein d'avenir, un dénommé Charles Lyell. Pour lui, Whewell créa un autre néologisme : il déclara qu'il était un « uniformitariste ».

Lyell avait été élevé dans le sud de l'Angleterre, dans le genre de milieu social que connaissent bien les admirateurs de Jane Austen[2]. Il était entré à l'université d'Oxford et avait suivi des études de droit pour devenir avocat. Sa vue faiblissante lui rendit difficile la pratique de cette profession, de sorte qu'il se tourna vers les sciences naturelles. Pendant sa jeunesse, il fit plusieurs voyages sur le continent et se lia d'amitié avec Cuvier, chez qui il dîna souvent. Il le trouva « très aimable » à son égard

(Cuvier l'autorisa à faire des moulages de plusieurs fossiles célèbres afin de les rapporter en Angleterre), mais il ne fut pas du tout convaincu par la façon dont le grand paléontologue concevait l'histoire de la Terre[3].

Lorsque Lyell regardait (avec ses yeux de myope, il est vrai) les affleurements rocheux de la campagne britannique, ou bien les strates du Bassin parisien, ou encore les îles volcaniques voisines de Naples, il n'y voyait nulle preuve de cataclysmes. C'était même tout le contraire : il pensait qu'il n'était pas scientifique (ou, comme il le disait, « pas philosophique ») d'imaginer que le changement dans le monde s'était effectué jadis en raison d'autres causes que celles agissant aujourd'hui, ou s'était produit à des vitesses différentes de celles observées de nos jours. Selon Lyell, tous les traits des paysages résultaient de processus très graduels opérant sur d'innombrables millénaires : il s'agissait de phénomènes tels que la sédimentation, l'érosion ou le volcanisme, lesquels étaient tous encore facilement observables. Pour des générations d'étudiants en géologie, la thèse de Lyell serait résumée par la phrase : « Le présent est la clé du passé. »

Selon Lyell, l'extinction elle aussi se produisait à une vitesse très lente : si lente que, à tout moment, en tout lieu, il n'était pas surprenant qu'elle passe inaperçue. Lorsque les données fossiles semblaient suggérer qu'à divers moments les espèces avaient péri en masse, cela indiquait seulement que ces archives n'étaient pas fiables. Même la thèse selon laquelle l'histoire des êtres vivants avait une direction (d'abord les reptiles, puis les mammifères) était erronée : c'était une déduction incorrecte de plus, fondée sur des données imparfaites. Toutes les variétés d'organismes avaient existé à toutes les époques, et ceux qui avaient apparemment disparu pour de bon pourraient, dans des circonstances adéquates, réapparaître. Ainsi, « l'énorme iguanodon pourrait peut-être hanter de nouveau les bois, et l'ichtyosaure, la mer, tandis que le ptérodactyle pourrait peut-être voleter de nouveau au sein des bosquets ombragés de fougères arborescentes[4] ». Il est clair, écrivait Lyell, qu'« il n'y a rien dans les données géologiques qui soutienne la théorie en vogue selon laquelle le monde animal et végétal serait passé par des phases de développement successives[5] ».

Lyell publia ses idées dans trois épais volumes intitulés *Principes de géologie : essai d'explication des anciens changements de la surface de la terre par des causes opérant actuellement.* Cet ouvrage visait un large public, lequel s'en empara avec enthousiasme. Un premier tirage de 4 500 exemplaires fut rapidement épuisé, et l'on procéda à un second tirage de 9 000 exemplaires. (Dans une lettre à sa fiancée, Lyell s'en vanta, disant que cela représentait « au moins dix fois plus » de livres qu'aucun géologue britannique n'en avait jamais vendu[6].) Il devint une sorte de célébrité et, quand il vint à Boston, plus de 4 000 personnes essayèrent d'obtenir des billets pour assister à sa conférence[7].

Pour plus de clarté (et aussi pour rendre attrayante la lecture de son livre), Lyell avait présenté ses adversaires sous un jour caricatural, faisant apparaître leur position comme « non scientifique » de façon bien plus accentuée qu'elle ne l'était réellement. Ils lui retournèrent le compliment. Un géologue britannique, Henry De La Beche, qui avait quelques talents de caricaturiste, tourna en dérision les idées de Lyell au sujet de l'éternel retour. Il fit un dessin humoristique dans lequel ce dernier apparaissait sous les traits d'un ichtyosaure myope, désignant un crâne humain lors d'une conférence devant un groupe de reptiles géants[8].

« Vous allez tout de suite vous rendre compte, disait le professeur Ichtyosaurus à ses élèves dans la légende, que ce crâne appartient à l'un des ordres inférieurs des animaux. Les dents ne présentent aucun caractère remarquable, la puissance des mâchoires est infime, et, au bout du compte, que cette créature ait pu se procurer de la nourriture relève du miracle. » De La Beche intitula ce dessin *Des changements effroyables.*

Charles Darwin compta parmi les lecteurs qui se jetèrent sur les *Principes.* Âgé de vingt-deux ans et frais émoulu de l'université de Cambridge, il avait été invité à servir, pour ainsi dire, de gentilhomme de compagnie au capitaine du navire HMS *Beagle,* Robert FitzRoy. Ce bateau partait pour l'Amérique du Sud, avec pour mission d'en étudier les côtes et de corriger diverses erreurs cartographiques qui rendaient la navigation difficile dans cette région. (L'Amirauté était particulièrement désireuse

de trouver la meilleure route maritime possible pour parvenir aux îles Falkland, que les Britanniques s'étaient récemment appropriées.) Ce voyage, qui durerait cinq ans, allait l'emmener de Plymouth à Montevideo ; par le détroit de Magellan, jusqu'aux îles Galápagos ; à travers l'océan Pacifique, à Tahiti, en Nouvelle-Zélande, Tasmanie et Australie ; à travers l'océan Indien, à l'île Maurice, pour revenir, via le cap de Bonne-Espérance, en Amérique du Sud. Traditionnellement, le grand public considère que c'est au cours de ce voyage que Darwin découvrit le concept de sélection naturelle, après avoir observé une gamme d'animaux variés, tels que des tortues géantes, des reptiles marins et des pinsons dotés de becs de toutes les tailles et formes imaginables. En fait, le grand biologiste britannique ne conçut sa théorie qu'après son retour en Angleterre et la mise en ordre par d'autres naturalistes de la chaotique collection de spécimens qu'il avait expédiés à Londres durant son voyage[9].

Il serait plus exact de dire du voyage sur le *Beagle* qu'il permit à Darwin de découvrir Lyell. Peu de temps avant le départ du bateau, FitzRoy lui avait offert le premier volume des *Principes*. Bien qu'il souffrît terriblement du mal de mer au cours de la première étape du voyage (ce fut également le cas durant de nombreuses autres étapes), Darwin commença, comme il le rapporta, à lire Lyell « attentivement » tandis que le bateau se dirigeait vers le sud. Le *Beagle* fit sa première halte à Saint-Jago (aujourd'hui Santiago) dans l'archipel du Cap-Vert, et Darwin, impatient de mettre ses nouvelles connaissances en pratique, passa plusieurs jours à collecter des spécimens sur ses falaises côtières. L'une des thèses principales de Lyell était que certaines régions de la croûte terrestre se soulevaient et s'enfonçaient graduellement. (Lyell affirmait, en outre, que ces deux processus s'équilibraient toujours, de façon à « préserver l'uniformité des rapports généraux entre la terre et la mer[10] ».) Saint-Jago semblait apporter la preuve de cette thèse. L'île avait clairement une origine volcanique, mais elle présentait plusieurs traits curieux, comme un banc de calcaire blanc à mi-hauteur des falaises de couleur sombre. La seule façon d'expliquer ce trait, estima Darwin, était d'admettre qu'il y avait eu un soulèvement. Le tout premier endroit « où je pratiquai la géologie me convainquit de la supériorité des conceptions de Lyell », écrivit-il plus tard. Il fut tellement intéressé par le premier tome des *Principes* qu'il commanda le deuxième en faisant en sorte qu'il lui soit expédié et livré lors de son passage à Montevideo. Il reçut le troisième tome alors qu'il se trouvait dans les îles Falkland[11].

Tandis que le *Beagle* longeait la côte ouest de l'Amérique du Sud, Darwin passa plusieurs mois à explorer le Chili. Un après-midi, alors qu'il se reposait après une randonnée, non loin de la ville de Valdivia, le sol se mit à trembler sous ses pieds comme s'il avait la consistance de la gelée. « Une seule seconde dans ces moments-là suffit à faire naître une idée étrange d'insécurité que des heures de réflexion ne pourraient jamais produire », écrivit-il. Plusieurs jours après le tremblement de terre, il arriva à Concepción et constata que de la ville entière ne subsistaient que des décombres. « Véritablement, il ne reste pas une seule maison habitable », rapporta-t-il. Ce qu'il voyait constituait « le spectacle le plus affreux et, cependant, le plus intéressant » dont il ait jamais été le témoin. Une série de relevés topographiques ordonnés par FitzRoy autour du port de Concepción montra que le séisme avait soulevé la plage de près de 2,50 mètres. Là encore, les *Principes* de Lyell paraissaient confirmés de façon spectaculaire. Au fil du temps, sur de longues durées, soutenait le géologue britannique, des séries de tremblements de terre pouvaient faire apparaître une chaîne de montagnes entière, de plusieurs milliers de mètres de hauteur.

Plus Darwin explorait le monde, plus celui-ci lui semblait répondre aux principes de Lyell. À l'extérieur du port de Valparaíso, il mit au jour des dépôts de coquillages marins situés très au-dessus du niveau de la mer. Il estima que cette localisation résultait de nombreux épisodes de soulèvement semblables à ceux dont il venait d'être le témoin. « J'ai toujours considéré que le grand mérite des *Principes* était de changer complètement la façon de penser du lecteur », écrivit-il plus tard. Tandis qu'il se trouvait au Chili, Darwin découvrit aussi une nouvelle espèce de grenouille assez remarquable, qui fut alors appelée la « grenouille chilienne de Darwin ». Chez cette espèce, les mâles incubaient les têtards dans leurs sacs vocaux. Lors de récentes recherches, on n'a pas réussi à trouver la moindre « grenouille chilienne de Darwin » et l'on estime à présent que cette espèce est éteinte[12].

Vers la fin du voyage du *Beagle*, Darwin découvrit les récifs coralliens. Ils lui fournirent l'occasion d'effectuer sa première grande découverte, dont la conception originale allait lui faciliter l'entrée dans les cercles scientifiques de Londres. Darwin comprit que la clé de l'interprétation des récifs coralliens était l'interaction entre les données de la biologie et celles de la géologie. Si un récif se formait autour d'une île ou en bordure d'une côte, et si l'une ou l'autre de ces structures s'enfonçait petit à petit, les coraux, en se développant lentement vers le haut, étaient en mesure de rester toujours à la même position par rapport à la surface de la mer. Graduellement, tandis que l'île ou la côte s'enfonçait, les coraux formaient une barrière corallienne. Et lorsqu'une île finissait par disparaître complètement en dessous du niveau de la mer, le récif prenait la forme d'un atoll.

L'explication de Darwin allait plus loin que celle de Lyell, et d'une certaine façon la contredisait. Le géologue avait émis l'hypothèse que les récifs coralliens se formaient grâce à la croissance des coraux à partir du bord de cratères volcaniques immergés. Mais la thèse de Darwin était si fondamentalement « lyellienne » que, lorsqu'il la présenta à Lyell, à son retour en Angleterre, celui-ci en fut enchanté[13]. Comme l'a écrit l'historien des sciences Martin Rudwick, Lyell « admit que Darwin s'était montré plus "lyellien" que lui[14] ».

L'une des biographes de Darwin a résumé l'influence de Lyell sur lui de la façon suivante : « Sans Lyell, il n'y aurait pas eu de Darwin[15]. » Celui-ci, après avoir publié le journal de son voyage sur le *Beagle* ainsi qu'un ouvrage sur les récifs coralliens, écrivit : « J'ai toujours l'impression que mes livres sont à moitié issus du cerveau de Lyell. »

Le géologue britannique qui voyait le changement se produire partout et sans interruption fit pourtant du monde organique une exception. Il jugeait impensable qu'une espèce végétale ou animale puisse, au bout d'un certain temps, donner naissance à une nouvelle espèce, et il consacra une grande partie du deuxième tome des *Principes* à critiquer cette thèse, citant même l'observation de Cuvier sur la momie de chat à l'appui de ses objections.

L'opposition inflexible de Lyell à la transmutation, comme on l'appelait alors à Londres, est presque aussi énigmatique que celle de Cuvier. Il s'était pourtant rendu compte que de nouvelles espèces apparaissaient régulièrement dans les archives fossiles. Cependant, leur mode d'apparition était une question à laquelle il ne s'était jamais attaqué, sauf pour dire que chacune d'elles avait probablement commencé « par un unique couple (ou par un unique individu, lorsque c'était suffisant)[16] » qui s'était multiplié et dont la descendance s'était alors répandue. Ce processus, qui semblait dépendre d'une intervention divine, ou du moins surnaturelle, était manifestement en contradiction avec les principes que Lyell avait posés pour la géologie. En fait, comme l'un des commentateurs l'a remarqué, il semblait réclamer « exactement le genre de miracle[17] » que Lyell rejetait.

Avec sa théorie de la sélection naturelle, Darwin, de nouveau, se montra plus « lyellien » que Lyell. Le biologiste britannique posa que, tout comme les traits du monde inorganique (les deltas, les vallées fluviales, les chaînes de montagnes), qui acquéraient leurs formes par le biais de changements graduels, le monde organique était l'objet d'un flux constant. Les ichtyosaures et les plésiosaures, les oiseaux et les poissons, et (cas le plus déconcertant de tous) l'espèce humaine, s'étaient formés par le biais d'un processus de transformation qui avait eu cours durant d'innombrables générations. Ce processus, bien qu'imperceptiblement lent, était toujours manifestement à l'œuvre ; en biologie de même qu'en géologie, le présent était la clé du passé. Dans l'un des passages le plus souvent cités de *L'Origine des espèces,* Darwin écrivit :

> On peut dire que la sélection naturelle recherche, à chaque instant et dans le monde entier, les variations les plus légères ; elle repousse celles qui sont nuisibles, elle conserve et accumule celles qui sont utiles ; elle travaille en silence, insensiblement, partout et toujours, dès que l'occasion s'en présente[18].

La théorie de la sélection naturelle éliminait toute nécessité d'invoquer celle de la création miraculeuse. Au fil du temps, sur des durées suffisamment longues pour que « toutes les variations, même les plus légères », s'accumulent, de nouvelles espèces naissaient régulièrement des anciennes. Lyell, cette fois-ci, ne se pressa pas pour applaudir la théorie de son protégé. Ce n'est qu'avec réticence qu'il accepta la théorie de Darwin sur la « descendance avec modification » ; avec tellement de réticence en fait qu'il semble bien que son attitude conduisît à la fin de leur amitié.

La théorie de Darwin sur le mode d'apparition des espèces se doublait d'une théorie sur leur mode de disparition. Extinction et apparition par évolution étaient les deux faces d'une même pièce. « L'apparition des formes nouvelles et la disparition des anciennes étaient, écrivit Darwin, deux faits connexes. » Leur moteur commun était la « lutte pour l'existence » qui récompensait les plus aptes et éliminait ceux qui l'étaient moins.

> La théorie de la sélection naturelle est basée sur l'opinion que toute variété nouvelle, et, en définitive, toute espèce nouvelle, se forme et se maintient à l'aide de quelque avantage acquis sur celles avec lesquelles elle se trouve en concurrence ; et, enfin, sur l'extinction des formes moins favorisées, qui en est la conséquence inévitable[19].

Darwin se servit d'une comparaison avec les animaux domestiques, comme le bétail. Lorsqu'une variété plus vigoureuse ou productive était obtenue, elle supplantait rapidement les autres races. Dans le Yorkshire, par exemple, fit-il remarquer, « il est historiquement attesté que l'ancienne race de vaches noires a été remplacée par celle à longues cornes » et que celle-ci a été « éliminée » à son tour par la race à cornes courtes, comme emportée par « quelque peste mortelle ».

Darwin souligna à quel point son explication était simple. La sélection naturelle était une force tellement puissante qu'il n'y avait pas besoin d'en invoquer d'autre. En même temps que les théories d'apparitions miraculeuses d'espèces, on pouvait se passer des théories catastrophistes induisant le changement à l'échelle du globe. « On a très gratuitement enveloppé de mystères l'extinction des espèces[20] », écrivit-il, se moquant implicitement de Cuvier.

Ces principes posés par Darwin, on pouvait opérer une importante déduction. Si l'extinction était gouvernée par la sélection naturelle, et seulement par elle, les deux processus (d'apparition et d'extinction des espèces) devaient se dérouler grossièrement à la même vitesse. Et l'extinction devait même procéder plus graduellement que l'apparition des espèces.

« Il y a tout lieu de croire que l'extinction de tout un groupe d'espèces doit être beaucoup plus lente que sa production[21] », observa-t-il dans son chapitre sur la géologie.

Personne n'avait jamais vu naître de nouvelle espèce, mais, selon Darwin, on ne devait pas s'attendre à pouvoir observer un tel phénomène. Le processus de spéciation s'étirait sur de telles durées qu'il était en fait inobservable. « On n'aperçoit rien de ces lents changements en cours », écrivit-il. En conséquence, il était évident que l'extinction devait être encore beaucoup plus difficile à observer. Et pourtant, non. Pendant les années que Darwin passa enfermé dans sa maison familiale de Down House à élaborer sa théorie de l'évolution, les tout derniers individus de l'une des espèces les plus célèbres d'Europe, le grand pingouin, disparaissaient. Bien plus, cet événement fut soigneusement rapporté dans leurs journaux par les ornithologues britanniques. La théorie de Darwin était directement contredite par les faits, ce qui était potentiellement lourd de sens.

L'Institut islandais d'histoire naturelle occupe un immeuble neuf, situé sur une colline isolée à l'extérieur de Reykjavik. Le bâtiment présente un toit en pente et des murs en verre également inclinés, si bien qu'il ressemble un peu à la proue d'un navire. Il a été conçu comme un établissement consacré à la recherche, de sorte que le public n'y a pas accès et qu'il faut prendre rendez-vous pour voir les spécimens conservés dans les collections de l'Institut. Parmi ceux-ci, comme je l'ai appris le jour de ma visite, il y a un tigre, un kangourou et des oiseaux de paradis, tous empaillés, remplissant une pièce entière.

J'étais venue à l'Institut dans le but de découvrir son grand pingouin. L'Islande jouit du privilège douteux d'avoir été le dernier habitat connu de cet oiseau, et le spécimen que je désirais voir avait été tué quelque part dans le pays (on ne sait pas à quel endroit exactement) durant l'été 1821. La dépouille de l'oiseau avait été achetée par un comte danois, Frederik Christian Raben, venu spécialement en Islande pour ajouter un grand pingouin à sa collection (il avait bien failli se noyer au cours de son voyage).

Il ramena le spécimen dans son château où l'animal resta jusqu'en 1971, lorsqu'il fut mis aux enchères à Londres. L'Institut d'histoire naturelle fit appel au public pour collecter des fonds, et, en trois jours, les Islandais réunirent l'équivalent de 10 000 livres britanniques pour acheter le pingouin et le ramener au pays. (Une femme avec laquelle je me suis entretenue se rappelle que, âgée de dix ans à l'époque, elle avait cassé sa tirelire pour participer à l'opération.) La compagnie aérienne Icelandair fournit deux places gratuites pour le retour en avion : l'une pour le directeur de l'Institut, l'autre pour l'oiseau dans sa boîte[22].

C'est à Guðmundur Guðmundsson, qui est actuellement le directeur adjoint de l'Institut, qu'avait été confiée la tâche de me montrer le grand pingouin. Guðmundsson est un spécialiste des foraminifères, de minuscules organismes marins qui construisent des coquilles de forme complexe, appelées « tests ». En chemin pour aller voir l'oiseau, nous nous sommes arrêtés à son bureau, rempli de boîtes contenant de petits tubes de verre. Chacun de ceux-ci enfermait des échantillons de tests, qui se mirent à crépiter comme s'il tombait des gouttes de pluie lorsque j'en saisis un. Guðmundsson me dit que, durant ses loisirs, il faisait des traductions. Il y a quelques années de cela, il avait réalisé la première version islandaise de *L'Origine des espèces*. Il avait trouvé la prose de Darwin assez difficile (« des phrases à l'intérieur de phrases à l'intérieur de phrases ») et le livre, *Uppruni tegundanna*, ne s'était pas bien vendu (peut-être parce que de nombreux Islandais parlent et lisent l'anglais couramment).

Nous sommes allés jusqu'à la réserve où était conservée la collection de spécimens empaillés de l'Institut. Le tigre, enveloppé dans du plastique, semblait prêt à se jeter sur le kangourou. Le grand pingouin (*Pinguinus impennis*) se tenait à l'écart, tout seul, dans une boîte en Plexiglas spécialement conçue pour lui. Il était perché sur un rocher artificiel, avec un faux œuf à ses côtés.

Comme son nom le suggère, le grand pingouin était un oiseau de taille importante ; un adulte au terme de sa croissance atteignait plus de 75 centimètres de haut. Il était incapable de voler (c'était l'une des espèces d'oiseaux inaptes au vol peu nombreuses de l'hémisphère Nord), et ses très courtes ailes semblaient presque comiquement sous-dimensionnées par rapport à son corps. Sur le dos du spécimen enfermé dans la boîte de Plexiglas, les plumes étaient de couleur brune. Probablement avaient-elles été noires du vivant de l'animal et s'étaient-elles, depuis, décolorées. « Les rayons ultraviolets, dit Guðmundsson d'un air sombre. Ils abîment le plumage. » Le plumage sur la poitrine était blanc, et on observait une tache blanche sous chacun des deux yeux. Lors de l'empaillage, le trait le plus caractéristique de l'oiseau, son grand bec, orné de cannelures complexes, avait été mis en position légèrement pointée. Cela lui donnait un air d'arrogance mélancolique.

Guðmundsson expliqua que le grand pingouin avait été présenté au public à Reykjavik jusqu'en 2008, date à laquelle le gouvernement avait décidé de restructurer l'Institut. À ce moment-là, il avait été prévu qu'un autre organisme l'héberge, mais divers rebondissements, dont la crise financière qui frappa le pays, avaient mis à mal ce projet. C'est la raison pour laquelle le pingouin du comte Raben se retrouvait aujourd'hui sur son rocher artificiel dans un coin de la réserve. Sur ce rocher était peinte une inscription que Guðmundsson me traduisit : « L'oiseau présenté ici a été tué en 1821 ». C'est l'un des quelques spécimens de grand pingouin qui existent encore.

À son apogée, c'est-à-dire avant que l'homme sache comment atteindre ses lieux de nidification, le grand pingouin occupait toute une zone du globe, de la Norvège à Terre-Neuve, et de l'Italie à la Floride, avec des effectifs se comptant probablement en millions d'individus. Quand les premiers colons arrivèrent en Islande depuis la Scandinavie, les grands pingouins étaient si nombreux qu'ils figuraient régulièrement au menu des Islandais de l'époque (on a retrouvé leurs restes dans ce qui, au Xe siècle, constituait l'équivalent des poubelles domestiques). Pendant mon séjour à Reykjavik, j'ai visité un musée construit sur les ruines de ce que l'on pense être l'une des plus anciennes structures construites en Islande (une maison commune, bâtie avec des blocs de tourbe). Selon l'un des panneaux explicatifs du musée, le grand pingouin était une

« proie facile » pour les habitants de l'Islande à l'époque médiévale. Outre une paire d'os de l'oiseau, le musée présentait une vidéo reconstituant les premiers contacts entre l'homme et le grand pingouin. On y voyait une silhouette d'homme indistincte rampant le long d'un rivage rocheux en direction d'un grand pingouin, également indistinct. Quand il s'était suffisamment rapproché, l'homme brandissait un bâton et frappait violemment l'animal sur la tête. Le grand pingouin émettait alors un cri intermédiaire entre le couinement et le grognement. Je trouvai que cette vidéo exerçait une sinistre fascination, et je l'ai regardée se dérouler sur l'écran devant moi une bonne demi-douzaine de fois. Approche en rampant, matraquage et cri rauque. Encore une fois.

Pour autant qu'on puisse le savoir, le grand pingouin vivait à peu près comme les manchots. En fait, c'est lui qui fut originellement appelé « pingouin » par les navigateurs européens qui le rencontrèrent dans l'Atlantique nord. (L'étymologie de « pingouin » est obscure et peut être rapportée – bien que tout le monde ne s'accorde pas sur ce point – au terme latin *pinguis*, signifiant « gros ».) Plus tard, lorsque des générations ultérieures de marins rencontrèrent les mêmes sortes d'oiseaux inaptes au vol et dotés des mêmes couleurs dans l'hémisphère Sud*, ils les appelèrent aussi « pingouins », en anglais, ce qui créa beaucoup de confusion, puisque le grand pingouin et les manchots appartiennent à des familles zoologiques complètement différentes. (Les manchots constituent leur propre famille, tandis que le grand pingouin appartient à une famille qui comprend aussi les macareux et les guillemots. Les analyses génétiques ont montré que le petit pingouin – ou pingouin torda – est l'espèce d'oiseau vivant actuellement la plus proche du grand pingouin[23].)

De même que le manchot, le grand pingouin était un nageur exceptionnel (des témoins oculaires ont rapporté que cet oiseau se déplaçait avec une « surprenante vélocité » dans l'eau) et il passait la plus grande partie de sa vie dans la mer[24]. Pendant la saison de reproduction, en mai et juin, il rejoignait le rivage où il marchait en se dandinant maladroite-

* C'est-à-dire des manchots, appelés *penguins* en anglais.

ment. C'était là ce qui le rendait vulnérable. Les Amérindiens ont manifestement chassé le grand pingouin (on a mis au jour, dans une sépulture ancienne au Canada, plus d'une centaine de becs de cet oiseau), et ce fut aussi le cas des Européens du Paléolithique : on a trouvé des ossements de grand pingouin dans divers sites archéologiques du Danemark, de Suède, d'Espagne, d'Italie, de Gibraltar, entre autres lieux[25]. Lorsque les premiers colons atteignirent l'Islande, de nombreux sites de nidification du grand pingouin avaient déjà été ravagés et son aire de répartition avait probablement beaucoup diminué. Puis vint le massacre systématique.

Attirés par les promesses d'une pêche à la morue abondante, les Européens commencèrent à se rendre régulièrement à Terre-Neuve au début du XVIe siècle. Sur leur chemin, il y avait un rocher de granit rosâtre, d'environ 25 hectares, émergeant juste au-dessus du niveau de la mer. Au printemps, il était couvert d'oiseaux se tenant debout, pour ainsi dire épaule contre épaule. Beaucoup d'entre eux étaient des fous de Bassan et des guillemots, le reste, des grands pingouins. Ce rocher, situé à quelque 60 kilomètres au large de la côte nord-est de Terre-Neuve, fut appelé à cette époque « l'île aux Oiseaux », ou, dans certains récits, « l'île aux Pingouins ». De nos jours, on lui donne le nom d'île Funk. Lorsque, au terme d'une longue traversée de l'Atlantique, les provisions commençaient à manquer, la viande fraîche était une aubaine, et on eut tôt fait de remarquer combien il était facile de tuer les grands pingouins présents sur cet îlot. Dans un récit datant de 1534, l'explorateur français Jacques Cartier écrivit que certains des habitants ailés de « l'île aux Oiseaux » étaient « aussi grands que des oies ».

> Ils sont toujours dans la mer, sans jamais pouvoir voler en l'air, parce qu'ils ont de petites ailes [...] avec lesquelles ils volent aussi fort dans la mer que les autres oiseaux dans l'air. Et ces oiseaux sont si gras que c'est une chose surprenante [...]. Nos deux barques [en] furent chargées, en moins d'une demi-heure, comme des pierres, et chacun de nos navires [en] sala quatre ou cinq pipes, sans compter ce que nous pûmes en manger de frais[26].

Des explorateurs britanniques qui accostèrent l'île quelques années plus tard la trouvèrent « emplie de grands volatiles ». Les marins ramenèrent « un grand nombre » de ces derniers à leurs bateaux et les déclarèrent savoureux (« une viande nourrissante et très bonne »). Un rapport de 1622, rédigé par un capitaine nommé Richard Whitbourne, évoque les grands pingouins ramenés aux bateaux « par centaines à la fois, comme si Dieu avait fait cette pauvre créature sans défense, afin qu'elle remplisse le rôle d'admirable moyen de subsistance pour l'homme[27] ».

Au cours des décennies suivantes, on trouva pour le grand pingouin d'autres usages que la « subsistance ». (Comme l'a noté l'un des chroniqueurs de l'époque : « On a exploité les grands pingouins de l'île Funk de toutes les façons possibles que l'ingéniosité humaine pouvait concevoir[28]. ») On s'en est servi comme appât pour les poissons, comme combustible et on a utilisé ses plumes pour remplir des matelas. Des enclos construits avec des pierres furent érigés sur l'île Funk (on peut encore en voir les vestiges aujourd'hui), où l'on enfermait les oiseaux jusqu'à ce que quelqu'un trouvât le temps de les tuer. Ou bien de s'en servir sans même les tuer. Selon un marin anglais du nom d'Aaron Thomas, qui navigua en direction de Terre-Neuve à bord du HMS *Boston* :

> Si l'on venait pour leurs plumes, on ne prenait pas la peine de les tuer, mais on en attrapait un et on les lui arrachait en quasi-totalité. On abandonnait ensuite le pauvre pingouin avec sa peau à demi nue et déchirée, pour le laisser mourir de lui-même.

Il n'y a pas d'arbres sur l'île de Funk, et donc rien pour faire du feu. Cela conduisit à une autre pratique, évoquée par Thomas dans sa chronique :

> On apporte un grand faitout dans lequel on met un pingouin ou deux, on allume un feu dessous, et ce feu s'entretient grâce aux

malheureux pingouins eux-mêmes. Leur corps est tellement plein de graisse qu'il ne tarde pas à produire une flamme[29].

On estime que, au moment de sa découverte par les Européens, il y avait sur l'île Funk un nombre élevé de grands pingouins, de l'ordre de 100 000 couples, veillant sur 100 000 œufs[30]. (Il est probable que le grand pingouin ne produisait qu'un seul œuf par an, d'environ 13 centimètres de long, tacheté de brun et de noir, à la manière d'un tableau de Jackson Pollock.) Assurément, la population d'oiseaux reproducteurs sur cette île a dû être très nombreuse pour qu'elle ait pu perdurer pendant plus de deux siècles malgré tous les prélèvements destructeurs qu'elle a subis. Vers la fin du XVIIIe siècle, cependant, ses effectifs étaient en fort déclin. Le commerce des plumes était devenu si lucratif que des équipes entières d'hommes passaient tout l'été sur l'île Funk à ébouillanter et plumer les oiseaux. En 1785, George Cartwright, un commerçant et explorateur anglais, fit la remarque suivante au sujet de ces équipes : « Elles ont réalisé une destruction incroyable[31]. » Si on ne les arrêtait pas rapidement, prédit-il, la population de grands pingouins serait bientôt « réduite à presque rien ».

On ne sait pas exactement si les équipes en question ont tué jusqu'au dernier grand pingouin sur l'île ou si leur massacre a réduit sa population à un point tel qu'elle est devenue vulnérable à d'autres facteurs. (Lorsque la taille d'une population devient très petite, la survie des individus restants devient plus aléatoire, un phénomène qui est appelé « l'effet Allee ».) Quoi qu'il en soit, on retient généralement la date de 1800 pour la disparition complète du grand pingouin en Amérique du Nord. Environ trente ans plus tard, tandis qu'il travaillait à son grand ouvrage *Les Oiseaux d'Amérique*, John James Audubon se rendit à Terre-Neuve pour faire le portrait de grands pingouins vivants. Il n'en trouva aucun, et pour réaliser son illustration, il dut se contenter d'un oiseau empaillé originaire d'Islande qui avait été acheté par un marchand londonien. Dans son texte de description du grand pingouin, Audubon écrivit qu'il était « rare et accidentel sur les rivages de Terre-Neuve » et que l'on « disait de lui

Les grands pingouins d'Audubon.

qu'il nichait sur un rocher particulier de l'île », ce qui était une curieuse contradiction, car un oiseau ayant son aire de nidification en un endroit géographique donné ne peut y être considéré comme « accidentel[32] ».

Une fois que les grands pingouins de l'île Funk eurent disparu, à force de plumage, de salage et de rôtissage, il ne resta plus qu'une seule population d'assez grande taille de ces oiseaux, située sur une île appelée « Geirfuglasker », autrement dit « le rocher isolé du grand pingouin », à environ 50 kilomètres au large de la péninsule de Reykjanes, au sud-ouest de l'Islande. Pour le plus grand malheur du grand pingouin, une éruption volcanique détruisit cette île en 1830. L'oiseau n'eut alors plus qu'un seul point de repli très retiré, un petit îlot appelé Eldey. À partir de ce moment, il eut à affronter une nouvelle menace pour sa survie : sa propre rareté. Sa dépouille et ses œufs étaient activement recherchés par des personnages fortunés, tels que le comte Raben, qui désiraient compléter leurs collections. C'est pour répondre à la demande de tels collectionneurs que le tout dernier couple connu de grands pingouins a été tué en 1844 sur l'île d'Eldey.

Avant même de me mettre en route pour l'Islande, j'avais projeté de voir le site du dernier refuge du grand pingouin. L'île d'Eldey est située à seulement 16 kilomètres au large de la péninsule de Reykjanes, laquelle est juste au sud de Reykjavik. Mais il apparut bien plus difficile que je ne l'imaginais de se rendre sur l'îlot. Tous les particuliers que je contactai en Islande me dirent que plus personne n'y allait. Finalement, l'un de mes amis, originaire d'Islande, interrogea son père, pasteur à Reykjavik, lequel fit appel à l'un de ses amis qui dirigeait un musée d'histoire naturelle dans une toute petite ville de la péninsule, Sandgerði. Celui-ci, nommé Reynir Sveinsson, trouva un pêcheur, Halldór Armannsson, qui accepta de m'y emmener, mais seulement s'il faisait beau ; s'il pleuvait, ou s'il y avait du vent, le périple serait trop dangereux et prédisposerait aux nausées, il ne voulait pas en prendre le risque.

Par bonheur, le temps se trouva être splendide le jour où nous avions prévu notre traversée. J'allai chercher Sveinsson dans son musée, où l'on peut voir une exposition sur un explorateur français, Jean-Baptiste Charcot, qui périt lors du naufrage de son bateau (le *Pourquoi-pas*, un nom malheureusement inapproprié à de telles circonstances) au large de Sandgerði en 1936. Nous nous sommes rendus à pied au port, où nous avons trouvé Armannsson en train de charger un coffre dans son bateau, le *Stella*. Il expliqua qu'il y avait, à l'intérieur, un radeau de sauvetage supplémentaire. « Le règlement », dit-il en haussant les épaules. Il avait aussi amené son coéquipier pour la pêche, ainsi qu'une glacière emplie de sodas et de biscuits. Il semblait content de faire une balade en mer où il ne serait pas question de morue.

Nous sommes sortis du port au moteur, puis avons mis le cap au sud, contournant la péninsule de Reykjanes. L'air était si pur que nous pouvions voir le sommet enneigé du Snæfellsjökull à plus de 100 kilomètres de là. (Aux lecteurs de Jules Verne, le nom de Snæfellsjökull rappellera probablement le lieu où le héros du *Voyage au centre de la Terre* trouve un tunnel lui permettant de traverser le globe.) Bien moins haute que le sommet enneigé, l'île d'Eldey n'était pas encore visible. Sveinsson expliqua que ce nom signifiait « île de feu ». Il ajouta que, bien qu'il ait passé toute sa vie dans cette région, il n'avait jamais entrepris jusque-là de s'y rendre. Il s'était muni d'un appareil photo sophistiqué et prenait photo sur photo plus ou moins en continu.

Tandis qu'il était ainsi occupé à photographier, je bavardais avec Armannsson dans la petite cabine du *Stella*. J'étais frappée de voir que ses yeux étaient de couleur remarquablement différente, l'un bleu, l'autre noisette. Il me dit que, généralement, il pêchait la morue en employant une longue ligne qui s'étirait sur 10 kilomètres et traînait 12 000 hameçons. C'était son père qui se chargeait d'y poser des appâts, et cette tâche l'occupait pendant presque deux jours. Lorsque la pêche était bonne, Armannsson pouvait remonter à bord 7 tonnes de poissons. Il dormait souvent à bord du *Stella*, qui était équipé d'un micro-ondes et de deux couchettes étriquées.

Au bout d'un moment, l'île d'Eldey apparut à l'horizon. Elle ressemblait à la base d'une énorme colonne ou à un piédestal géant attendant que l'on pose sur lui une statue encore plus gigantesque. Lorsque nous nous sommes retrouvés à une distance d'environ un kilomètre et demi de l'île, j'ai pu en observer le dessus, et constater que, si elle paraissait horizontale vue de loin, elle était en réalité inclinée, avec une pente d'environ 10 degrés. Alors que nous nous approchions de son extrémité la plus basse, nous avons pu embrasser du regard la totalité de la surface de l'île. Elle était blanche et semblait parcourue d'ondulations. En nous rapprochant encore, je me suis rendu compte que ces dernières étaient, en fait, des oiseaux, en nombre si grand qu'ils paraissaient former une couverture sur l'île. Plus près de la rive, je constatai qu'il s'agissait de fous de Bassan : des oiseaux élégants, avec une tête de couleur crème et un long bec effilé. Sveinsson expliqua que la population sur l'île d'Eldey se classait deuxième du monde par son effectif (quelque 30 000 couples reproducteurs de fous) dans l'hémisphère Nord. Il nous fit remarquer une construction de type pyramidal au sommet de l'île. C'était une structure que le ministère de l'Écologie islandais avait fait construire pour y installer une webcam. Celle-ci aurait dû permettre aux observateurs d'oiseaux de regarder « en direct » vivre les fous de Bassan, mais elle n'avait pas fonctionné comme prévu.

« Ces oiseaux n'aiment pas la webcam, dit Sveinsson. Aussi, ils volent au-dessus d'elle et laissent tomber leur fiente. » Lestée du guano des 30 000 couples de fous, l'île a l'air d'être recouverte d'une sorte de croûte de sucre glace.

En raison de la présence des fous de Bassan, et peut-être aussi de ce qui s'était passé jadis sur cette île, les visiteurs ne sont pas autorisés à y débarquer, sauf avec des laissez-passer spéciaux (très difficiles à obtenir). Lorsque j'avais eu connaissance pour la première fois de ces restrictions, j'avais été désappointée ; mais quand nous sommes arrivés tout contre l'île et que j'ai constaté la façon dont les vagues battaient les falaises, je me suis sentie soulagée.

Les dernières personnes à avoir aperçu des grands pingouins vivants furent une dizaine d'Islandais qui se rendirent à l'île d'Eldey en bateau à rames. Ils étaient partis un soir de juin 1844, avaient ramé toute la nuit et atteint l'île le lendemain matin. Non sans difficulté, trois hommes avaient réussi à se hisser à terre au seul endroit où il était possible d'accoster : un banc rocheux de faible élévation qui s'avance de l'île en direction du nord-est. (Un quatrième homme devait les accompagner, mais il refusa de débarquer, alléguant que c'était trop dangereux.) À ce moment-là, la population totale de grands pingouins sur l'île, qui probablement n'avait jamais été très nombreuse, semblait consister en un unique couple couvant un unique œuf. Voyant arriver les hommes, les oiseaux tentèrent de s'enfuir, mais ils étaient trop lents. En quelques minutes, les Islandais eurent capturé et étranglé les grands pingouins. Ils virent aussi que l'œuf avait été fêlé, probablement au cours de la poursuite, aussi le laissèrent-ils sur place. Deux des hommes purent revenir au bateau en sautant dedans ; mais on dut lancer une corde au troisième pour l'extraire de la mer en furie.

On connaît les détails des derniers moments du grand pingouin et le nom des hommes qui tuèrent les oiseaux (Sigurður Iselfsson, Ketil Ketilsson et Jón Brandsson) parce que, quatorze ans plus tard, à l'été 1858, deux naturalistes britanniques se rendirent en Islande à la recherche de grands pingouins. Le plus âgé des deux, John Wolley, était médecin et grand collectionneur d'œufs ; le plus jeune, Alfred Newton, était chargé de cours à l'université de Cambridge, où il allait bientôt être nommé premier professeur de zoologie. Ils passèrent plusieurs semaines sur la péninsule de Reykjanes, pas très loin du lieu où se trouve à présent le seul aéroport international du pays, et, pendant ce temps, ils semblent avoir parlé à pratiquement toutes les personnes qui avaient vu un grand pingouin, ou même seulement entendu parler de cet oiseau, et, parmi elles, à plusieurs de celles qui avaient participé à l'expédition de 1844. C'est à cette occasion que le couple d'oiseaux avait été tué, découvrirent-ils, et leurs dépouilles vendues à un marchand pour une somme équivalant à 9 livres environ. Leurs viscères avaient été envoyés au Muséum royal de Copenhague ; personne ne savait ce qu'étaient devenues leurs peaux. (Ultérieurement, un véritable travail de détective a permis de retrouver la piste de la peau de la femelle : elle correspond au grand pingouin exposé aujourd'hui au Muséum d'histoire naturelle de Los Angeles[33].)

Wolley et Newton avaient espéré se rendre eux-mêmes à l'île d'Eldey. Le mauvais temps les en empêcha. « On avait loué les bateaux et les hommes, et les provisions avaient été chargées à bord, mais il ne s'est pas présenté un seul moment pendant lequel le débarquement aurait été réalisable. » Newton allait écrire plus tard : « C'est le cœur lourd que nous vîmes la saison s'écouler petit à petit[34]. »

Wolley décéda peu de temps après le retour des deux hommes en Angleterre. En ce qui concerne Newton, ce voyage en Islande s'avéra être l'expérience qui changea le cours de sa vie. Il parvint à la conclusion que le grand pingouin était éteint (« en fait, nous pouvons donc parler de lui comme d'une chose du passé ») et il se mit à développer ce que l'un de ses biographes appela une « étrange fascination » pour les « faunes éteintes ou en train de disparaître[35] ». Newton prit conscience que les oiseaux nidifiant sur les longues côtes de la Grande-Bretagne étaient eux aussi en danger ; il avait remarqué qu'ils étaient abattus en grand nombre lors de la chasse. « L'oiseau qui est tué d'un coup de fusil est un reproducteur, fit-il observer dans un discours devant l'Association britannique pour l'avan-

Les grands pingouins ne pondaient qu'un œuf par an.

cement de la science. Nous profitons de ses instincts les plus sacrés pour l'abattre, et en prenant la vie à ce reproducteur, nous condamnons sa progéniture sans défense à la plus malheureuse des morts, celle due à la faim. Si ce n'est pas là de la cruauté, qu'est-ce qui en est ? » Newton soutint qu'il était nécessaire d'interdire la chasse pendant la saison de reproduction et ses démarches pressantes auprès du Parlement aboutirent à la promulgation de la première loi en faveur de ce que nous appellerions de nos jours la protection des animaux sauvages : la « loi pour la préservation des oiseaux de mer ».

Il se trouve que le premier article de Darwin sur la sélection naturelle parut dans la presse scientifique juste au moment où Newton revenait d'Islande. L'article, dans le *Journal of Proceedings of the Linnean Society*, avait été publié en hâte, grâce à l'aide de Lyell, sitôt que Darwin eut appris qu'un jeune naturaliste du nom d'Alfred Wallace était en train d'avancer une thèse similaire. (Un article de ce dernier parut aussi dans le même numéro du *Journal*.) Newton prit connaissance de l'article de Darwin peu de temps après sa parution, restant éveillé jusque tard dans la nuit pour le lire en entier, et il convertit immédiatement à sa thèse. « Elle est apparue à mes yeux comme une puissance supérieure se révélant directement à moi, se rappela-t-il plus tard, et je me réveillai le lendemain matin avec, à l'esprit, la certitude que la simple expression de "sélection naturelle" mettait fin à tout mystère[36]. » C'était, écrivit-il à un ami, comme s'il avait « contracté une maladie, le darwinisme, dans sa forme la plus pure[37] ». Quelques années plus tard, Newton et Darwin entamèrent une correspondance (un jour, le premier envoya au second une patte de perdrix difforme, pensant qu'elle pouvait l'intéresser) et, finalement, les deux hommes en vinrent à se rendre visite.

On ne sait pas s'ils ont jamais abordé la question du grand pingouin dans leurs conversations. Elle ne figure pas dans la correspondance entre Darwin et Newton (du moins, dans celles de leurs lettres qui nous sont parvenues), et Darwin ne fait aucune allusion à l'oiseau, ni à sa récente disparition, dans aucun de ses écrits[38]. Cependant, il était nécessairement au courant des extinctions provoquées par l'homme. Aux Galápagos, il avait été personnellement témoin, sinon d'une extinction en train de se faire, du moins de quelque chose qui y ressemblait de très près.

Le biologiste britannique visita cet archipel à l'automne 1835, presque quatre ans après le début du voyage à bord du *Beagle*. Sur l'île Charles (aujourd'hui appelée Floreana), il rencontra un Anglais nommé Nicholas Lawson, gouverneur provisoire des Galápagos, en même temps que directeur d'un petit bagne en assez mauvais état. Ce personnage était un puits d'informations intéressantes. Il raconta notamment à Darwin que la forme des carapaces des tortues était différente d'une île à l'autre de l'archipel. De ce fait, affirma-t-il, il était capable de « dire de quelle île provenait n'importe quelle tortue qu'on aurait rapportée[39] ». Lawson dit aussi à Darwin que les jours des tortues étaient comptés. Des baleiniers faisaient souvent étape aux Galápagos, et les équipages ramenaient à bord les énormes bêtes en guise de provisions vivantes. Il y avait seulement quelques années de cela, une frégate s'était arrêtée sur l'île Charles et était repartie avec deux cents tortues stockées dans ses cales. Par la suite, avait noté Darwin dans son journal, « les effectifs de ces animaux se sont trouvés massivement réduits ». Lorsque le *Beagle* visita les Galápagos, les tortues étaient devenues si rares sur l'île Charles que Darwin, semble-t-il, n'en vit pas une seule. Lawson prédit que la tortue de l'île Charles, connue aujourd'hui sous le nom scientifique de *Chelonoidis elephantopus*, aurait totalement disparu d'ici vingt ans. En fait, elle s'est probablement éteinte en moins de dix ans[40]. (On débat encore la question de savoir si *Chelonoidis elephantopus* était une espèce distincte ou une sous-espèce.)

Il apparaît aussi clairement dans *L'Origine des espèces* que Darwin était bien au courant des extinctions provoquées par l'homme. Dans l'un des nombreux passages où il exprime son dédain pour les catastrophistes, il remarque que les animaux deviennent inévitablement plus rares avant de s'éteindre : « Nous savons que le même fait se présente chez les animaux, que l'homme, par son influence, a localement ou totalement exterminés[41]. » C'est une brève allusion, et cette brièveté est en elle-même une indication : Darwin suppose ici, en effet, que ses lecteurs connaissent bien le « fait » en question et y sont déjà habitués. Il n'y voit lui-même rien de remarquable ou de problématique. Or, les extinctions provoquées par l'homme posent, bien sûr, un problème, et ce pour de nombreuses raisons, certaines ayant directement à voir avec la théorie même de Darwin : il est étonnant qu'un auteur aussi perspicace que lui, de surcroît très porté à l'autocritique, ne l'ait pas remarqué.

Dans *L'Origine des espèces*, Darwin ne fait aucune distinction entre l'homme et les autres organismes. Comme lui-même et nombre de ses contemporains l'ont reconnu, cette position constitue l'aspect le plus radical de son livre. L'homme, à l'instar de n'importe quelle autre espèce, provient, par le jeu de la descendance avec modification, d'ancêtres lointains. Même les caractéristiques qui semblent mettre les êtres humains à part, comme le langage, la réflexion, le sens du bien et du mal, ont été acquises par évolution, de la même manière que se sont construits d'autres traits adaptatifs, tels que la longueur du bec ou le caractère tranchant des incisives. Ainsi que l'a observé l'un de ses biographes, le noyau dur de la théorie de Darwin est « le refus d'accorder à l'homme un statut spécial[42] ».

Par ailleurs, ce qui est vrai de l'acquisition par évolution doit l'être aussi de l'extinction, puisque, selon Darwin, cette dernière est simplement un effet secondaire de la première. Les espèces disparaissent de la même façon qu'elles apparaissent, par le jeu de « causes agissant lentement et existant encore aujourd'hui », autrement dit, par le biais de la concurrence et de la sélection naturelle ; invoquer d'autres mécanismes n'est rien de plus qu'un leurre. Mais alors, comment interpréter des cas tels que ceux du grand pingouin ou de la tortue de l'île Charles, ou, pour continuer la liste, du dodo ou de la vache de mer de Steller ? Ces animaux n'ont manifestement pas été surclassés par une espèce concurrente ayant graduellement acquis quelque avantage compétitif. Ils ont tous été exterminés par la même espèce, et tous l'ont été de façon soudaine (et dans le cas du grand pingouin et de la tortue de l'île Charles, du vivant même de Darwin). On se trouva donc devant l'alternative suivante : ou bien il fallait envisager une catégorie particulière pour les extinctions provoquées par l'homme, auquel cas l'homme méritait réellement son « statut spécial » en tant qu'être à part de la nature ; ou bien il fallait reconnaître le rôle des catastrophes dans l'ordre de la nature, auquel cas Cuvier avait raison. Ce qui était difficile à admettre.

Chapitre 4

La malchance des ammonites

Discoscaphites jerseyensis

La ville de Gubbio, accrochée à flanc de colline et située à 160 kilomètres environ au nord de Rome, pourrait être décrite comme une cité fossile. Ses rues médiévales sont si étroites que, dans nombre d'entre elles, même les plus petites Fiat n'auraient pas la place de manœuvrer, et ses piazzas pavées de pierres grises ont à peu près le même aspect qu'à l'époque de Dante. (C'est un puissant personnage originaire de Gubbio, devenu maire de Florence, qui ordonna l'exil à Dante en 1302.) Si vous visitiez Gubbio en hiver, comme je l'ai fait, lorsque les touristes ont disparu, que les hôtels ont fermé leurs volets et que le palais-hôtel de ville, digne d'un livre d'images, est désert, vous diriez qu'un sort a été jeté sur la ville et qu'elle attend d'être réveillée.

Au-delà des limites de la ville, c'est par une gorge étroite qu'on s'échappe en direction du nord-est. Les escarpements de chaque côté de la gorge (appelée « gola del Bottaccione ») consistent en des bancs de calcaire inclinés. Longtemps avant que l'homme ne s'installe dans la région (longtemps même avant que n'existe l'espèce humaine), le site de Gubbio gisait au fond d'une mer bleue aux eaux claires. Les restes de minuscules organismes marins tombaient en pluie dans les abysses, s'accumulant année après année, siècle après siècle, millénaire après millénaire. Lors du mouvement de surrection qui créa la chaîne montagneuse des Apennins, les bancs de calcaire furent soulevés et inclinés à 45 degrés. Marcher en remontant la gorge, de nos jours, revient donc à voyager, couche après couche, dans le temps. En avançant de quelques centaines de mètres, on parcourt presque 100 millions d'années.

La gola del Bottaccione est à présent une destination touristique, bien que réservée à un public très particulier. C'est ici que, à la fin des années 1970, un géologue du nom de Walter Alvarez, venu pour étudier les origines des Apennins, se retrouva, plus ou moins par hasard, à réécrire l'histoire des êtres vivants. Dans cette gorge, il détecta les premières traces de l'astéroïde géant qui mit fin à la période du Crétacé et provoqua ce qui a peut-être été l'événement le plus cauchemardesque qu'ait jamais connu la planète. À l'issue de ce bouleversement, lorsque les choses revinrent à la normale, près des trois quarts de toutes les espèces avaient été balayées.

La couche d'argile à Gubbio, avec un bonbon pour aider à la repérer.

La preuve de l'impact de l'astéroïde réside dans une mince couche d'argile, située à mi-hauteur de la gorge. Les visiteurs du site peuvent garer leur voiture sur un dégagement construit à proximité. On trouve également un petit stand d'information où est expliqué, en italien, l'intérêt du lieu. Il est facile d'apercevoir la couche d'argile. Elle a été creusée par des centaines de doigts, un peu comme les orteils de la statue en bronze de saint Pierre à Rome ont été usés par les baisers des pèlerins. Le jour de ma venue, il faisait gris et le vent soufflait en rafales, de sorte que je disposais du site pour moi seule. Je me demandai ce qui incitait les visiteurs à fouiller ainsi la couche d'argile. Était-ce là l'expression d'une simple curiosité ? Une sorte de tourisme géologique badaud ? Ou cela traduisait-il un sentiment plus fort : le désir de se sentir impliqué, d'entrer en contact, si faiblement soit-il, avec un monde disparu ? Il fallait que moi aussi, bien sûr, je tente l'expérience. Je fourrageai dans la couche et dégageai en grattant un morceau d'argile de la taille d'un petit caillou. Il avait la couleur d'une vieille brique et la consistance de la boue séchée. Je l'entourai d'un vieux papier qui avait servi à envelopper un bonbon, et le mis dans ma poche : je le tenais, mon petit bout de catastrophe planétaire.

Walter Alvarez était issu d'une longue lignée de scientifiques distingués. Son arrière-grand-père et son grand-père avaient tous deux été des médecins réputés et son père était physicien à l'université de Californie à Berkeley. C'est pourtant sa mère qui, lors de leurs longues randonnées sur les collines autour de la baie de San Francisco, l'amena à s'intéresser à la géologie. Walter fit ses études à l'université de Princeton, puis partit travailler dans l'industrie pétrolière. (Il se trouvait en Libye lorsque Kadhafi y prit le pouvoir en 1969.) Quelques années plus tard, il obtint un poste de chercheur au Lamont-Doherty Earth Observatory. À l'époque, ce que l'on appelle parfois la « révolution de la tectonique des plaques » était en train de gagner la géologie, et pratiquement tout le monde au « Lamont » se sentit concerné par cette théorie.

En se fondant sur ces nouveaux principes théoriques, Alvarez entreprit de comprendre comment s'était formée la péninsule italienne. Une sorte de calcaire rougeâtre, le *scaglia rosso*, que l'on peut trouver, entre autres endroits, dans la gola del Bottaccione, représentait un élément crucial de cette recherche. Le travail progressa, stagna, puis changea d'orientation. « Dans la recherche scientifique, il vaut parfois mieux être chanceux qu'astucieux[1] », dirait-il plus tard à propos de cette période. Finalement, il se retrouva à travailler à Gubbio avec une géologue italienne, Isabella Premoli Silva, une spécialiste des foraminifères.

Les foraminifères sont de minuscules organismes marins construisant de petites coquilles en calcite (ou tests) qui tombent sur le plancher océanique dès que meurt l'animal qui y loge. Les tests ont une forme caractéristique qui varie d'une espèce à l'autre ; certains ressemblent (quand on les observe au microscope électronique) à des ruches, d'autres à des tresses ou à des bulles, ou bien encore à des grappes de raisin. La répartition géographique des foraminifères est généralement très large, et ils sont souvent préservés en abondance dans les archives fossiles, ce qui les rend extrêmement utiles en tant que fossiles marqueurs : en se fondant sur les espèces de foraminifères trouvées dans une couche sédimentaire donnée, une spécialiste comme Silva peut déterminer son âge. Tandis qu'ils travaillaient en remontant la gola del Bottaccione, Silva fit remarquer à Alvarez une curieuse séquence. Le calcaire datant du dernier étage de la période crétacée contenait des foraminifères relativement grands, abondants et variés, dont beaucoup étaient aussi gros que des grains de sable. Immédiatement au-dessus de cette strate on trouvait une couche d'argile d'un peu plus d'un centimètre d'épaisseur, dépourvue quant à elle de tout foraminifère. Au-dessus de l'argile, du calcaire contenait de nouveau des foraminifères n'appartenant cette fois qu'à un petit nombre d'espèces, tous minuscules et tous complètement différents des foraminifères figurant dans la couche de calcaire située plus bas.

Alvarez avait été formé dans l'esprit d'un « uniformitarisme pur et dur[2] », pour employer ses propres termes. On lui avait appris que, d'après Lyell et Darwin, la disparition de tout groupe d'organismes s'effectuait nécessairement selon un processus graduel : une espèce s'éteignait lente-

Les foraminifères présentent des formes très caractéristiques de chaque espèce, semblant parfois fantasques.

ment, puis une autre, puis une troisième, et ainsi de suite. En observant la séquence visible dans les calcaires de Gubbio, il constata cependant qu'un phénomène autre semblait s'être produit. Les nombreuses espèces de foraminifères de la couche inférieure avaient dû disparaître soudainement, et plus ou moins toutes en même temps ; l'ensemble du processus, se rappellerait plus tard Alvarez, paraissait assurément « très brutal ». Par ailleurs se posait la question insolite de la chronologie. On aurait dit que les foraminifères de grande taille avaient disparu au moment exact où s'étaient éteints les derniers dinosaures. Ce point frappa Alvarez, car il lui sembla qu'il s'agissait d'autre chose que d'une simple coïncidence. Il lui fallait donc connaître la durée exacte représentée par le centimètre d'épaisseur de la couche d'argile.

En 1977, il obtint un poste à l'université de Berkeley, où son père, Luis, travaillait encore, et il rapporta avec lui, en Californie, ses échantillons de Gubbio. Pendant que Walter étudiait la tectonique des plaques, Luis avait reçu un prix Nobel. Il avait également mis au point le premier accélérateur linéaire à protons, inventé une nouvelle sorte de chambre à bulles, conçu plusieurs nouveaux systèmes de radar originaux et codécouvert le tritium. À Berkeley et aux alentours, Luis passait pour « l'homme aux idées extravagantes ». Plus tard, il avait été intrigué par la question, alors fort débattue, de savoir s'il y avait des chambres remplies de trésors à l'intérieur de la deuxième plus grande pyramide d'Égypte ; il avait, pour la circonstance, inventé un test nécessitant d'installer un détecteur de muons cosmiques en plein désert. (Le détecteur en question montra que la pyramide ne présentait aucune cavité interne.) Par la suite, il s'était intéressé à l'assassinat de Kennedy et avait réalisé une expérience consistant à envelopper de gros melons dans du ruban adhésif et à tirer dessus avec un fusil. (Cette expérience, reproduisant le mouvement de la tête du président après qu'elle eut été frappée par une balle, corrobora les conclusions de l'enquête officielle.) Lorsque Walter parla à son père de l'énigme de Gubbio, Luis fut fasciné. C'est lui qui eut l'idée folle de mesurer la durée que représentait la couche d'argile en se servant de l'iridium, un élément chimique.

L'iridium est extrêmement rare à la surface de la Terre, mais beaucoup plus fréquent dans les météorites. Sous la forme de microscopiques grains de poussière cosmique, des parcelles de météorites tombent continuellement sur notre planète. Le raisonnement de Luis était le suivant : plus la couche d'argile aurait été longue à s'accumuler, plus de poussière cosmique serait tombée, et plus la couche contiendrait de l'iridium. Il contacta un collègue de Berkeley, Frank Asaro, dont le laboratoire était du petit nombre de ceux qui disposaient de l'équipement adéquat pour effectuer ce genre d'analyse. Asaro accepta de tester une dizaine d'échantillons, bien qu'il doutât beaucoup, dit-il, que l'on pourrait en déduire quoi que ce soit. Walter lui fournit du calcaire de la strate située au-dessus de l'argile, du calcaire de la strate du dessous, et des échantillons de l'argile elle-même. Puis, il attendit. Neuf mois plus tard, il reçut un coup de téléphone. Les échantillons d'argile révélaient une étrangeté. La quantité d'iridium qu'ils contenaient était extraordinairement anormale[3].

Personne ne sut expliquer pourquoi. S'agissait-il d'une étrange anomalie ou bien ces résultats avaient-ils une signification ? Walter s'envola pour le Danemark pour collecter des sédiments de la fin du Crétacé provenant de falaises calcaires appelées Stevns Klint. Sur ce site, la fin du Crétacé se présente sous la forme d'une couche d'argile noire comme jais dont l'odeur rappelle celle du poisson pourri. Lorsque les échantillons danois nauséabonds furent analysés, ils révélèrent eux aussi des quantités astronomiques d'iridium. Une troisième série d'échantillons, provenant de l'île du Sud de Nouvelle-Zélande, montra elle aussi un « pic » d'iridium datant de la fin du Crétacé.

Selon l'un de ses collègues, Luis réagit à ces nouvelles à la manière d'un « requin ayant décelé l'odeur du sang » : il pressentait qu'il disposait d'éléments qui lui permettraient de réaliser une découverte extraordinaire[4]. Le père et le fils Alvarez envisagèrent toutes sortes d'hypothèses qui soit ne cadraient pas avec les données disponibles, soit furent réfutées par de nouveaux tests. Finalement, après avoir élaboré pendant quasiment une année quantité de fausses pistes, l'hypothèse de l'impact s'imposa à eux. Un jour par ailleurs ordinaire, il y a 65 millions d'années, un astéroïde de 10 kilomètres de large percuta la Terre. Lors de cette collision, il explosa et libéra une énergie de l'ordre de 100 millions de mégatonnes de TNT, équivalant à celle de plus d'un million des plus puissantes bombes H jamais testées. Les débris de l'explosion, y compris l'iridium de l'astéroïde pulvérisé, se répandirent tout autour du globe. L'obscurité devint permanente et la température chuta. Il s'ensuivit une extinction massive d'espèces.

Les Alvarez couchèrent sur le papier les résultats obtenus à Gubbio et à Stevns Klint et les envoyèrent, avec l'explication qu'ils en proposaient, à la revue scientifique *Science*. « Je me rappelle avoir travaillé très dur pour rendre cet article aussi solide qu'il pouvait l'être », me dit Walter.

Le papier des Alvarez, intitulé « Une cause extraterrestre à l'extinction du Crétacé-Tertiaire », parut en juin 1980. Il souleva un flot de réactions passionnées. Des journaux scientifiques appartenant à des disciplines très éloignées de la paléontologie, allant de la psychologie clinique à l'herpétologie, rapportèrent la découverte des Alvarez, et, bientôt, l'idée qu'un astéroïde serait à l'origine de la fin du Crétacé fut abordée dans des magazines grand public tels que *Time* et *Newsweek*. L'un des observateurs fit remarquer que « le fait de relier les dinosaures, sujets de curiosité pour tout le monde, hormis les esprits les plus obtus, à un spectaculaire événement d'origine extraterrestre [ressemblait à] l'un de ces stratagèmes que pourrait peut-être imaginer un éditeur rusé pour assurer ses ventes[5] ». Inspiré par l'hypothèse de l'impact, un groupe d'astrophysiciens sous la houlette de Carl Sagan essaya de modéliser les conséquences d'une guerre nucléaire totale et tira de ses travaux le concept d'« hiver nucléaire », lequel, à son tour, suscita sa propre vague de réactions passionnées dans les médias.

En revanche, chez les paléontologues professionnels, l'idée des Alvarez fut vilipendée (comme le furent souvent aussi les deux chercheurs eux-mêmes). « Cette apparente extinction de masse résulte d'un artefact statistique et d'une mauvaise compréhension de la taxinomie », affirma un paléontologue au *New York Times*.

« L'arrogance de ces gens est incroyable, affirma un autre. Ils ne savent pratiquement rien de la façon dont les animaux évoluent, vivent et s'éteignent concrètement. En dépit de cette ignorance, ces géochimistes pensent qu'il suffit de bricoler quelque modèle sophistiqué pour ainsi révolutionner la science. »

« Un bolide inconnu tombant dans une mer inconnue : je ne marche pas », déclara un troisième.

« Les extinctions du Crétacé ont été graduelles et la théorie de la catastrophe est fausse[6] », indiqua encore un autre paléontologue. Mais « on continuera régulièrement à avancer des théories simplistes capables de séduire un petit nombre de scientifiques et de faire de belles couvertures pour les magazines destinés au grand public ». Assez curieusement, le comité de rédaction du *New York Times* décida de prendre position sur le sujet : « Les astronomes doivent laisser aux astrologues le soin de rechercher dans les astres les causes d'événements terrestres[7] », lança le journal en forme d'admonestation.

Pour comprendre la véhémence de ces réactions, il est utile de revenir, une fois de plus, à Lyell. Dans les archives fossiles, les extinctions de masse s'observent de toute évidence, au point que la terminologie même, utilisée pour décrire l'histoire des êtres vivants sur la Terre, en est inspirée. En 1841, John Phillips, un contemporain de Lyell qui lui succéda à la présidence de la Société géologique de Londres, divisa l'histoire des êtres vivants en trois chapitres. Il appela le premier le Paléozoïque, d'après des racines grecques signifiant la « vie ancienne » ; le deuxième, le Mésozoïque, la « vie intermédiaire » ; et le troisième, le Cénozoïque, la « vie nouvelle ». Phillips détermina que le point de séparation entre le Paléozoïque et le Mésozoïque était constitué par ce qui allait être appelé de nos jours « l'extinction de la fin du Permien » ; et le point de séparation entre le Mésozoïque et le Cénozoïque, par l'événement de la fin du Crétacé. (Dans le langage de la géologie, le Paléozoïque, le Mésozoïque et le Cénozoïque sont des « ères » ; chaque « ère » comprend plusieurs « périodes » : par exemple, le Mésozoïque couvre le Trias, le Jurassique et le Crétacé.) Les fossiles correspondant aux trois ères sont tellement différents les uns des autres que Phillips pensait qu'ils représentaient trois actes de création distincts.

Lyell était parfaitement au courant de ces ruptures dans les archives fossiles. Dans le troisième tome des *Principes de géologie*, il remarqua qu'un « abîme » séparait les animaux et les plantes trouvés dans les roches de la fin du Crétacé de ceux trouvés directement au-dessus, au début de ce que l'on appelait alors l'ère tertiaire (correspondant aujourd'hui au Cénozoïque, dont le début est techniquement qualifié par les géologues de période Paléogène). Par exemple, les dépôts de la fin du Crétacé contenaient les restes de nombreuses espèces de bélemnites[8] (organismes semblables à des calamars, dont les fossiles ont la forme d'une balle de fusil). Cependant, ces dernières n'étaient jamais retrouvées dans les dépôts plus récents. La même règle valait pour les ammonites et les rudistes (des mollusques bivalves, formant d'immenses récifs ; on a dit de

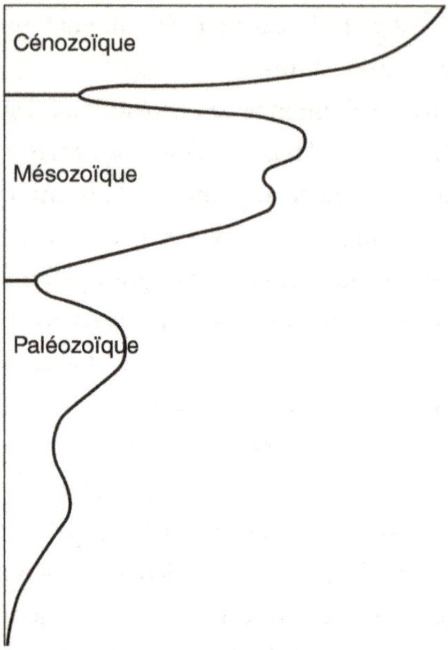

Ce schéma, réalisé par John Phillips, montre les phases d'expansion et de contraction qu'a connues la diversité de la vie.

ces derniers qu'ils étaient comparables à des huîtres « voulant faire comme les coraux[9] »). Pour Lyell, il était tout simplement impossible (« non philosophique ») d'imaginer que cet « abîme » représentait ce qu'il paraissait bien être : un changement soudain et spectaculaire à l'échelle planétaire. C'est pourquoi, en recourant à un raisonnement manifestement circulaire, il affirma que la différence séparant les faunes ne faisait que traduire l'existence d'une lacune dans les archives fossiles. Après avoir comparé les formes vivantes de part et d'autre de la lacune supposée, Lyell conclut que l'intervalle durant lequel aucun fossile ne s'était déposé avait dû être très long, grossièrement aussi long que toute la durée écoulée jusqu'à nos jours depuis la reprise du dépôt de fossiles au début du Cénozoïque. Sur la base des datations dont nous disposons aujourd'hui, la durée qu'il supposait pour cette lacune devait donc être de quelque 65 millions d'années.

Darwin était également au courant de la discontinuité de la fin du Crétacé. Dans *L'Origine des espèces*, il nota que la disparition des ammonites a été « remarquablement rapide ». Mais, à l'instar de Lyell, il refusa de prendre en compte ces fossiles et ce qu'ils semblaient indiquer. « Quant à moi, écrit-il, je considère les archives géologiques [...] comme une histoire du globe incomplètement conservée, écrite dans un dialecte toujours changeant, et dont nous ne possédons que le dernier volume traitant de deux ou trois pays seulement. Quelques fragments de chapitres de ce volume et quelques lignes éparses de chaque page sont seuls parvenus jusqu'à nous[10]. »

La nature fragmentaire des archives signifiait que l'apparence de changement abrupt n'était rien d'autre que cela, une apparence : « Quant à la soudaine extermination de familles ou d'ordres entiers », il faut se rappeler, écrit-il, que de « grands intervalles de temps » n'ont probablement vu aucun dépôt d'archives fossiles se réaliser. Si des sédiments fossilifères avaient été conservés, on y trouverait la preuve d'une « extermination beaucoup plus lente ». Ainsi, Darwin continua à développer la même ligne de pensée que celle de Lyell, consistant à interpréter les données géologiques à l'envers. « Notre ignorance est si profonde et notre vanité si grande, que nous nous étonnons quand nous apprenons l'extinction d'un être organisé ; comme nous ne comprenons pas la cause de cette extinction, nous ne savons qu'invoquer des cataclysmes, qui viennent désoler le monde[11] », exposa-t-il.

Les successeurs de Darwin eurent eux aussi à affronter le problème de « l'extermination beaucoup plus lente » qu'il leur avait légué. La vision uniformitariste interdisait tout changement soudain ou général, quel qu'il fût. Mais plus les connaissances progressaient en matière d'archives fossiles, plus il devenait difficile de soutenir qu'une période entière, s'étendant sur des dizaines de millions d'années, avait pu, d'une manière ou d'une autre, ne pas laisser de trace. La perception de plus en plus pressante de cette contradiction conduisit à des séries d'explications chacune plus alambiquée que la précédente. Peut-être y avait-il réellement eu une sorte de « crise » à la fin du Crétacé, mais elle avait dû nécessairement se dérouler très lentement. Peut-être que les disparitions d'espèces à la fin de cette période constituaient réellement une « extinction de masse ».

Cependant, il ne fallait pas confondre les extinctions de masse avec des « catastrophes ». L'année même où les Alvarez publièrent leur article dans *Science*, George Gaylord Simpson, alors probablement la plus haute autorité du monde en paléontologie, écrivit que le « renouvellement » de faunes à la fin du Crétacé devait être regardé comme le produit d'un « processus long et fondamentalement continu[12] ».

Dans le contexte d'un « uniformitarisme pur et dur », l'hypothèse de l'impact était pire qu'erronée. Les Alvarez avançaient une explication pour un événement qui ne s'était pas produit, et même qui ne pouvait pas s'être produit. C'était comme s'ils avaient proposé un remède spécial pour une maladie qui n'existait pas. Quelques années après que le père et le fils Alvarez eurent publié leur hypothèse, un sondage informel fut réalisé lors d'un congrès de la Société de paléontologie des vertébrés. Une majorité des congressistes affirmèrent que, selon eux, quelque chose qui ressemblait à une collision avec un objet d'origine extraterrestre avait peut-être effectivement eu lieu, mais un sur vingt seulement estima que cela aurait pu avoir quelque rapport avec l'extinction des dinosaures. L'un des paléontologues présents à ce congrès déclara que l'hypothèse des Alvarez était « une ânerie[13] ».

Entre-temps, les preuves en faveur de l'hypothèse de l'impact continuaient à s'accumuler.

La première confirmation indépendante fut fournie par de minuscules grains de roche, appelés « quartz choqué ». Observé sous fort agrandissement, ce type de minéral montre des séries de rayures résultant des hautes pressions qui lui ont été brusquement appliquées et qui ont déformé sa structure cristalline. Le quartz choqué a été pour la première fois observé sur les sites des essais nucléaires et, ultérieurement, il a été trouvé à proximité immédiate des cratères d'impact météoritique. En 1984, on a découvert des grains de quartz choqué dans une couche d'argile de la limite Crétacé-Tertiaire à l'est du Montana[14]. (La limite Crétacé-Tertiaire était jusqu'à récemment abrégée en « limite K-T », K étant considéré comme l'abréviation de Crétacé, car le C était déjà attribué au Carbonifère ; de nos jours, cette limite est appelée « K-Pg », pour Crétacé-Paléogène.)

L'indice suivant fut trouvé dans le sud du Texas, dans une curieuse couche de grès de la fin du Crétacé qui semblait avoir été produite par un énorme tsunami. Walter Alvarez eut l'idée que si l'impact avait déclenché un raz-de-marée géant, celui-ci avait dû balayer les littoraux au loin, laissant des traces particulières faisant office de « signatures » dans les archives sédimentaires. Il passa en revue les données provenant de milliers de « carottes » remontées lors de forages dans les océans, et il trouva cette signature dans celles provenant du golfe du Mexique. Finalement, on découvrit, ou plus exactement, redécouvrit, un cratère de 160 kilomètres de diamètre sous la péninsule du Yucatán. Recouvert par 800 mètres de sédiments plus récents, le cratère avait déjà été détecté lors d'études de gravimétrie réalisées dans les années 1950 par l'entreprise pétrolière nationale du Mexique. Les géologues qui travaillaient pour celle-ci l'avaient alors interprété comme les traces d'un volcan sous-marin, et puisque les volcans ne produisent pas de pétrole, ils l'avaient rapidement oublié. Lorsque les Alvarez vinrent leur demander les carottes de forage prélevées dans cette région, on leur dit qu'elles avaient été détruites lors d'un incendie ; en réalité, elles avaient juste été mal rangées. On finit par les retrouver en 1991 et on y découvrit une couche de verre (c'est-à-dire de roche qui avait fondu puis s'était rapidement refroidie) exactement à la limite K-T. Pour les Alvarez et tous ceux qui les soutenaient, c'était là l'argument massue qui suffit à faire venir dans leur camp de nombreux scientifiques qui ne s'étaient jusque-là pas engagés. « Un cratère soutient une théorie de l'extinction », annonça le *New York Times*. À cette époque, Luis Alvarez était mort des suites d'un cancer de l'œsophage. Walter surnomma la trace de l'impact le « cratère du Jugement dernier ». Il devint plus largement connu sous le nom de « cratère de Chicxulub », d'après le nom de la ville voisine la plus proche.

« Ces onze années m'ont paru longues à l'époque, mais rétrospectivement, cette période semble très courte, me raconta Walter. Regardez : a émergé une remise en question de la vision uniformitariste que, fondamentalement, tous les géologues et paléontologues avaient apprise à l'université, comme cela avait été le cas de leurs professeurs et des professeurs de leurs professeurs, et ainsi de suite en remontant jusqu'à Lyell. On a vu les gens commencer à examiner les preuves. Et ils ont progressivement changé pour de bon leur façon de voir. »

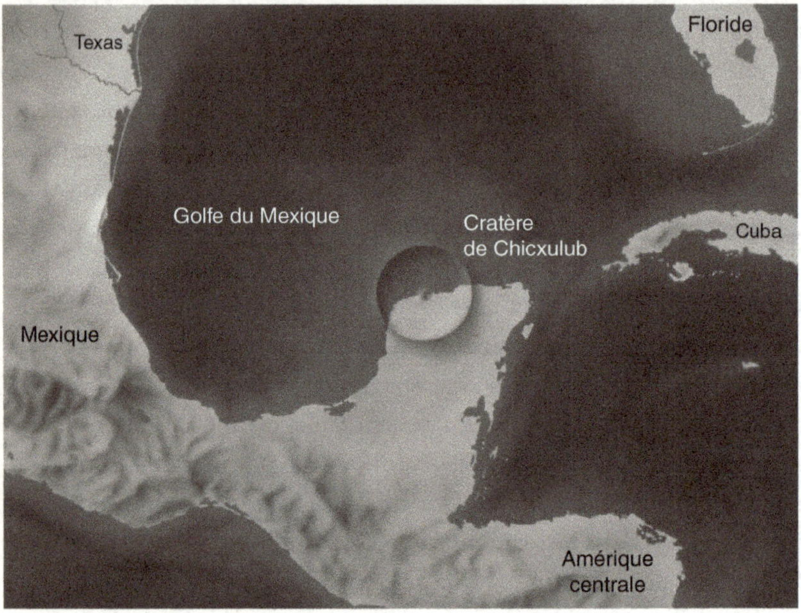

Le cratère de Chicxulub, au large de la péninsule du Yucatán, est enfoui sous 800 mètres de sédiments.

Lorsque les Alvarez ont publié leur hypothèse, ils ne connaissaient que trois sites où l'on pouvait observer la couche contenant l'iridium : les deux sur lesquels Walter s'était rendu en Europe, plus un dernier, en Nouvelle-Zélande, dont on leur avait envoyé des échantillons. Dans les décennies qui ont suivi, on en a localisé des dizaines d'autres, par exemple près d'une plage naturiste à Biarritz, dans le désert tunisien ou encore dans une zone résidentielle du New Jersey. Neil Landman, un paléontologue spécialiste des ammonites, effectue souvent dans cette dernière des recherches de terrain, et, par une chaude journée d'automne, je décidai de l'accompagner. Nous nous sommes retrouvés à Manhattan devant le Muséum américain d'histoire naturelle où

Landman dispose d'un bureau, dans une tourelle dominant Central Park, et, de concert avec deux étudiants, sommes partis en direction du sud.

En roulant à travers le New Jersey, nous avons longé une série de zones commerciales qui semblaient se répéter tous les kilomètres, s'enchaînant les unes aux autres comme des dominos. Finalement, dans les environs de Princeton, nous nous sommes garés sur un parking jouxtant un terrain de base-ball. (Landman préfère que je ne révèle pas l'emplacement exact du terrain afin de ne pas y attirer les collectionneurs de fossiles.) Sur le parking, nous fûmes rejoints par un géologue du nom de Matt Garb, professeur au Brooklyn College. Landman, Garb et les étudiants chargèrent leur matériel sur leurs épaules. Nous avons contourné le terrain de base-ball (alors désert, car tous les écoliers étaient encore en cours), puis nous sommes lancés dans le sous-bois. Nous avons longé une rivière peu profonde. Ses rives étaient recouvertes d'une vase couleur rouille. Des ronces pendaient au-dessus de l'eau. Des débris de toutes sortes étaient accrochés à celles-ci, battant comme des étendards en lambeaux : sacs en plastique abandonnés, fragments de journaux, bouts de plastique. « Pour moi, ici, c'est mieux qu'à Gubbio », annonça Landman.

Dans la phase terminale du Crétacé, m'expliqua-t-il, le parc, le lit de la rivière et leurs alentours, à de nombreux kilomètres à la ronde, étaient sous l'eau. À cette époque, il faisait très chaud sur la planète (des forêts luxuriantes recouvraient l'Arctique) et le niveau de la mer était élevé. La plus grande partie de l'État du New Jersey était reliée à la plate-forme continentale de ce qui est aujourd'hui l'est de l'Amérique du Nord, laquelle, étant donné alors la faible largeur de l'Atlantique, était bien plus rapprochée qu'actuellement de ce qui constitue aujourd'hui l'Europe. Landman désigna un point du lit de la rivière situé à quelques centimètres au-dessus du niveau de l'eau. C'est là que se trouve la couche d'iridium, me dit-il. Même si, à première vue, rien ne permettait de la distinguer clairement, Landman savait qu'elle était là parce qu'il avait fait analyser la séquence stratigraphique de ce lieu quelques années plus tôt. Landman est râblé, son large visage orné d'une barbe grisonnante. En vue de cette excursion, il avait revêtu un short kaki et chaussé de vieilles baskets. Il avança en pataugeant dans la rivière pour rejoindre les autres membres de l'équipe. Ils étaient déjà en train de manier leurs pics dans les roches du lit. Bientôt, quelqu'un trouva une dent de requin fossilisée. Quelqu'un d'autre déterra un morceau d'ammonite. Il était de la taille d'une fraise et couvert de petits boutons, appelés tubercules. Landman l'identifia comme appartenant à l'espèce *Discoscaphites iris*.

Les ammonites ont flotté dans tous les océans de faible profondeur sur la planète pendant plus de 300 millions d'années, et l'on peut trouver leurs coquilles fossilisées partout dans le monde. Pline l'Ancien, qui mourut lors de l'éruption volcanique qui ensevelit Pompéi, les connaissait déjà, bien qu'il les considérât comme des pierres aux propriétés spéciales. (Son *Histoire naturelle* rapporte qu'elles étaient censées induire des rêves prophétiques.) Dans l'Angleterre médiévale, on les appelait « pierres ser-

Planche du XIXe siècle représentant des ammonites fossiles.

pents » et, en Allemagne, on s'en servait pour traiter les vaches malades. En Inde, elles étaient (et, dans une certaine mesure, sont encore) révérées en tant que manifestations de Vishnou.

De même que les nautiles, auxquels elles étaient lointainement apparentées, les ammonites construisaient des coquilles enroulées en spirale et divisées en de multiples chambres. L'animal lui-même occupait la dernière et la plus grande de ces loges, les autres étaient emplies d'air. L'organisation de la coquille pourrait être comparée à celle d'un immeuble dont seul le luxueux dernier étage serait loué. Les parois séparant les loges, appelées *septa*, présentent une structure extraordinairement compliquée, avec des replis évoquant les ruches multiples d'une robe ou dessinant le pourtour complexe d'un flocon de neige. (On peut identifier les espèces d'après les formes de ces replis.) Les *septa* avaient acquis au cours de l'évolution ces caractéristiques architecturales particulières car elles permettaient aux ammonites de construire des coquilles à la fois légères et solides, capables de résister à des pressions d'eau équivalentes à celles de nombreuses atmosphères. La plupart des ammonites pouvaient tenir dans le creux de la main, mais certaines croissaient jusqu'à atteindre la dimension de piscines gonflables pour enfants.

Sur la base du nombre de dents qu'elles possédaient, c'est-à-dire neuf, on pense que leurs plus proches parents actuellement vivants sont les pieuvres. Cependant, puisque les parties molles des ammonites ne sont presque jamais conservées, on ne peut se livrer qu'à des conjectures sur l'aspect exact qu'avaient ces animaux et sur leur mode de vie. Il est probable, mais pas certain, qu'elles se propulsaient en émettant un fort jet d'eau, ce qui signifie qu'elles ne pouvaient se déplacer qu'en marche arrière.

« Je me rappelle qu'étant gosse, je suivais des cours de paléontologie : j'appris que les ptérodactyles volaient, me confia Landman. Je demandai alors immédiatement jusqu'à quelle hauteur. Or il est difficile de donner à de telles questions des réponses précises. »

« J'étudie les ammonites depuis quarante ans et je ne suis pas encore tout à fait sûr de savoir quelles étaient leurs préférences, continua-t-il. J'ai l'impression qu'elles aimaient se tenir à des profondeurs de 20, 30 ou peut-être 40 mètres. Elles nageaient, mais pas très bien. Je crois qu'elles menaient une vie tranquille. » Sur les dessins qui les représentent, on les dépeint généralement comme des calmars qui auraient été logés dans des coquilles d'escargots. Landman, cependant, n'apprécie guère cette représentation. Il pense que les ammonites, que l'on imagine généralement dotées de plusieurs longs tentacules flottant dans l'eau, en étaient en réalité dépourvues. Dans un schéma accompagnant un récent article scientifique qu'il a publié dans le périodique *Geobios*, il affirme que les ammonites sont surtout caractérisées par leur aspect globuleux[15]. Elles ont des appendices en forme de petits bras très courts, disposés en couronne autour de la bouche et reliés entre eux par une large bande de tissu membraneux. Chez les mâles, l'un des bras déborde davantage que les autres au-delà de la bande membraneuse : il s'agit de l'équivalent du pénis chez les céphalopodes.

Landman a fait ses études à l'université Yale dans les années 1970. À cette époque, avant la publication des Alvarez, on enseignait aux étudiants que les ammonites avaient décliné tout au long du Crétacé, de sorte que leur disparition à la fin de cette période ne méritait pas qu'on s'y intéresse particulièrement. « Le message était : “Oh, vous savez, les ammonites étaient juste en train de s'éteindre” », se rappelait-il. Des découvertes ultérieures, dont beaucoup ont été effectuées par Landman lui-même, ont montré, au contraire, que les ammonites continuaient alors à vivre en toute sérénité.

« Ici, on a des quantités d'espèces et on en a collecté des milliers de spécimens au cours de ces dernières années », me dit-il, par-dessus le bruit des pics maniés par les autres membres de l'excursion. Dans le lit de cette rivière, Landman avait récemment découvert deux espèces d'ammonites totalement nouvelles. Il a nommé l'une d'elles *Discoscaphites minardi*, en l'honneur d'un collègue, et l'autre *Discoscaphites jerseyensis*, en l'honneur du lieu. Cette dernière possédait probablement de petites épines hérissant sa coquille, si bien qu'elle semblait plus grande et plus intimidante qu'elle ne l'était réellement, selon les spéculations de Landman.

Dans leur article originel, les Alvarez avaient postulé que la cause principale de l'extinction de masse K-T n'avait pas été l'impact en tant que tel, ni même ses suites immédiates. La conséquence véritablement catastrophique de la collision de l'astéroïde (ou, pour utiliser le terme générique, du bolide) avec la Terre avait été la poussière soulevée lors du choc. Dans les décennies qui ont suivi cette publication, de nombreuses améliorations ont été apportées à ce scénario. (La date de l'impact a également été reculée à 66 millions d'années avant notre ère.) Bien que les scientifiques soient encore en train de discuter âprement nombre de détails, l'une des versions de l'événement peut se raconter comme suit.

Le bolide est arrivé par le sud-est, selon une trajectoire dont l'angle était très faible par rapport à la surface du globe, identique en cela à celle d'un avion en train d'atterrir. La collision fut, dans sa composante latérale, bien plus importante que dans sa composante verticale. Lorsqu'il heurta violemment la péninsule du Yucatán, le bolide filait à la vitesse d'environ 72 000 kilomètres-heure, et, en raison de sa trajectoire, l'Amérique du Nord fut particulièrement et sévèrement frappée. Un immense nuage de vapeur et de débris brûlants balaya le continent, gagnant en ampleur au fur et à mesure de son avancée et réduisant tout en cendres sur son passage. « En gros, si vous étiez un tricératops vivant au Canada, vous aviez encore environ deux minutes à vivre avant d'être réduit à l'état de vapeur[16] », m'expliqua un géologue.

En déterminant l'excavation d'un énorme cratère, l'astéroïde projeta en l'air une masse de roches pulvérisées équivalant à plus de cinquante fois la sienne. Les matériaux éjectés retombèrent dans l'atmosphère sous forme de particules incandescentes, illuminant le ciel de toutes parts depuis le point à l'aplomb de l'impact, et engendrant suffisamment de chaleur pour tout brûler à la surface de la planète. En raison de la composition des roches de la péninsule du Yucatán, la poussière soulevée était riche en soufre. Les aérosols contenant des sulfates bloquent la lumière solaire de façon particulièrement efficace : c'est la raison pour laquelle une seule éruption volcanique, comme celle du Krakatoa, peut faire chuter la température de la planète pendant des années. Après la vague initiale de chaleur, le monde connut un « hiver post-impact » qui couvrit plusieurs saisons. Les forêts furent décimées. Les palynologistes, qui étudient le pollen et les spores anciens, ont observé que des communautés végétales variées ont été entièrement remplacées par des fougères se propageant rapidement. (Ce phénomène a été appelé le « pic de fougères » dans les archives fossiles.) Les écosystèmes marins se sont complètement effondrés, et restèrent dans cet état pendant au moins un demi-million d'années, voire peut-être plusieurs millions d'années. (La mer dépeuplée après l'impact a été surnommée « l'océan Folamour ».)

Il est quasiment impossible de dresser une liste complète des divers espèces, genres, familles et même ordres entiers qui se sont éteints à la limite K-T. Sur terre, tout animal plus gros qu'un chat semble avoir péri. Les victimes les plus célèbres de cet événement, les dinosaures (ou, pour être plus précis, les dinosaures non aviens), subirent 100 % de pertes. Parmi les groupes qui vécurent probablement jusqu'à la toute fin du Crétacé figurent ceux qu'on trouve régulièrement dans les boutiques des muséums, c'est-à-dire les hadrosaures, les ankylosaures, les tyrannosaures et les tricératops. (La couverture du livre de Walter Alvarez sur l'extinction K-T, *La Fin tragique des dinosaures*, montre un tyrannosaure réagissant à l'impact d'un air furieux et horrifié.) Les ptérosaures aussi disparurent. Les oiseaux furent également sévèrement touchés : probablement les trois quarts de toutes les familles d'oiseaux, ou plus, s'éteignirent[17]. Les oiseaux énantiornithes, qui présentaient encore des traits archaïques, comme des dents, furent balayés, de même que les oiseaux hesperornithes, des animaux aquatiques qui, pour la plupart, ne volaient pas. Il en fut de même pour les lézards et les serpents ; à peu près les quatre cinquièmes de toutes leurs espèces s'évanouirent[18]. Les rangs des mammifères furent également dévastés ; environ les deux tiers des familles de mammifères qui vécurent jusqu'à la fin du Crétacé disparurent à la limite K-T[19].

Dans la mer, les plésiosaures, dont Cuvier avait d'abord mis en doute la réalité puisqu'il les avait trouvés « monstrueux », s'éteignirent. *Idem* pour les mosasaures, les bélemnites et, bien sûr, les ammonites. Les bivalves, que nous connaissons aujourd'hui sous la forme des moules et des huîtres, souffrirent de lourdes pertes, de même que les brachiopodes (dont la forme rappelle celle des bivalves, mais dont l'organisation anatomique est complètement différente) et les bryozoaires (qui ressemblent aux coraux, mais, là encore, en diffèrent totalement). Plusieurs groupes de micro-organismes marins passèrent à un cheveu de l'annihilation. Parmi les foraminifères planctoniques, environ 95 % de toutes leurs espèces disparurent, y compris *Abathomphalus mayaroensis,* dont on trouve les restes fossiles dans la dernière couche de calcaire du Crétacé à Gubbio. (Les foraminifères planctoniques vivent près de la surface de l'océan, les espèces benthiques sur le plancher océanique.)

De manière générale, plus les connaissances ont progressé au sujet de la limite K-T, plus la façon dont Lyell avait interprété les archives fossiles est apparue erronée. Le problème des archives fossiles n'est pas que les extinctions lentes peuvent paraître soudaines. C'est que même les extinctions soudaines présentent une probabilité de paraître très longues.

Chaque espèce possède ce que l'on appelle un « potentiel de préservation » (il s'agit de la probabilité qu'un individu de cette espèce se fossilise) et cette probabilité varie en fonction de nombreux facteurs, comme la fréquence des membres de l'espèce considérée, du milieu dans lequel ils vivent et de la nature des matériaux dont ils sont faits. (Les organismes marins dotés de coquilles épaisses ont de plus grandes chances d'être conservés à l'état fossile que, par exemple, des oiseaux dont les os sont creux.)

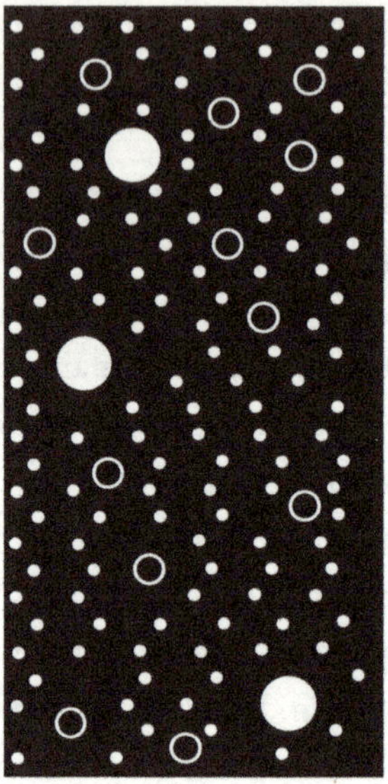

Dans le schéma ci-dessus, les grands cercles blancs représentent des espèces rarement fossilisées ; les cercles de taille moyenne, celles conservées plus fréquemment ; et les petits points blancs, les espèces encore plus abondantes. Même si ces espèces s'étaient toutes éteintes exactement au même moment, il semblerait que l'espèce à grand cercle blanc se fût éteinte beaucoup plus tôt, simplement parce que ses restes fossiles sont plus rares. Cet effet (appelé « l'effet Signor-Lipps », d'après le nom des scientifiques qui l'ont reconnu les premiers) tend à faire « s'étaler » les phénomènes d'extinction soudaine, donnant l'impression à celui qui les observe qu'ils se sont prolongés sur de longues années.

Après l'extinction K-T, il a fallu des millions d'années pour que la vie retrouve son niveau antérieur de biodiversité. Entre-temps, les *taxa* qui survécurent semblent avoir diminué de taille. Ce phénomène, qui peut s'observer chez les foraminifères vraiment minuscules apparaissant au-dessus de la couche d'iridium, à Gubbio, est appelé « l'effet Lilliput ».

Landman, Garb et les étudiants continuèrent toute la matinée à fouiller le lit de la rivière avec leurs pics. Bien que nous nous trouvions au milieu de l'État le plus densément peuplé des États-Unis, pas un seul promeneur ne passa, qui aurait pu s'étonner de ce que nous étions en train de faire. Il commençait à faire chaud, et il était agréable de se tenir debout, de l'eau jusqu'aux chevilles (même si je m'inquiétais vraiment de savoir ce qui se cachait sous la vase rougeâtre). Quelqu'un avait apporté une boîte en carton vide, et comme je n'avais pas de pic, j'y allai de ma contribution en ramassant les fossiles que les autres trouvaient et en les rangeant dans la boîte. Plusieurs autres morceaux de *Discoscaphites iris* furent exhumés, ainsi que des morceaux d'une autre ammonite, *Eubaculites carinatus*, dont la coquille, au lieu d'être enroulée en spirale, était longue et étroite, et ressemblait à une lance. (Selon l'une des théories sur le déclin des ammonites, très en vogue durant la première partie du XXe siècle, les coquilles déroulées des espèces telles qu'*Eubaculites carinatus* indiquaient que ce groupe d'animaux avait épuisé ses possibilités adaptatives et entamé une sorte de phase de décadence accompagnée d'excentricités, dans le style de Lady Gaga.) À un moment, Garb se précipita vers moi tout excité : il tenait un morceau de roche extrait du lit de la rivière, de la grosseur d'un poing, et il me montra sur l'un des bords quelque chose qui ressemblait à un minuscule ongle de la main. Il s'agissait, m'expliqua-t-il, d'un morceau de mâchoire d'une ammonite. On trouve plus fréquemment des mâchoires d'ammonite que d'autres parties de leur corps, mais elles sont cependant extrêmement rares.

« Ça valait vraiment la peine de venir ! » s'exclama-t-il.

On ne sait pas très bien de quelle façon l'impact de l'astéroïde a affecté les ammonites : ont-elles pâti de la chaleur, de l'obscurité, du froid ou du changement des propriétés chimiques de l'eau ? On ne sait pas non plus clairement pourquoi certains de leurs cousins céphalopodes ont survécu. Contrairement aux ammonites, les nautiles, par exemple, ont échappé sans difficulté à cet épisode d'extinction de masse. Pratiquement toutes leurs espèces qui existaient à la fin du Crétacé étaient encore présentes au Tertiaire.

L'une des hypothèses expliquant la différence de destin entre ammonites et nautiles se fonde sur leurs œufs respectifs. Les ammonites produisaient des œufs vraiment minuscules, d'un diamètre de quelques dixièmes de millimètre. Au stade de développement suivant, les jeunes ammonites (appelées *ammonitellae*) n'avaient pas de moyen de locomotion ; elles se contentaient de flotter juste en dessous de la surface de l'eau et de dériver au gré des courants. Les nautiles, de leur côté, pondent de très gros œufs, parmi les plus gros de tous les invertébrés, qui atteignent presque 2,5 centimètres de diamètre. Les jeunes nautiles qui en sortent, à l'issue de presque une année de développement, sont des adultes miniatures et commencent immédiatement à nager dans toutes les directions et à chercher leur nourriture en eau profonde. Dans la période qui suivit immédiatement l'impact, l'eau à la surface des océans devint peut-être tellement toxique que les *ammonitellae* furent incapables de survivre, tandis que, plus bas dans la colonne d'eau, les conditions étant moins terribles, les jeunes nautiles réussirent à perdurer.

Quelle que soit l'explication, le destin contrasté des deux groupes touche à un sujet d'importance cruciale. Tous les êtres vivants d'aujourd'hui (et c'est vrai aussi des êtres humains) descendent d'organismes qui, d'une manière ou d'une autre, ont survécu à l'impact. Ce constat ne signifie pas pour autant qu'ils sont (ou que nous sommes) mieux adaptés, en quelque sens que ce soit. Dans des moments de stress extrême, le concept entier de valeur adaptative, dans son sens darwinien, perd sa signification : comment un organisme pourrait-il être ou ne pas être adapté à des conditions qu'il n'a jamais rencontrées auparavant dans la totalité de son histoire évolutive ? Dans de tels moments, les « règles du jeu de la survie[20] », ainsi que les qualifie Paul Taylor, paléontologue au Muséum d'histoire naturelle de Londres, changent soudainement. Des traits avantageux pendant des millions d'années deviennent tout à coup fatals (bien qu'il puisse être difficile, des millions d'années après l'événement, de dire exactement de quels traits il s'agissait). Et ce qui est vrai des ammonites et des nautiles s'applique tout aussi bien aux bélemnites et aux calmars, aux plésiosaures et aux tortues, aux dinosaures et aux mammifères. La raison pour laquelle ce livre est écrit par un bipède doté d'un système pileux et non par un organisme porteur d'écailles a beaucoup plus à voir avec la malchance des dinosaures qu'avec un quelconque mérite des mammifères.

« Aucun des traits des ammonites n'était mauvais », me dit Landman tandis que nous emballions les derniers fossiles trouvés dans le lit de la rivière et que nous nous préparions à rentrer à New York. « Leurs juvéniles devaient faire partie du plancton, ce qui, pendant toute la durée de vie des ammonites, a dû représenter un formidable avantage. Quel meilleur moyen y a-t-il d'aller partout pour assurer la dispersion de l'espèce ? Et, cependant, c'est peut-être bien ce trait-là qui, finalement, a causé leur perte. »

Chapitre 5

Bienvenue dans l'Anthropocène

Dicranograptus ziczac

En 1949, deux psychologues de l'université Harvard recrutèrent une vingtaine d'étudiants de second cycle en vue d'une expérience sur la perception. Celle-ci était simple : on montrait aux étudiants des cartes à jouer et on leur demandait de les nommer tandis qu'elles défilaient rapidement devant leurs yeux. La plupart des cartes étaient parfaitement ordinaires, mais quelques-unes avaient été modifiées, de sorte que le jeu contenait, entre autres anomalies, un six de pique rouge et un quatre de cœur noir. Lorsque les cartes se succédaient très vite, les étudiants avaient tendance à négliger ces anomalies ; ils affirmaient alors généralement par exemple que le six de pique rouge était un six de cœur, ou que le quatre de cœur noir était un quatre de pique. Quand les cartes défilaient plus lentement, ils déployaient beaucoup d'efforts pour donner un sens à ce qu'ils voyaient. Confrontés à un pique rouge, certains disaient qu'il paraissait « violet » ou « marron » ou « marron rouille ». D'autres se montraient complètement perdus[1].

« C'est inexplicable, on dirait que les enseignes ont été inversées ou changées », observa l'un des étudiants.

« Je n'arrive pas à comprendre cette enseigne ! s'exclama un autre. Bon Dieu, je ne sais plus de quelle couleur elle est vraiment ou s'il s'agit d'un pique ou bien d'un cœur. Je ne suis même plus sûr maintenant de savoir à quoi ressemble un pique ! »

Les psychologues publièrent leurs résultats dans un article intitulé « De la perception des anomalies : un paradigme ». Parmi les lecteurs dont la curiosité fut éveillée par ce papier figurait Thomas Kuhn, l'historien des sciences le plus influent du XXe siècle. À ses yeux, cette expérience parut, en effet, paradigmatique : elle montrait la façon dont les gens traitent une information perturbante. Leur première réaction est de la faire entrer de force dans un cadre connu : des cœurs, des piques et des trèfles. Ils refusent aussi longtemps que possible de prendre en compte les indices révélant une discordance : le pique rouge paraît « marron » ou « rouille ». Lorsque l'anomalie devient par trop aveuglante, une crise survient (ce que les psychologues ont appelé la « réaction de type "Bon Dieu !" »).

Kuhn soutint dans son œuvre majeure, *La Structure des révolutions scientifiques*, que ce mode de réaction était si fondamental qu'il façonnait non seulement les perceptions individuelles, mais également des domaines entiers de recherche. Les données qui ne cadraient pas avec les suppositions communément acceptées dans une discipline étaient soit écartées, soit expliquées de façon à gommer leur discordance aussi longtemps que possible. Plus les contradictions s'accumulaient, plus les ajustements devenaient alambiqués. « Comme dans cette expérience sur les cartes à jouer, la nouveauté scientifique n'apparaît qu'avec difficulté[2] », écrivit Kuhn. En dernier lieu, quelqu'un finissait par vouloir appeler un pique rouge un pique rouge. La crise conduisait à une compréhension nouvelle et l'ancien cadre d'interprétation cédait la place à un nouveau. C'est ainsi que se produisaient les grandes découvertes scientifiques ou, pour employer l'expression dont Kuhn a lancé la vogue, les « changements de paradigme ».

On peut raconter l'histoire des connaissances scientifiques concernant les extinctions en affirmant qu'elle a obéi à une série de changements de paradigme. Jusqu'à la fin du XVIIIe siècle, la notion même d'extinction n'existait pas. Plus on exhuma d'os étranges (ceux de mammouths, du mégathérium, de mosasaures), plus les naturalistes durent forcer leurs explications pour les faire entrer dans un cadre connu. Et ils forcèrent beaucoup : les os géants avaient appartenu à des éléphants qui avaient été emportés vers le nord par les flots du déluge ; ou bien à des hippopotames qui s'étaient égarés à l'ouest ; ou encore à des baleines présentant une denture menaçante. Lorsque Cuvier arriva à Paris, il comprit que les molaires du mastodonte ne pouvaient pas entrer dans le cadre établi : ce fut une « réaction de type "Bon Dieu !" » qui le conduisit à proposer une façon complètement nouvelle de les interpréter. Le monde des êtres organisés avait eu une histoire, reconnut-il. Cette dernière avait été marquée par des pertes et était ponctuée par des événements trop terribles pour que l'homme parvienne seulement à les imaginer. « Bien que le monde ne change pas lors d'un changement de paradigme, le scientifique, après celui-ci, travaille dans un monde différent », écrivit Kuhn.

Dans ses *Recherches sur les ossements fossiles*, Cuvier recensa des dizaines d'espèces perdues. Il pensait qu'il y en avait sûrement davantage à découvrir. En quelques décennies, on trouva un nombre tellement élevé d'animaux éteints que le cadre d'interprétation mis en place par Cuvier commença à se fissurer. Pour rendre compte d'archives fossiles de plus en plus abondantes, il fallait continuer à multiplier le nombre des désastres. « Dieu sait combien de catastrophes[3] » seraient nécessaires, se gaussa Lyell, tournant en ridicule cette façon de voir. Sa propre solution consista à rejeter complètement la notion de catastrophe. Selon les vues de Lyell (et, plus tard, celles de Darwin), l'extinction était une question individuelle. Chaque espèce disparue s'était lentement éteinte, tour à tour victime de la « lutte pour l'existence » et de ses propres insuffisances en tant que « forme moins apte ».

L'explication uniformitariste de l'extinction régna pendant plus d'un siècle. Avec la découverte de la couche d'iridium, la science affronta une nouvelle crise. (Selon un historien, le travail des Alvarez « se révéla aussi explosif pour la science que l'impact l'avait, semble-t-il, été pour la Terre[4] ».) L'hypothèse de la collision avec un astéroïde ne mettait en jeu qu'un moment unique dans le temps : un jour atroce, le Crétacé avait pris fin. Ce moment effroyable mais unique suffisait pourtant à faire se fissurer le cadre d'interprétation de Lyell et Darwin. Des catastrophes survenaient bel et bien.

La théorie parfois appelée « néocatastrophiste », tout simplement considérée de nos jours par la plupart des scientifiques comme partie intégrante de la géologie normale, soutient que les conditions régnant sur la Terre ne changent que très lentement, sauf quand ce n'est plus vrai. En ce sens, le paradigme dominant aujourd'hui n'est ni celui de Cuvier ni celui de Darwin, mais combine des données cruciales provenant des deux théories : « de longues périodes d'ennui interrompues de temps à autre par des périodes de panique ». Bien que rares, ces moments de panique ont une immense importance. Ils définissent la trame des extinctions, ce qui revient à dire : la trame de l'histoire des êtres vivants.

Le chemin montait le long d'une colline, traversait un torrent tumultueux, revenait sur celui-ci, longeait le cadavre d'un mouton, lequel, en plus d'être mort, paraissait avoir été aplati, tel un ballon abandonné. La colline était verdoyante, mais dépourvue d'arbres ; génération après génération, les moutons avaient interdit aux plantes de dépasser une hauteur correspondant à celle de leur museau. Selon moi, il pleuvait. Là, dans les Southern Uplands d'Écosse, l'un des géologues avec lesquels je randonnais m'assura cependant qu'il s'agissait seulement d'une légère bruine, ou *smirr*.

Le but de notre excursion était d'atteindre un lieu dénommé « Dob's Linn » où, selon une vieille ballade, le diable en personne fut poussé dans un précipice par un pieux berger du nom de Dob. Lorsque nous sommes parvenus à la falaise, la *smirr* semblait tomber plus dru. Nous dominions une cascade qui se jette dans une étroite vallée située juste en dessous. Quelques mètres plus haut sur le chemin, on distinguait un affleurement rocheux au relief profondément découpé, rayé verticalement, comme un maillot d'arbitre, par des bandes claires et sombres. Jan Zalasiewicz, stratigraphe de l'université de Leicester, posa son sac à dos sur le sol détrempé et rajusta sa cape de pluie rouge. Il désigna l'une des bandes claires. « C'est là que de vilaines choses se sont produites », m'a-t-il dit.

La cascade de Dob's Linn.

Les roches que nous observions datent de quelque 445 millions d'années, c'est-à-dire de la fin de la période appelée « Ordovicien ». À ce moment-là, le globe voyait des continents entiers converger et fusionner : la plus grande partie des terres émergées (comprenant ce qui est à présent l'Afrique, l'Amérique du Sud, l'Australie et l'Antarctique) se réunirent en une masse géante appelée « Gondwana », couvrant plus de 90 degrés de latitude. L'Angleterre appartenait à un continent nommé « Avalonia » (qui n'existe plus aujourd'hui) et le site de Dob's Linn se trouvait dans l'hémisphère Sud, au fond d'un océan appelé « Iapetus ».

L'Ordovicien succède directement à la période nommée « Cambrien », laquelle est connue, même par le moins sérieux des étudiants en géologie, comme une époque où se produisit une « explosion » de formes de vie nouvelles*. L'Ordovicien fut lui aussi une époque durant laquelle la vie se lança fébrilement dans toutes sortes de nouvelles direc-

* La phrase « Cambronne Ordonna Silence et Dévouement à ses Carabiniers Permissionnaires » constitue une formule mnémotechnique utile pour retenir l'ordre de succession des périodes de l'ère Paléozoïque (Cambrien – Ordovicien – Silurien

tions (c'est ce que l'on appelle la « radiation ordovicienne »), bien que les êtres vivants soient restés encore, pour leur plus grande part, confinés au milieu aquatique. Pendant l'Ordovicien, le nombre des familles marines tripla, et les mers se remplirent d'organismes qui nous seraient plus ou moins familiers (en tant qu'ancêtres d'animaux d'aujourd'hui, tels que les étoiles de mer et les oursins, les escargots et les nautiles) et de beaucoup d'autres que nous ne reconnaîtrions pas (les conodontes, qui avaient probablement la forme d'une anguille ; les trilobites, qui ressemblaient plus ou moins aux limules ; et des scorpions des mers géants, qui, pour autant que nous puissions le savoir, avaient tout de créatures cauchemardesques). Les premiers récifs apparurent, et les ancêtres des bivalves d'aujourd'hui prirent leur allure de bivalves. Vers le milieu de l'Ordovicien, les premières plantes commencèrent à coloniser la terre ferme. Il s'agissait des toutes premières mousses ou des toutes premières hépatiques, et ces végétaux se cramponnaient au sol, sans gagner en hauteur, comme s'ils n'étaient pas sûrs de savoir comment utiliser leur nouvel environnement.

À la fin de l'Ordovicien, il y a quelque 444 millions d'années, les océans se vidèrent. Environ 85 % des espèces marines s'éteignirent[5]. Pendant longtemps, on considéra cet épisode comme l'une de ces pseudo-catastrophes qui démontraient juste à quel point on ne pouvait pas faire confiance aux archives fossiles. De nos jours, on la regarde comme la première des cinq grandes extinctions, et on pense qu'elle s'est déroulée en deux brèves phases extrêmement meurtrières. Bien que ses victimes ne bénéficient pas de la même fascination que celle exercée par l'extinction de la fin du Crétacé, cette première grande extinction a, elle aussi, marqué un tournant dans l'histoire des êtres vivants, un moment durant lequel les règles du jeu ont soudainement basculé, et dont les conséquences seront à jamais perceptibles.

Ceux des animaux et des plantes qui ont survécu à l'extinction de l'Ordovicien « ont ensuite conduit au monde moderne, observa le paléon-

– Dévonien – Carbonifère – Permien). Elle s'arrête malheureusement avant les périodes des ères les plus récentes : Mésozoïque et Cénozoïque.

tologue britannique Richard Fortey. Si la liste des survivants avait été un brin différente, alors le monde d'aujourd'hui serait lui aussi différent[6] ».

Zalasiewicz, mon guide sur le site de Dob's Linn, est une personne d'allure frêle, aux cheveux en bataille, aux yeux bleu pâle, dont la conduite est empreinte d'un agréable savoir-vivre. C'est un spécialiste des graptolites, une classe d'organismes marins jadis vaste et extrêmement variée, qui prospéra durant l'Ordovicien, puis faillit être anéantie lors de l'extinction survenue à la fin de cette période. À l'œil nu, les graptolites se présentent dans les archives fossiles comme des sortes de rayures sur les roches ou, parfois, comme de minuscules pétroglyphes. (Le terme « graptolite » vient de racines grecques signifiant « pierre gravée » ; il a été forgé par Linné qui ne considérait pas les graptolites comme des restes d'animaux, mais seulement comme des incrustations minérales essayant de passer pour des restes d'animaux.) Vus à la loupe, ils révèlent souvent de jolies formes évocatrices : telle espèce évoque une plume ; une autre, une lyre ; une troisième, la fronde d'une fougère. Les graptolites étaient des animaux coloniaux ; chaque individu, appelé « zooïde », construisait sa propre loge protectrice, minuscule et tubulaire, appelée « thèque », chacune étant attachée à la suivante, comme des maisons attenantes les unes aux autres. Un seul graptolite représente donc toute une communauté, laquelle dérivait au gré des courants, ou plus probablement nageait, se déplaçant en tant qu'entité unique et se nourrissant de plancton encore plus petit qu'elle. Personne ne sait à quoi ressemblaient les zooïdes (comme dans le cas des ammonites, les parties molles de ces animaux ne se sont pas conservées), mais on pense de nos jours que les graptolites étaient apparentés aux ptérobranches, une petite classe d'organismes marins vivant actuellement, difficiles à trouver, qui ressemblent à une plante carnivore bien connue, la dionée attrape-mouche.

Les graptolites avaient l'habitude (bienvenue, du point de vue d'un stratigraphe) d'engendrer souvent de nouvelles espèces, lesquelles se répandaient, puis s'éteignaient, tout ceci en relativement peu de temps. Zalasiewicz les compare à Natacha, la douce héroïne de *Guerre et Paix*.

Des graptolites fossiles datant du début de l'Ordovicien.

Ils étaient, dit-il, « délicats, réactifs et très sensibles aux choses qui se passaient autour d'eux ». Cette caractéristique en fait d'utiles fossiles indicateurs : on peut se servir des espèces successives pour identifier les couches de roches successives.

Trouver des graptolites sur le site de Dob's Linn se révèle être d'une grande facilité, même pour le plus novice des chasseurs de fossiles. Dans l'affleurement au relief profondément découpé, la roche sombre est constituée de schiste. Un léger coup de marteau suffit à en extraire un gros morceau. Un autre coup fend celui-ci latéralement. Il se divise comme un livre s'ouvrant sur une page qui aurait été souvent feuilletée. Il n'y a souvent rien à voir à la surface ainsi dégagée, mais tout aussi fréquemment, une ou plusieurs légères marques y figurent : des messages issus d'un monde antérieur. Un graptolite sur lequel je suis tombée par hasard s'y trouvait préservé avec une particulière netteté. Sa forme évoquait celle d'une série de faux cils, mais très petits, comme ceux d'une poupée Barbie. Zalasiewicz m'a dit (en exagérant, sans aucun doute) que j'avais découvert là un « spécimen de qualité digne d'un muséum ». Je l'empochai.

Zalasiewicz me montra ce qu'il fallait rechercher, et je parvins moi aussi à distinguer la courbe de l'extinction. Dans les schistes sombres, les graptolites sont abondants et variés. J'en eu bientôt ramassé une telle quantité que les poches de ma veste pendaient. Nombre de ces fossiles représentent des variations sur la lettre V, présentant deux branches s'étendant à partir d'un point central. Certains ressemblent à des fermetures Éclair, d'autres à ces os d'oiseaux appelés « fourchettes ». D'autres encore ont des branches croissant sur d'autres branches, à l'instar de minuscules arbres.

La roche plus claire, par contraste, est vide. Il est rare d'y trouver un graptolite. La transition d'un état à l'autre, de la roche noire à la grise, de l'abondance de graptolites à leur quasi-absence, semble s'être produite soudainement, et selon Zalasiewicz ce fut réellement le cas.

« Le changement que l'on voit ici, de la roche noire à la grise, marque un point de basculement ; c'est le passage d'un plancher océanique habitable à un plancher océanique inhabitable, m'expliqua-t-il. Et on aurait pu voir se réaliser cela dans un laps de temps équivalant à la durée d'une vie humaine. » Selon lui, cette transition se situe clairement dans le registre de celles envisagées par Cuvier.

Deux des collègues de Zalasiewicz, Dan Condon et Ian Millar, qui effectuaient avec nous cette randonnée jusqu'au site de Dob's Linn, étaient membres du Bureau des recherches géologiques de Grande-Bretagne. Ce sont des spécialistes de la chimie des isotopes et ils venaient à collecter, dans chacune des strates constitutives de l'affleurement, des échantillons dont ils espéraient qu'ils contiendraient de minuscules cristaux de zircon. De retour au laboratoire, ils dissoudront alors ces cristaux et les passeront au spectromètre de masse. Cela leur permettra de dire, à un demi-million d'années près, de quelle époque date chacune des couches. Millar est écossais et prétendait que la *smirr* ne le gênait pas du tout. Cependant, il finit par reconnaître, en anglais, qu'il était en train de pleuvoir à verse. De petits ruisseaux de boue s'écoulaient sur tout l'affleurement, rendant impossible l'obtention d'échantillons de roche propres. Il a été décidé que nous essaierions de nouveau le lendemain. Les trois géologues ont remballé leur matériel et, écrasant la boue sous nos pas, nous avons pris le chemin du retour. Zalasiewicz a retenu des chambres dans un *bed and breakfast* de la ville la plus proche, Moffat, qui, ai-je lu, s'enorgueillit de deux clous d'attraction touristique : un bélier de bronze et l'hôtel le plus étroit du monde.

Après avoir enfilé des vêtements secs, nous nous sommes retrouvés dans le salon du « B&B » pour prendre le thé. Zalasiewicz a apporté plusieurs de ses publications récentes sur les graptolites. S'installant dans leurs fauteuils, Condon et Millar ont levé les yeux au ciel. Zalasiewicz ne leur a prêté aucune attention et m'a expliqué patiemment l'importance de sa toute dernière monographie, « Les graptolites dans la stratigraphie britannique », qui comprend soixante-six pages de texte serré et comporte les illustrations détaillées de plus de 650 espèces. Dans cette monographie, les retombées de l'extinction ressortent plus systématiquement, mais de façon moins frappante, que sur le flanc de la colline rincé par la pluie. Jusqu'à la fin de l'Ordovicien, les graptolites ayant une forme en V dominaient. Ils comprenaient des espèces telles que *Dicranograptus ziczac*, dont les minuscules loges s'alignaient en deux bras décrivant deux courbes d'abord divergentes, puis revenant l'une vers l'autre, en un dessin évoquant des défenses d'éléphant ; et *Adelograptus divergens*, dont les deux bras principaux présentaient, près de leurs extrémités, de petits prolongements latéraux, évoquant les pouces dressés au bout de bras d'auto-stoppeurs. Seule une poignée d'espèces de graptolites a survécu à l'extinction de masse ; finalement, ces survivants se sont diversifiés et ont repeuplé les mers du Silurien. Cependant, les graptolites de cette dernière période ont vu leur morphologie générale épurée, et ressemblent désormais davantage à un bâton qu'à une arborescence. La forme en V a été perdue, pour ne jamais réapparaître. À l'échelle d'organismes bien plus petits, on retrouve le destin qu'ont connu les dinosaures, les mosasaures et les ammonites : des formes jadis extrêmement prospères tombant dans l'oubli définitif.

Que s'est-il passé il y a 444 millions d'années pour qu'aient été quasiment anéantis les graptolites, sans parler des conodontes, des brachiopodes, des échinodermes et des trilobites ?

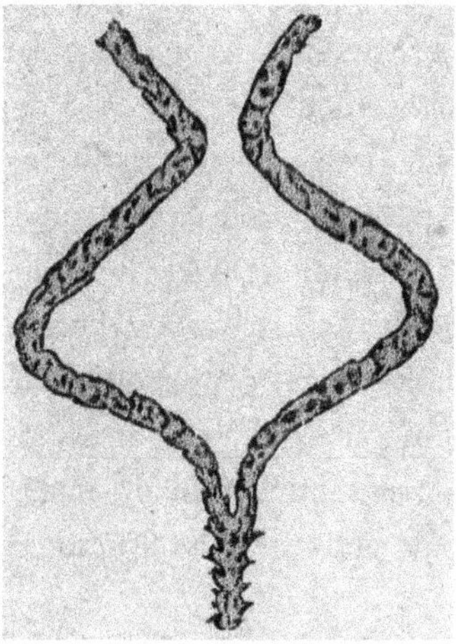

Dessin représentant le graptolite *Dicranograptus ziczac*, agrandi de plusieurs fois sa taille réelle.

Dans les années qui suivirent la publication des conclusions des Alvarez, on a généralement pensé (du moins, parmi les chercheurs qui ne considéraient pas leur hypothèse comme une « ânerie ») qu'une théorie unifiée des extinctions de masse était à portée de main. Si un astéroïde avait déterminé une « coupure abyssale » dans les archives géologiques, il semblait raisonnable de s'attendre à ce que toutes les coupures du même genre aient été provoquées par des impacts. Cette idée gagna en crédit lorsque, en 1984, deux paléontologues de l'université de Chicago publièrent une analyse exhaustive des archives fossiles marines. Cette étude révéla qu'outre les cinq extinctions de masse majeures, il y en avait eu de nombreuses autres de moindre ampleur. Lorsqu'on les examinait toutes ensemble, une règle apparaissait : les extinctions de masse semblaient intervenir à intervalles réguliers d'environ 26 millions d'années. En d'autres termes, les extinctions survenaient par vagues périodiques, à la façon des cigales sortant de terre*. Les deux paléontologues, David Raup et Jack Sepkoski, ne savaient pas avec certitude quelle était la cause exacte de ces épisodes, mais il leur paraissait possible qu'ils fussent reliés

* Il ne s'agit pas ici de la cigale provençale, mais d'une cigale exclusivement américaine, *Magicicada septendecim*, sortant par milliards de terre tous les dix-sept ans.

à quelque « cycle astronomique et astrophysique » tel que « le passage de notre Système solaire à travers les bras spiraux de la Voie lactée[7] ». Un groupe d'astrophysiciens (des collègues justement des Alvarez à Berkeley) avança une hypothèse supplémentaire. Cette périodicité, dirent-ils, pourrait s'expliquer par l'existence d'une petite « étoile compagne » du Soleil qui, tous les 26 millions d'années, passerait à travers le nuage d'Oort, ce qui produirait des pluies de comètes semant la destruction sur la Terre. Le fait que personne n'avait jamais observé cette étoile (que les astrophysiciens avaient surnommée « Némésis ») était embarrassant pour le groupe de Berkeley, mais ne représentait pas une difficulté insurmontable. Il existait en effet une multitude de petites étoiles attendant encore d'être cataloguées.

Dans les médias grand public, cette hypothèse (qui a été appelée « l'énigme Némésis ») a suscité presque autant d'engouement que celle de l'astéroïde K-T. (L'un des commentateurs nota que ce scénario présentait tous les ingrédients des histoires à sensation : il n'y manquait que les coucheries et la famille royale d'Angleterre[8].) Le magazine *Time* en fit sa couverture, laquelle fut bientôt suivie d'un nouvel éditorial désapprobateur du *New York Times*[9] où il se moquait de la notion d'une « mystérieuse étoile de la mort ». Cette fois-ci, le quotidien était sur la bonne piste. Bien que le groupe de Berkeley passât l'année qui suivit à explorer les cieux à la recherche de Némésis, il ne découvrit pas la moindre trace d'une « étoile de la mort ». Encore plus important, à la suite de nouvelles analyses, les preuves en faveur de la périodicité commencèrent à s'effondrer. « Il existe aujourd'hui un consensus pour reconnaître que nous étions tombés sur un artefact statistique », admit David Raup.

Entre-temps, la recherche des traces d'iridium et d'autres signes d'impacts extraterrestres s'était révélée négative. Parallèlement à beaucoup d'autres chercheurs, Luis Alvarez s'était lui-même lancé dans cette quête. À une époque où l'on n'avait encore jamais vu de collaboration scientifique avec les Chinois, il avait réussi à obtenir des échantillons de roches provenant du sud de la Chine, recouvrant la limite entre les périodes permienne et triasique. L'extinction de la fin du Permien, aussi appelée permo-triasique, a été la plus grande des cinq grandes extinctions, et a failli entraîner l'anéantissement total de toute vie multicellulaire à la surface de la Terre. Luis Alvarez fut tout excité d'apprendre qu'il existait une couche d'argile nichée entre les strates permiennes et triasiques du sud de la Chine, tout comme cela avait été le cas à Gubbio entre les strates crétacées et tertiaires. « Nous étions sûrs qu'il y aurait là de grandes quantités d'iridium[10] », se rappellerait-il plus tard. Mais l'argile chinoise se révéla, chimiquement parlant, banale, sa teneur en iridium étant trop infime pour être mesurée. On a, par la suite, détecté des niveaux d'iridium plus élevés que la normale vers la fin de l'Ordovicien, dans des roches provenant de divers lieux, et notamment de Dob's Linn. Cependant, aucun des autres signes révélateurs d'un impact, comme du quartz choqué, n'a été trouvé dans l'intervalle cible, et on s'est rendu compte que les niveaux plus élevés d'iridium étaient dus, de façon plus plausible (bien que moins spectaculaire), aux caprices de la sédimentation.

La théorie actuelle parie sur le fait que l'extinction de la fin de l'Ordovicien a été provoquée par une glaciation. Pendant la plus grande partie de cette période, un climat dit « d'effet de serre » a prévalu : le taux de gaz carbonique dans l'atmosphère était élevé, les températures et le niveau de la mer également. Or, lors de la première phase d'extinctions (celle qui fit des ravages chez les graptolites), le taux de gaz carbonique dans l'atmosphère a chuté. Les températures ont chuté et le Gondwana a gelé. On a trouvé des preuves de la glaciation ordovicienne dans de vastes vestiges du supercontinent tels que l'Arabie Saoudite, la Jordanie et le Brésil. Le niveau de la mer a baissé et de nombreux habitats marins ont été éliminés, probablement au détriment des organismes marins. La composition chimique de l'océan a changé, elle aussi ; entre autres choses, les eaux froides contiennent de plus grandes quantités d'oxygène. Personne ne sait vraiment ce qui a tué les graptolites : est-ce le changement de température lui-même ou bien l'une de ses nombreuses conséquences ? Comme me l'a dit Zalasiewicz : « On a un cadavre dans la bibliothèque, et une demi-douzaine de majordomes errant aux alentours l'air penaud. » On ne sait pas non plus ce qui a provoqué le changement de température. Selon l'une des hypothèses, la glaciation aurait été produite par les premières mousses qui colonisèrent les terres émergées et, ce faisant, contribuèrent à faire chuter le taux atmosphérique de gaz carbonique[11]. Si cette hypothèse se confirmait, cela signifierait que la première extinction de masse d'animaux aurait été provoquée par des végétaux.

L'extinction de la fin du Permien semble également avoir été déclenchée par un changement de climat. Cependant, il eut lieu cette fois-ci dans la direction opposée. Au moment exact de l'extinction, 252 millions d'années avant notre époque, se produisit une libération massive de gaz carbonique dans l'air, tellement massive que les géologues ont même du mal à imaginer d'où pouvait bien provenir tout ce carbone. Les températures grimpèrent en flèche (les mers se réchauffèrent de 8 degrés, une augmentation énorme), et la composition chimique des océans se dérégla, à l'instar d'un aquarium dont les paramètres ne seraient plus maîtrisés[12]. L'eau s'acidifia et la quantité d'oxygène dissous dans l'eau devint si basse que de nombreux organismes ne purent sans doute plus respirer. Les récifs coralliens s'effondrèrent. L'extinction de la fin du Permien s'est réalisée en un laps de temps qui, même s'il n'a rien à voir avec la durée d'une vie humaine, représente un intervalle presque aussi court, en termes géologiques ; selon de récents résultats obtenus par des scientifiques chinois et américains, la totalité de l'épisode d'extinction n'a pas duré plus de deux cent mille ans, et peut-être moins d'une centaine de milliers d'années[13]. À l'issue de cette crise, environ 90 % de toutes les espèces sur la Terre avaient été éliminées. Même un réchauffement planétaire et une acidification océanique intenses ne paraissent pas suffire à expliquer des ravages d'une ampleur aussi énorme : c'est la raison pour laquelle on est encore en train de rechercher des mécanismes additionnels. L'une des hypothèses ainsi avancées invoque le développement, favorisé par le réchauffement océanique, des bactéries productrices d'acide sulfhydrique, un composé toxique pour la plupart des autres formes de vie[14]. Selon ce scénario, l'acide sulfhydrique s'accumula dans l'eau, exterminant tous les organismes marins, puis il s'évapora dans l'air, tuant pratiquement tous les autres organismes. Les bactéries sulfato-réductrices changèrent la couleur des océans, et l'acide sulfhydrique la couleur des cieux. Le journaliste scientifique Carl Zimmer a décrit l'apparence de la Terre à la fin du Permien comme un « monde véritablement fantastique », où des mers violettes à la surface unie comme celle d'un miroir libéraient des bulles toxiques s'élevant vers des cieux de « couleur vert pâle[15] ».

Tandis que, il y a vingt-cinq ans, il semblait acquis que toutes les extinctions pourraient fondamentalement s'expliquer par la même cause, à présent, c'est l'idée inverse qui domine. Comme chez Tolstoï, chaque épisode d'extinction semble avoir résulté d'un phénomène malencontreux (et fatal) ayant eu ses propres caractéristiques. En fait, c'est peut-être le caractère même, singulièrement inhabituel, de ces événements qui les rend si meurtriers : subitement, les organismes se trouvent confrontés à des conditions auxquelles l'évolution ne les a pas du tout préparés.

« Je crois que, lorsque les preuves en faveur de l'impact de la fin du Crétacé sont devenues assez fortes, tous ceux qui travaillaient dans ce sens ont naïvement pensé qu'on allait se mettre à trouver des preuves d'impacts coïncidant avec les autres épisodes d'extinction, me confia Walter Alvarez. Or cela s'est révélé bien plus compliqué. Et nous voyons maintenant qu'une extinction de masse peut être provoquée par l'homme. Il est donc clair qu'il n'y a pas de théorie générale de l'extinction. »

Ce soir-là à Moffat, quand tout le monde en eut assez du thé et des graptolites, nous nous sommes rendus au pub, établi au rez-de-chaussée de l'hôtel le plus étroit du monde. Après une bière ou deux, la conversation porta sur l'un des autres sujets favoris de Zalasiewicz : les rats géants. Ce rongeur a suivi l'homme dans pratiquement tous les recoins du globe où il s'est installé : Zalasiewicz pense, et il s'agit là de l'avis d'un spécialiste de l'évolution de la vie, qu'il dominera un jour le monde.

« Un certain nombre de ces animaux resteront probablement de la taille du rat, avec une morphologie de rat, me dit-il. Mais il se pourrait bien que d'autres rapetissent ou grandissent. Lorsqu'il se produit des extinctions en série et que s'ouvre un espace écologique, les rats peuvent être les mieux placés pour en profiter. Et nous savons qu'un changement de taille peut se réaliser très rapidement. » Je me rappelai avoir vu une fois un rat en train de traîner une croûte de pizza le long des rails d'une station de métro à New York. Je l'imaginai alors, gros comme un doberman, en train de déambuler dans le métro désormais désert.

Bien que le rapport puisse sembler ténu, la passion de Zalasiewicz pour les rats géants représente une extension logique de son intérêt pour les graptolites. Il est fasciné par le monde qui a précédé l'homme, mais également de plus en plus par celui qu'il laissera après lui. Ses recherches dans le premier domaine lui donnent des clés pour imaginer le second. Lorsqu'il étudie l'Ordovicien, il tente de reconstituer ce passé lointain sur la base des indices fragmentaires qui en restent : fossiles, isotopes du carbone, couches de roches sédimentaires. Quand il envisage l'avenir, il essaie d'imaginer quelles traces resteront du monde d'aujourd'hui une fois que celui-ci aura été réduit à l'état d'indices fragmentaires : fossiles, isotopes du carbone, couches de roches sédimentaires. Zalasiewicz est convaincu que n'importe quel stratigraphe, même modérément compétent, qui vivrait environ 100 millions d'années après nous, serait capable de percevoir que quelque chose d'extraordinaire s'est produit durant ce moment que nous appelons aujourd'hui. Et il pourrait le dire même si toutes les grandes réalisations de l'homme (les statues et les bibliothèques, les monuments et les musées, les villes et les usines) devaient être ramassées dans une couche de sédiments qui ne serait pas beaucoup plus épaisse qu'une feuille de papier à cigarette[16]. « Nous avons d'ores et déjà laissé une trace désormais indélébile[17] », a écrit Zalasiewicz.

L'homme a laissé ces traces, entre autres, par le biais de ses incessants déplacements. Souvent volontairement, mais également par inadvertance, notre espèce a réarrangé les biotes de la planète, en transportant des éléments de la flore et de la faune d'Asie vers les Amériques, des Amériques vers l'Europe et de l'Europe vers l'Australie. Les rats ont constamment été à l'avant-garde de ces migrations, et ont laissé leurs ossements partout dans le monde, y compris sur des îles tellement perdues que l'homme n'a jamais songé à les coloniser. Le rat du Pacifique, *Rattus exulans*, originaire du Sud-Est asiatique, a voyagé avec les navigateurs polynésiens jusqu'en des lieux tels qu'Hawaï, les îles Fidji, Tahiti, Tonga, Samoa, l'île de Pâques et la Nouvelle-Zélande, entre autres. Rencontrant peu de prédateurs, le voyageur clandestin *Rattus exulans* s'est considérablement multiplié, donnant naissance à ce que le paléontologue néo-zélandais Richard Holdaway a appelé une « marée de rats gris », lesquels transformèrent « tout ce qui était comestible en protéines de rat[18] ». (Une récente étude portant sur le pollen et les restes d'animaux trouvés sur l'île de Pâques a conclu que l'homme n'y était pas responsable de la disparition de la forêt ; les rats qui avaient accompagné les immigrants humains sur l'île s'étaient reproduits sans que rien ne les arrête[19]. Les palmiers indigènes furent incapables de produire des graines assez rapidement pour faire face à leur appétit.) Quand les Européens débarquèrent en Amérique, puis à l'ouest, dans des îles que les Polynésiens avaient colonisées, ils introduisirent le rat norvégien, *Rattus norvegicus,* dont les capacités d'adaptation sont encore plus élevées que celles du rat du Pacifique. En de nombreux endroits, le rat norvégien, en réalité originaire de Chine, surclassa son cousin du Pacifique, et ce faisant ravagea les populations d'oiseaux et de reptiles que ce dernier n'avait pas touchées. On pourrait donc peut-être dire des rats qu'ils ont créé leur propre « espace écologique », que leurs descendants semblent bien placés pour dominer. Autrement dit, selon Zalasiewicz, les descendants des rats d'aujourd'hui effectueront une radiation évolutive qui remplira les niches devenues vides grâce à *Rattus exulans* et *Rattus norvegicus.* Il imagine que les rats de l'avenir évolueront, acquerront de nouvelles formes et de nouvelles tailles : certains deviendront « plus petits que des musaraignes » et d'autres aussi gros que des éléphants. « On pourrait peut-être, a-t-il écrit, ranger parmi ceux qui acquerraient de grandes tailles (juste au nom de la libre imagination) une ou deux espèces de gros rongeurs nus, vivant dans des grottes, façonnant des pierres pour en faire des outils primitifs et se vêtant de la peau d'autres mammifères qu'ils auraient tués et mangés[20]. »

En tout état de cause, quel que soit l'avenir des rats, la phase d'extinction actuelle à laquelle ils contribuent laissera sa propre trace, bien reconnaissable. Certes moins radicale que celle enregistrée dans le schiste de Dob's Linn ou dans la couche d'argile à Gubbio, cette trace apparaîtra néanmoins dans les couches sédimentaires comme un tournant. Le changement climatique (lui-même promouvant des extinctions) laissera aussi des traces géologiques, de même que les retombées nucléaires, les détournements de fleuves, l'agriculture fondée sur les monocultures et l'acidification des océans.

Pour toutes ces raisons, Zalasiewicz pense que nous sommes entrés dans une nouvelle époque, qui ne trouve pas d'équivalent dans l'histoire de la Terre. « D'un point de vue géologique, observa-t-il, il s'agit là d'un épisode remarquable. »

Au fil des années, un certain nombre de noms différents ont été proposés pour désigner cette nouvelle époque ouverte par l'homme. Michael Soulé, célèbre spécialiste de la biologie de la conservation, a estimé que nous ne vivons plus au Cénozoïque, mais à l'ère « Catastrophozoïque ». Michael Samways, un entomologiste de l'université de Stellenbosch, en Afrique du Sud, a lancé le terme « Homogénocène ». Daniel Pauly, un spécialiste de biologie marine canadien, a proposé le « Myxocène », d'après la racine grecque désignant la vase ; et Andrew Revkin, un journaliste américain, a suggéré l'« Anthrocène ». (La plupart de ces termes doivent leur origine, au moins indirectement, à Lyell, qui, dans les années 1830, avait forgé les mots : Éocène, Miocène, Pliocène.)

Le mot « Anthropocène » a été inventé par Paul Crutzen, un chimiste hollandais, colauréat du prix Nobel pour sa mise en lumière des effets destructeurs qu'exercent un certain nombre de produits chimiques sur l'ozone de l'atmosphère. Cette découverte est d'une importance capitale, on ne saurait trop le souligner : si elle n'avait pas été faite et si l'on avait continué à utiliser massivement les produits chimiques en question, le « trou » d'ozone qui s'ouvre chaque printemps au-dessus de l'Antarctique se serait élargi jusqu'à finalement envelopper entièrement la Terre. (On dit que l'un des collègues de Crutzen, colauréat du Nobel, aurait annoncé à sa femme, un soir en rentrant du laboratoire :

« Le travail avance ; mais il semble que cela pourrait bien être la fin du monde. »)

Crutzen m'a dit que le terme « Anthropocène » lui était venu à l'esprit tandis qu'il participait à un colloque. Le président de séance ne cessait de se référer à l'« Holocène », l'époque « entièrement récente » qui débuta à la fin du dernier âge glaciaire, il y a 11 700 ans, et qui continue, du moins officiellement, encore aujourd'hui.

Crutzen se rappelle être alors intervenu et avoir lâché spontanément : « Arrêtez ! Nous ne sommes plus dans l'Holocène ; nous sommes dans l'Anthropocène. » Il ajoute : « Il y eut alors un silence pendant un moment dans l'assemblée. » Lors de la pause-café qui suivit, l'Anthropocène fut le sujet de conversation numéro un. Quelqu'un vint trouver Crutzen pour lui suggérer de déposer le terme.

Le chimiste hollandais coucha par écrit ses idées sous la forme d'un court essai intitulé « Géologie de l'humanité » qui parut dans *Nature.* « Il semble approprié de désigner du terme d'Anthropocène l'époque géologique actuelle qui, de bien des façons, est dominée par l'homme », y observait-il. Parmi les nombreux changements provoqués par l'homme et ayant un impact à l'échelle géologique, Crutzen citait les suivants :

— les activités humaines ont transformé les terres émergées de la planète, dans une proportion allant d'un tiers à la moitié de leur superficie ;

— la plupart des grands fleuves du monde ont vu leur cours détourné ou entravé par des barrages ;

— les engrais agricoles sont à l'origine d'une quantité d'azote dépassant celle qui est naturellement assimilée par la totalité des écosystèmes terrestres ;

— la pêche retire des océans plus du tiers de leur production primaire en organismes marins au niveau de leurs côtes ;

— plus de la moitié des ressources en eau douce facilement accessibles sont utilisées par l'homme.

Fait plus important encore, disait Crutzen, l'homme a altéré la composition de l'atmosphère. En raison à la fois de la combustion des énergies fossiles et de la déforestation, la concentration de gaz carbonique dans l'air a augmenté de 40 % au cours des deux derniers siècles, tandis que la concentration de méthane, un gaz contribuant encore davantage à l'effet de serre, a plus que doublé.

« À cause de ces émissions anthropogéniques », écrivait Crutzen, le climat à l'échelle planétaire va vraisemblablement « s'écarter de façon importante de son comportement naturel, et ce, pour de nombreux millénaires à venir[21] ».

Le chimiste hollandais a publié son essai « Géologie de l'humanité » en 2002. Bientôt, le concept d'Anthropocène commença à se répandre dans les journaux scientifiques.

Un article paru en 2003 dans les *Philosophical Transactions of the Royal Society B* portait pour titre : « Une analyse des systèmes fluviaux à l'échelle de la planète : des systèmes géologiques de régulation aux impacts négatifs de l'Anthropocène ».

« Sols et sédiments dans l'Anthropocène », titrait le *Journal of Soils and Sediments* en tête d'un papier paru en 2004.

Lorsque Zalasiewicz tomba par hasard sur ce terme, il fut intrigué. Il remarqua que la plupart des scientifiques qui l'utilisaient n'étaient pas des stratigraphes qualifiés, et il se demanda quel était le sentiment de ses collègues à ce sujet. Il était alors le directeur du comité de stratigraphie de la Société de géologie de Londres, l'institution que Lyell mais aussi William Whewell et John Phillips avaient jadis dirigée. Lors d'un déjeuner avec les autres membres du comité, Zalasiewicz les interrogea sur ce qu'ils pensaient du concept d'Anthropocène. Sur les vingt-deux personnes présentes, vingt et une répondirent qu'il était intéressant.

Le groupe décida d'examiner cette question comme s'il s'agissait d'un problème classique de géologie. Est-ce qu'« Anthropocène » remplirait les conditions requises pour dénommer une nouvelle époque ? (Pour les géologues, une époque représente une subdivision d'une période, qui, à son tour, est une subdivision d'une ère : l'Holocène, par exemple, est une époque au sein du Quaternaire, lequel est une période au sein du Cénozoïque.) Après une année de travail, les membres du comité de stratigraphie parvinrent à la réponse suivante : « Oui, sans réserve. » Les types de changements que Crutzen avait identifiés allaient, conclurent-ils, laisser une « signature stratigraphique planétaire » qui serait encore lisible des millions d'années après nous, de la même façon que, par exemple, la glaciation ordovicienne avait laissé une « signature stratigraphique » encore lisible aujourd'hui. Entre autres choses, les membres du comité notèrent, dans un document récapitulant leurs conclusions, que l'Anthropocène sera marqué par un « signal biostratigraphique » unique en son genre, résultant, pour une part, du phénomène d'extinction en cours et, pour une autre part, de la tendance qu'a l'homme à redistribuer les composantes de la biosphère. Ce signal sera définitivement enregistré, écrivirent-ils, « puisque l'évolution qui se réalisera dans l'avenir prendra pour base les populations spécifiques survivantes (lesquelles auront été fréquemment relocalisées par l'homme)[22] ». Ou bien les rats, selon Zalasiewicz.

Lorsque je suis venue en Écosse, ce dernier avait porté le cas de l'Anthropocène à l'attention d'un comité de délibération représentant un niveau encore plus élevé. La Commission internationale de stratigraphie est l'instance qui détermine l'échelle des temps géologiques officielle. C'est elle qui répond à des questions telles que : à quelle date a commencé exactement le Pléistocène ? (Après de vifs débats, la commission a repoussé le début de cette époque de 1,8 à 2,6 millions d'années.) Zalasiewicz a convaincu les membres de cette commission de se pencher sur la question de savoir si l'on pouvait officiellement reconnaître l'Anthropocène, travail dont elle lui a, assez logiquement, confié la charge. En tant que directeur du groupe de travail sur l'Anthropocène, Zalasiewicz espère pouvoir soumettre une proposition au vote de l'assemblée plénière en 2016. S'il réussit et si l'Anthropocène est reconnu comme une nouvelle époque, tous les manuels de géologie dans le monde deviendront immédiatement caducs.

Chapitre 6

Cette mer qui nous entoure

Patella caerulea

Castello Aragonese est une île minuscule qui se dresse, telle une tour bien droite, au-dessus de la mer Tyrrhénienne. Située à 30 kilomètres à l'ouest de Naples, on peut s'y rendre depuis une île plus grande, Ischia, en empruntant un pont de pierre long et étroit. À l'extrémité de ce dernier, une cabine délivre pour la somme de 10 euros un ticket qui vous autorise à grimper (ou, mieux, à prendre l'ascenseur) jusqu'à l'énorme château qui donne son nom à l'île. Celui-ci abrite une exposition sur les instruments de torture médiévaux, ainsi qu'un hôtel de luxe et un café en terrasse. Les beaux soirs d'été, ce dernier est paraît-il un lieu agréable pour siroter un Campari et méditer sur les atrocités commises autrefois.

Comme c'est le cas dans de nombreux petits endroits, ce site résulte de l'action de très grandes forces représentées, ici, par le mouvement de l'Afrique en direction du nord, qui rapproche chaque année Tripoli de Rome d'environ 2 centimètres. Le long d'une série complexe de replis, la plaque tectonique africaine presse la plaque eurasiatique, à la manière d'une feuille de métal poussée de force dans la gueule d'un fourneau. Ce processus est de temps en temps à l'origine de violentes éruptions volcaniques. (L'une d'elles, en 1302, obligea la population entière de l'île d'Ischia à se réfugier sur Castello Aragonese.) Sur une base plus régulière, il entraîne de façon continue l'émission d'un gaz qui s'échappe en bouillonnant hors d'évents s'ouvrant dans le fond de la mer. Il se trouve que ce gaz est constitué à peu près à 100 % de dioxide de carbone.

Le gaz carbonique présente de nombreuses propriétés intéressantes, l'une d'entre elles étant qu'il se dissout dans l'eau pour produire de l'acide. J'arrivai à Ischia fin janvier, en plein milieu de la morte-saison, dans le but très précis d'aller nager dans sa baie acidifiée et pleine de bulles. Deux scientifiques spécialistes de biologie marine, Jason Hall-Spencer et Maria Cristina Buia, avaient promis de me montrer les évents, à condition que les pluies torrentielles annoncées ne surviennent pas. C'était un jour gris et froid, et nous avancions lentement à bord d'un bateau de pêche transformé en vaisseau de recherche scientifique. Nous avons doublé Castello Aragonese et jeté l'ancre à 20 mètres environ de ses falaises rocheuses. Depuis le bateau, je ne pouvais pas apercevoir les évents, mais je voyais les signes qui trahissent leur présence. Une bande blanchâtre de cirripèdes encercle partout la base de l'île, à l'exception des points à l'aplomb des évents : à cet endroit, on n'en trouve pas.

« Les cirripèdes sont des organismes plutôt coriaces », observa Hall-Spencer. Britannique, les cheveux blond foncé coiffés à la diable, il portait une combinaison de plongée étanche, prévue pour protéger complètement le plongeur de l'eau : il ressemblait un peu à un astronaute en route pour un voyage dans l'espace. Maria Cristina Buia est italienne, ses cheveux d'un brun rougeâtre tombant sur ses épaules. Elle se mit en maillot de bain, puis enfila d'un seul mouvement sa combinaison de plongée, visiblement rompue à ce genre d'exercice. J'essayai de l'imiter en me glissant dans une combinaison empruntée pour l'occasion. Je me rendis compte, tandis que je me battais avec la fermeture éclair, qu'elle était trop petite d'une demi-taille. Nous avons enfilé nos masques et nos palmes, et nous sommes jetés à l'eau.

L'eau était glaciale. Hall-Spencer était muni d'un couteau. Il détacha des oursins d'un rocher et me les offrit. Leurs piquants étaient d'un noir d'encre. Nous avons progressé le long de la côte sud de l'île, en direction des évents. Les deux biologistes s'arrêtaient sans cesse pour collecter des échantillons (des coraux, des gastéropodes, des algues, des moules) et les déposer dans des sacs à mailles qu'ils tiraient derrière eux. Lorsque nous nous sommes trouvés suffisamment près des évents, j'ai commencé à voir des bulles monter du fond de la mer, telles des perles de mercure. Des herbiers marins ondulaient en dessous de nous. Leurs feuilles longues et étroites sont d'un vert particulièrement vif. C'est, apprendrais-je plus tard, parce que les minuscules organismes qui, généralement, couvrent leur surface et ternissent leur couleur ont ici disparu. Plus nous nous approchions des évents, moins nous rencontrions d'échantillons à collecter. Le nombre des oursins diminuait, de même que celui des moules et des cirripèdes. Maria Cristina Buia trouva quelques malheureuses patelles attachées à la falaise. Leur coquille était tellement détériorée qu'elle était devenue presque transparente. Un essaim de méduses passa à côté de nous, légèrement plus claires que la mer.

« Attention, me fit signe Hall-Spencer, elles sont urticantes. »

Depuis le début de la révolution industrielle, la quantité de combustibles fossiles (charbon, pétrole et gaz naturel) brûlés par l'homme a ajouté quelque 365 milliards de tonnes de carbone à l'atmosphère. La déforestation en a fourni 180 milliards de tonnes supplémentaires. Chaque année, nous en rejetons dans l'air environ 9 milliards de plus, une quantité qui s'accroît de 6 % annuellement, ce qui est énorme. Il en résulte que la concentration de gaz carbonique dans l'air aujourd'hui (un peu plus de 400 parties par million) est plus élevée qu'elle ne l'a jamais été au cours des 800 000 dernières années, et même très probablement au cours des derniers millions d'années. Si la tendance actuelle se maintient, la concentration de CO_2 dépassera, en 2050, 500 parties par million, soit environ le double de son niveau à la période préindustrielle. On s'attend à ce que cet accroissement conduise à une élévation de la température moyenne sur la planète de 2 à 4 degrés centigrades, ce qui déclenchera toute une série d'événements modifiant la géographie du globe, par exemple la disparition de la plupart des glaciers restants, l'inondation des villes côtières et des îles dont le relief dépasse peu le niveau de la mer, ainsi que la fonte de la calotte polaire arctique. Mais ces événements ne représentent que la moitié de l'histoire en train de s'écrire.

Les océans couvrent 70 % de la surface de la Terre, et partout où l'eau et l'air entrent en contact, des échanges se produisent. Les gaz de l'atmosphère sont absorbés par l'océan, et les gaz dissous dans l'océan sont libérés dans l'atmosphère. Lorsque les deux phénomènes sont à l'équilibre, les quantités absorbées sont *grosso modo* identiques à celles qui sont libérées. Si l'on change la composition de l'atmosphère, comme nous sommes en train de le faire, l'échange se déséquilibre : la quantité de gaz carbonique entrant dans l'eau devient supérieure à celle qui s'en dégage. Autrement dit, l'homme ajoute sans cesse du CO_2 à l'eau des océans, à la manière des évents évoqués plus haut, mais cet ajout s'effectue depuis le haut et non plus par le bas, et ce à l'échelle de la planète. En 2014, les océans ont absorbé 2,5 milliards de tonnes de carbone, et, en 2015, on s'attend à ce qu'ils en absorbent encore 2,5 milliards de tonnes. Chaque jour, chaque citoyen américain injecte, en fait, un peu plus de 3 kilos de carbone dans la mer.

En raison de cette accumulation de CO_2 dans les océans, le pH de leurs eaux de surface a déjà baissé, passant d'une moyenne de 8,2 à 8,1. De même que l'échelle de Richter (pour les séismes), l'échelle des pH est logarithmique, de sorte qu'une minuscule variation numérique représente un très grand changement dans l'environnement. La diminution de 0,1 point de pH signifie que les océans sont maintenant 30 % plus acides qu'ils ne l'étaient en 1800. En admettant que l'homme continue à brûler des combustibles fossiles, les océans continueront à absorber du gaz carbonique et à s'acidifier de plus en plus. Si les émissions de CO_2 restent inchangées (scénario du « on continue comme d'habitude »), le pH de la surface des océans descendra à 8,0 d'ici le milieu de ce siècle et à 7,8 à la fin de celui-ci. À ce stade, les océans seront 150 % plus acides qu'ils ne l'étaient au début de la révolution industrielle*.

* L'échelle des pH va de 0 à 14. Un pH de 7 est neutre ; tout pH au-dessus de 7 est basique, et tout pH en dessous de 7 est acide. Le pH de la mer est naturellement

En raison du CO_2 déversé par les évents, les eaux autour de Castello Aragonese fournissent un aperçu, une « avant-première » presque parfaite, de ce qui attend de façon générale les océans. C'est la raison pour laquelle j'ai effectué, en combinaison de plongée, le tour de cette île en plein mois de janvier, m'engourdissant progressivement à cause du froid. Il est là possible de nager aujourd'hui dans les eaux de demain (« et même de s'y noyer », pensai-je lors d'un moment d'affolement).

Le temps de retourner au port d'Ischia, le vent se leva. Sur le pont du bateau le désordre régnait : bouteilles de plongée vides, combinaisons qui s'égouttaient, casiers pleins d'échantillons. Une fois tout ce matériel déchargé, il fallut le transporter par les rues étroites et le monter jusqu'à

Castello Aragonese.

basique ; aussi, lorsqu'on évoque la chute actuelle de ce pH, le processus qu'on appelle généralement l'« acidification des océans » pourrait être appelé le « déclin de l'alcalinité des océans », mais cela sonne moins bien. *[N.d.A.]*

la station de biologie marine locale, située sur un promontoire escarpé dominant la mer. La station a été fondée au XIXe siècle par un naturaliste allemand du nom d'Anton Dohrn. Je remarquai, affichée sur le mur dans le hall d'entrée, une copie d'une lettre de Charles Darwin adressée à Dohrn en 1874. Le grand biologiste britannique y exprimait son regret d'apprendre, par le biais d'un ami commun, que Dohrn était surchargé de travail.

Installés dans des bacs au sein d'un laboratoire en sous-sol, les animaux que les deux biologistes avaient collectés autour de Castello Aragonese semblaient à première vue inertes (à mon œil inexpérimenté, ils pouvaient même passer pour morts). Pourtant, au bout d'un moment, ils se mirent à agiter leurs tentacules pour rechercher de la nourriture. Il y avait une étoile de mer, amputée d'un bras, un morceau de corail assez grand et mince, ainsi que quelques oursins qui mouvaient leur test au moyen de dizaines de pieds ambulacraires filamenteux. (Chaque pied ambulacraire est mû par la force hydraulique, s'étirant ou se rétractant en réponse à la pression de l'eau.) Il y avait aussi une holothurie (ou concombre de mer) de 15 centimètres de long qui présentait une malheureuse ressemblance avec un boudin, ou pis, un étron. Là, dans ce laboratoire froid, on pouvait clairement observer l'effet destructeur des évents sur les animaux marins recueillis dans leur voisinage. *Osilinus turbinatus* est un coquillage, de la classe des gastéropodes (escargots), très répandu en Méditerranée, caractérisé par une coquille sur laquelle des taches quadrangulaires alternativement blanches et noires dessinent un motif évoquant une peau de serpent. Le spécimen présent dans le bac était dépourvu de tout motif ; la couche externe côtelée de sa coquille avait été rongée, laissant apparaître la couche lisse et entièrement blanche qui se trouve en dessous. La patelle *Patella caerulea* a la forme d'un chapeau chinois. Sur plusieurs des spécimens collectés, la coquille présentait de profondes lésions, au travers desquelles on pouvait apercevoir le corps mou couleur mastic du coquillage. On aurait dit que ces animaux avaient été trempés dans de l'acide, ce qui, d'une certaine façon, était bien ce qui leur était arrivé.

« Dans la mesure où le pH du sang est quelque chose d'extrêmement important chez l'homme, nous dépensons une grande quantité d'énergie pour le maintenir constant, m'expliqua Hall-Spencer en haussant la voix pour couvrir le bruit de l'eau déversée en continu dans les bacs. Cependant, certains de ces organismes inférieurs n'ont pas la capacité physiologique de faire la même chose. Ces animaux sont obligés de subir ce qui se passe dans l'environnement autour d'eux, et ils se trouvent ainsi poussés au-delà de leurs limites. »

Plus tard, tandis que nous mangions une pizza, Hall-Spencer me raconta sa première plongée au-dessus des évents. C'était à l'été 2002, alors qu'il travaillait sur un vaisseau de recherche scientifique italien, l'*Urania*. Un jour qu'il faisait très chaud et que l'*Urania* passait près de l'île d'Ischia, l'équipage décida de jeter l'ancre et d'aller nager. Certains des scientifiques italiens qui connaissaient les évents emmenèrent Hall-Spencer les voir, pour s'amuser. Il prit grand plaisir au caractère original de l'expérience : nager au milieu des bulles, c'est un peu comme se baigner dans du champagne ; mais au-delà de son aspect ludique, cette expérience le fit réfléchir.

À cette époque, les spécialistes de biologie marine commençaient tout juste à prendre conscience des risques posés par l'acidification. On avait déjà fait des calculs, dont les résultats étaient préoccupants, et quelques expériences préliminaires avaient été réalisées sur des animaux élevés en laboratoire. Il vint à l'esprit de Hall-Spencer qu'on pourrait utiliser les évents pour une nouvelle sorte d'étude, plus ambitieuse. On ne disposerait plus seulement de quelques espèces élevées en aquariums, mais de dizaines d'entre elles, vivant et se reproduisant dans leur milieu naturel (ou, si vous préférez, leur milieu naturellement pas naturel).

À Castello Aragonese, les évents déterminent un gradient de pH. Sur la côte est de l'île, les eaux ne sont pratiquement pas affectées. On pourrait peut-être dire de cette zone qu'elle est comparable à la Méditerranée telle qu'elle se présente aujourd'hui. À mesure que l'on se rapproche des évents, l'acidité de l'eau s'accroît, et le pH décline. Hall-Spencer se dit que si l'on cartographiait en ce lieu la distribution des êtres vivants en fonction du gradient, on obtiendrait une préfiguration de ce qui attend les océans du monde entier. Ce serait comme de disposer d'une machine à explorer le temps sous-marine.

Hall-Spencer dut attendre deux ans avant de pouvoir revenir à Ischia. Il n'avait, à ce moment-là, pas encore obtenu de financement pour son projet de recherche, et il eut donc des difficultés à être pris au sérieux. Il n'avait alors pas les moyens de s'offrir une chambre d'hôtel et dut camper sur une corniche dans les falaises. Pour collecter des échantillons, il se servait de bouteilles en plastique vides abandonnées. « Je me débrouillais un peu à la Robinson Crusoé », se rappelle-t-il.

Finalement, il réussit à convaincre suffisamment de personnes (dont Maria Cristina Buia) qu'il était sur la piste de quelque chose d'intéressant. Leur premier travail fut de réaliser une étude détaillée des niveaux de pH autour de l'île. Ils effectuèrent ensuite le recensement de tous les organismes vivants dans chacune des différentes zones de pH, ce qui consista à disposer des cadres métalliques le long du rivage et à enregistrer, à l'intérieur de ceux-ci, le nombre des moules, cirripèdes et patelles attachés aux rochers. Cette opération leur demanda également de rester des heures d'affilée assis sous l'eau à compter les poissons qui passaient.

Dans les eaux se situant loin des évents, Hall-Spencer et ses collègues trouvèrent une collection d'espèces méditerranéennes tout à fait typique. Elle comprenait : *Agelas oroïdes*, une éponge qui ressemble un peu à de la mousse d'isolation ; *Sarpa salpa*, un poisson appelé « saupe » qui est mangé par les Méditerranéens mais qui peut provoquer des hallucinations ; et *Arbacia lixula*, un oursin de couleur noire. Parmi les autres organismes vivant dans la zone, il y avait aussi *Amphiroa rigida*, une algue rosâtre hérissée de pointes, et *Halimeda tuna*, une algue verte qui se présente sous la forme d'une guirlande de petits disques reliés les uns aux autres. (Le recensement avait été limité aux organismes assez grands pour être observables à l'œil nu.) Dans cette zone dépourvue d'évents, soixante-neuf espèces d'animaux et cinquante et une de végétaux furent dénombrées.

Lorsque Hall-Spencer et son équipe installèrent leurs cadres métalliques plus près des évents, ils obtinrent des chiffres très différents des précédents[1]. La balane commune, *Balanus perforatus*, est un cirripède grisâtre ressemblant à un minuscule volcan. Elle est répandue et très abondante depuis l'Afrique de l'Ouest jusqu'au pays de Galles. Dans la zone de pH 7,8, qui correspond au pH qu'auront les mers dans un avenir proche, elle a disparu. *Mytilus galloprovincialis*, une moule d'un bleu noir, indigène en Méditerranée, est tellement adaptable qu'elle s'est établie dans de nombreuses régions du monde en tant qu'espèce invasive. Elle aussi était absente de la zone acidifiée. Comme l'étaient également : *Corallina elongata* et *Corallina officinalis*, deux espèces d'algues rougeâtres rigides ; *Pomatoceros triqueter*, un ver annélide vivant dans un tube calcaire de section triangulaire ; trois espèces de coraux ; plusieurs espèces de gastéropodes ; et *Arca noae*, un mollusque bivalve communément appelé « arche de Noé ». En tout, un tiers des espèces observées dans la zone dépourvue d'évents avaient disparu dans la zone de pH 7,8.

« Malheureusement, le plus grand point de basculement, celui à partir duquel l'écosystème commence à s'effondrer, est le pH moyen de 7,8, lequel sera atteint en 2100, selon les projections », m'exposa Hall-Spencer de cette façon toute britannique de s'exprimer avec retenue. « Donc, c'est plutôt alarmant. »

Depuis la publication en 2008 du premier article de Hall-Spencer sur les phénomènes liés aux évents, l'intérêt pour l'acidification des océans et ses conséquences s'est considérablement accentué. Des programmes de recherches internationaux ont été lancés et financés, tels que les programmes BIOACID (Biological Impacts of Ocean Acidification) ou EPOCA (European Project on Ocean Acidification), et des centaines, voire des milliers d'expériences ont été entreprises. Ces dernières ont été menées soit à bord de bateaux, soit en laboratoire, soit dans des enclos appelés « mésocosmes », retenant un certain cubage d'océan naturel au sein duquel on peut faire varier toutes sortes de facteurs.

Les unes après les autres, ces expériences ont confirmé les risques liés à l'augmentation du taux de CO_2. Tandis que de nombreuses espèces s'en sortent apparemment bien, et même prospèrent au sein d'une eau de mer acidifiée, quantité d'autres en pâtissent. Certains des organismes dont on a montré qu'ils sont vulnérables à l'acidification, comme les poissons-clowns ou les huîtres du Pacifique, sont bien connus des aquariophiles ou des amateurs de fruits de mer ; d'autres ont des caractéristiques moins attrayantes (pour les yeux ou pour le palais), mais jouent probablement des rôles plus importants pour les écosystèmes marins. *Emiliania huxleyi*, par exemple, est un organisme unicellulaire microscopique du phytoplancton (un coccolithophore) qui protège son unique cellule par une couche de minuscules plaques de calcite. Vu sous fort grossissement, il ressemble à une sorte de création artisanale de fantaisie : un ballon de football couvert de boutons. Il est tellement répandu à certaines périodes de l'année qu'il donne à de vastes surfaces de l'océan une couleur laiteuse et qu'il est à la base de nombreuses chaînes alimentaires. *Limacina helicina* est une espèce de ptéropode, ou « papillon de mer », qui ressemble à un escargot muni de deux ailes. Il vit dans la région arctique et constitue une importante source de nourriture pour de nombreux animaux beaucoup plus gros que lui, tels que le hareng, le saumon et les baleines. Ces deux espèces (*Emiliania huxleyi* et *Limacina helicina*) paraissent être extrêmement sensibles à l'acidification : dans une expérience réalisée en mésocosme, *Emiliania huxleyi* a complètement disparu de l'enclos lorsqu'on a fait monter le taux de CO_2[2].

Ulf Riebesell est un biologiste océanographe qui travaille au Centre de recherche sur les océans Helmholtz-GEOMAR de Kiel, en Allemagne. Il a dirigé plusieurs grandes études sur l'acidification des océans, au large des côtes de la Norvège, de la Finlande et du Svalbard. Il a découvert que les groupes d'organismes qui s'en sortent le mieux dans les eaux acidifiées sont des organismes planctoniques tellement minuscules (moins de 2 microns de longueur) qu'ils forment leurs propres chaînes alimentaires microscopiques. Lorsque ses effectifs augmentent, ce picoplancton, comme on l'appelle, consomme davantage de substances nutritives, au détriment des organismes plus grands.

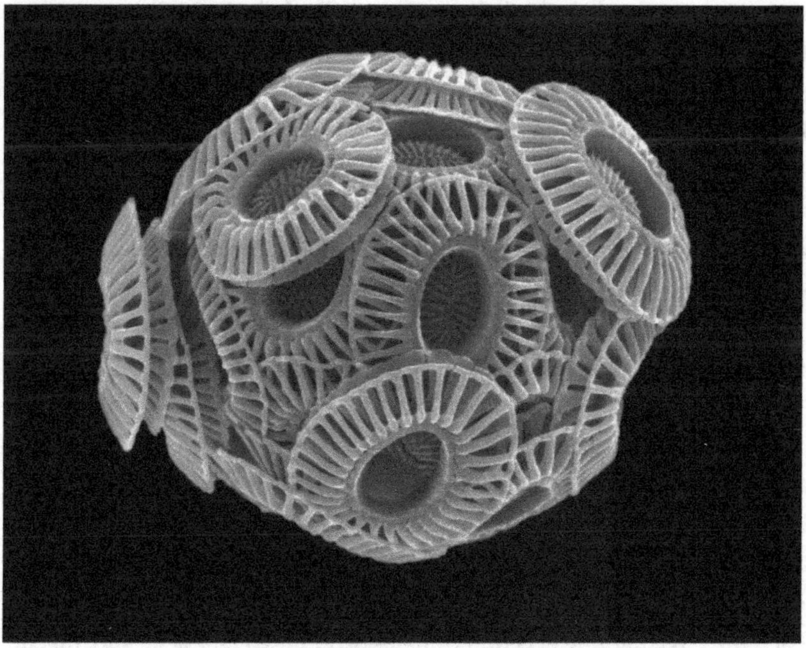

Le coccolithophore *Emiliania huxleyi*.

« Si vous me demandez ce qui va se passer dans l'avenir, je pense que, selon les meilleures preuves dont nous disposons, s'opérera une réduction de la biodiversité, me dit Riebesell. Certains organismes extrêmement tolérants vont devenir plus abondants, mais la diversité va globalement chuter. C'est ce qui s'est passé à toutes les époques d'extinctions de masse majeures. »

On dit quelquefois de l'acidification des océans qu'elle est le phénomène jumeau, « également funeste », du réchauffement climatique, ce qui est vrai dans une relative mesure, d'ailleurs peut-être pas si relative que cela, en ce qui concerne leur « égalité dans la malfaisance ». En effet, s'il est exact qu'on ne peut pas trouver de mécanisme unique expliquant toutes les extinctions de masse enregistrées dans les archives géologiques, le changement dans la composition chimique des océans semble être un facteur explicatif pouvant être invoqué dans de nombreux cas. L'acidification des océans a joué un rôle dans au moins deux des cinq grandes extinctions (celle de la fin du Permien et celle de la fin du Trias), et il est tout à fait possible qu'elle ait été un facteur majeur dans la troisième, celle de la fin du Crétacé. Il existe aussi de fortes preuves indiquant que l'acidification des océans est intervenue lors d'une extinction que l'on appelle « la crise du Toarcien » qui s'est produite il y a 183 millions d'années, au Jurassique inférieur ; des preuves similaires ont également été trouvées à la fin du Paléocène, il y a 55 millions d'années, lorsque plusieurs types d'organismes marins ont subi des pertes majeures[3].

« Ah, l'acidification des océans, m'avait prévenue Zalasiewicz à Dob's Linn. C'est un immense sale coup en préparation. »

Pourquoi l'acidification des océans est-elle si dangereuse ? Il est difficile de répondre à cette question, ne serait-ce que parce que la liste des raisons en est très longue. Selon que les organismes sont capables ou non de réguler de façon stricte leurs mécanismes chimiques internes, l'acidification peut affecter des processus fondamentaux tels que le métabolisme, l'activité enzymatique et la fonction des protéines. Dans la mesure où elle changera la composition des communautés microbiennes, elle altérera la disponibilité de substances nutritives cruciales, comme le fer ou l'azote. Pour des raisons semblables, elle modifiera la quantité de lumière traversant l'eau, et pour des raisons quelque peu différentes, elle changera la façon dont les sons se propagent. (En général, on s'attend à ce que l'acidification rende les mers plus bruyantes.) Il semble vraisemblable qu'elle favorisera la multiplication des algues toxiques. Elle affectera la photosynthèse (de nombreuses espèces de plantes sont susceptibles de bénéficier de l'élévation des taux de CO_2) et elle altérera les composés formés par les métaux dissous, les rendant, dans certains cas, toxiques.

Parmi la myriade des conséquences possibles de l'acidification, la plus importante est probablement celle qui concerne un groupe d'organismes appelés « organismes biocalcifiants ». (Ce terme s'applique à tout organisme construisant, à partir du carbonate de calcium minéral, une coquille ou un squelette externe, ou, dans le cas des plantes, une sorte d'échafaudage interne.) Les organismes biocalcifiants qui vivent dans la mer sont extrêmement variés. Ils comprennent les échinodermes, comme les étoiles de mer et les oursins ; les mollusques, comme les huîtres et les palourdes ; les cirripèdes, qui sont des crustacés. Beaucoup d'espèces de coraux sont des organismes biocalcifiants ; c'est de cette façon qu'ils peuvent construire ces structures imposantes que sont les récifs. De nombreuses sortes d'algues sont également des organismes biocalcifiants ; dans ce cas, elles paraissent souvent rigides ou cassantes au toucher. Appartiennent aussi à cette catégorie les algues de la famille des Corallinacées (de minuscules organismes qui croissent en colonies évoquant des pâtés de peinture rose), ainsi que les brachiopodes, les coccolithophores, les foraminifères et de nombreuses sortes de ptéropodes. On pourrait encore considérablement allonger cette liste. On a estimé que la biocalcification est une caractéristique qui est apparue indépendamment au moins une vingtaine de fois dans l'évolution, depuis le début de l'histoire des êtres vivants : il est en effet tout à fait possible que ce nombre soit encore plus élevé[4].

Du point de vue d'un observateur humain, la biocalcification ressemble un peu au travail de construction d'une maison, ou à l'alchimie. Pour construire leur coquille, ou leur exosquelette, ou leurs plaques de calcite, les organismes biocalcifiants doivent obligatoirement unir des ions calcium (Ca^{2+}) à des ions carbonate (CO_3^{2-}) pour former du carbonate de calcium ($CaCO_3$). Cependant, en raison des concentrations qui existent dans l'eau de mer ordinaire, les ions carbonate et calcium ne se combinent pas. Il faut donc, au niveau des sites où doit se réaliser la biocalcification, que les organismes modifient la chimie de l'eau et imposent, de fait, une chimie de leur cru.

L'acidification des océans accroît, en premier lieu, le coût de la biocalcification, en réduisant le nombre d'ions carbonate disponibles. Pour reprendre la métaphore de la construction d'une maison, c'est comme si quelqu'un dérobait sans cesse vos moellons tandis que vous êtes en train de travailler. Plus l'eau est acidifiée, plus grande est l'énergie requise pour accomplir les étapes du processus de biocalcification. À partir d'un certain point, l'eau devient carrément corrosive et le carbonate de calcium, qui est un matériau dur, commence à se dissoudre. C'est pourquoi les patelles qui s'aventurent trop près des évents, à Castello Aragonese, finissent par avoir des trous dans leur coquille.

Les expériences en laboratoire ont indiqué que les organismes biocalcifiants seront frappés durement par la chute du pH de l'océan, et la liste des espèces disparues à Castello Aragonese confirme cette observation. Dans la zone où le pH est à 7,8, les trois quarts des espèces manquantes sont des organismes biocalcifiants[5]. Parmi elles figurent : un cirripède que l'on trouve normalement quasiment partout, la balane commune, *Balanus perforatus* ; la moule vivace, *Mytilus galloprovincialis* ; et le ver annélide habitant un tube de section triangulaire, *Pomatoceros triqueter*. On peut aussi citer : la lime écailleuse, *Lima lima*, un bivalve très répandu ; la troque jujube striée, *Jujubinus striatus*, un gastéropode de couleur chocolat ; et le grand vermet, *Serpulorbis arenaria*, un gastéropode vivant dans une coquille en forme de tube. De leur côté, les algues biocalcifiantes sont, elles aussi, complètement absentes.

Selon les géologues qui travaillent dans le secteur de Castello Aragonese, les évents y émettent du gaz carbonique depuis au moins plusieurs centaines d'années, peut-être plus. On peut supposer que si des espèces de moules, ou de cirripèdes, ou d'annélides tubicoles, avaient été capables, au cours de plusieurs siècles, de s'adapter à un pH abaissé, elles l'auraient fait. « Elles ont eu des générations et des générations pour survivre dans ces conditions, et pourtant, elles sont introuvables », fit remarquer Hall-Spencer.

Lorsque le pH va diminuant, les choses empirent pour les organismes biocalcifiants. Tout près des évents, là où les bulles de CO_2 jaillissent en flots denses et continus, Hall-Spencer a observé qu'ils en sont complètement absents. En fait, tout ce qui reste dans ce secteur (l'équivalent sous-marin d'un terrain vague) consiste en quelques espèces d'algues indigènes vivaces, une poignée d'espèces d'algues invasives, une espèce de crevette, une éponge et deux espèces de gastéropodes appelés « limaces de mer ».

« On ne trouve, et c'est une règle absolument générale, aucun organisme biocalcifiant dans le secteur où jaillissent les bulles, m'expliqua-t-il. Dans un port pollué, il ne reste, en général, que quelques espèces comparables à des mauvaises herbes et capables d'affronter des conditions de milieu extrêmement fluctuantes, n'est-ce pas ? Eh bien, c'est la même chose lorsqu'on remonte le gradient de CO_2. »

Sur la totalité du gaz carbonique que l'homme a rejeté dans l'air jusqu'ici, un tiers environ a été absorbé par les océans. Cela correspond à 150 milliards de tonnes, un chiffre stupéfiant[6]. Cependant, comme c'est le cas pour la plupart des caractéristiques de l'Anthropocène, ce n'est pas seulement l'ampleur du phénomène qui importe, mais également sa rapidité. On peut faire une comparaison intéressante (bien qu'imparfaite, évidemment) avec la consommation d'alcool. Tout comme les paramètres chimiques de votre sang ne seront pas affectés de la même façon selon que vous consommez un pack de six bières en un mois ou en une heure, les caractéristiques chimiques du milieu marin ne seront pas altérées de la même façon selon que le gaz carbonique y sera ajouté en un million ou en une centaine d'années. Pour les océans, de même que pour le foie d'un homme, tout dépend de la vitesse à laquelle afflue un composé chimique donné.

Si nous rejetions le CO_2 dans l'air beaucoup plus lentement, des processus géophysiques tels que l'érosion des roches seraient capables de contrer l'acidification. Dans les conditions actuelles, les rejets de gaz carbonique se produisent à un rythme beaucoup trop rapide pour que des phénomènes de ce genre se déroulant très lentement puissent y faire face. Comme l'a remarqué jadis Rachel Carson*, faisant allusion à un problème tout à la fois différent et profondément similaire : « Car le temps est l'ingrédient essentiel ; mais, dans le monde moderne, il n'y a pas de temps[7]. »

* Rachel Carson (1907-1964) était une célèbre biologiste américaine, qui a lancé le mouvement écologiste aux États-Unis et dans le monde, en publiant en 1962 son livre majeur, *Printemps silencieux*, dénonçant l'effet destructeur du DDT et des autres pesticides sur les populations d'oiseaux.

Un groupe de scientifiques, dirigé par Bärbel Hönisch, du Lamont-Doherty Earth Observatory, a récemment passé en revue les preuves du changement du taux de CO_2 dans les temps géologiques et a conclu que, même s'il existe plusieurs épisodes sévères d'acidification océanique dans les archives géologiques, « aucun événement du passé ne rivalise parfaitement » avec ce qui est en train de se dérouler actuellement, « en raison de la vitesse sans précédent à laquelle s'effectuent actuellement les rejets de CO_2 ». Il apparaît qu'il n'y a tout simplement pas de multiples façons d'injecter très rapidement des milliards de tonnes de carbone dans l'atmosphère. La meilleure explication qu'on ait fournie pour l'extinction de masse de la fin du Permien consiste en une phase d'intense volcanisme dans une aire géographique correspondant à la Sibérie. Cependant, même cet événement spectaculaire, qui fut à l'origine de la formation géologique appelée « trapps de Sibérie », a probablement rejeté, sur une base annuelle, moins de carbone que nos autos, usines et centrales thermiques[8].

En brûlant la totalité du charbon et du pétrole accumulés dans les couches géologiques, l'homme renvoie dans l'atmosphère le carbone qui y était séquestré depuis des dizaines (des centaines, le plus souvent) de millions d'années. Ce faisant, il fait tourner l'histoire géologique non seulement à l'envers, mais aussi à une vitesse aberrante.

« C'est la vitesse du rejet du CO_2 qui rend la "grande expérience géophysique" actuelle tellement inhabituelle d'un point de vue géologique, à un degré probablement sans précédent dans l'histoire de la Terre[9] », soulignent Lee Kump, géologue à l'université d'État de Pennsylvanie, et Andy Ridgwell, spécialiste de la modélisation du climat à l'université de Bristol. Si l'on continue sur cette voie pendant longtemps, concluent les deux scientifiques, « l'Anthropocène marquera vraisemblablement les archives géologiques et biotiques comme l'un des événements les plus notables, voire les plus cataclysmiques, de l'histoire de notre planète ».

Chapitre 7

Déversement d'acide

Acropora millepora

Aux antipodes de Castello Aragonese, l'île appelée One Tree Island se trouve à la pointe la plus méridionale de la Grande Barrière de corail, à environ 80 kilomètres au large de la côte australienne. Contrairement à ce que laisse augurer son nom, il n'y a pas qu'un seul arbre sur l'île, ce qui fut pour moi une surprise lorsque je débarquai, car je m'attendais à voir (comme dans un dessin humoristique, je suppose) un seul et unique palmier se dressant au-dessus d'une plage de sable blanc. Je découvris en revanche qu'il n'y avait pas de sable. Le sol, sur la totalité de l'île, est formé par des débris de corail, dont les tailles varient de celle de petites billes à celle d'énormes blocs. À l'image du corail vivant dont ils faisaient jadis partie, ils se présentent sous des dizaines de formes différentes. Certains sont courts et cylindriques, en forme de doigts, d'autres rappellent la forme des candélabres, d'autres encore, des andouillers de cerf, des assiettes ou bien des sections de cerveau. On pense que One Tree Island s'est formée lors d'une tempête particulièrement violente, survenue il y a environ quatre mille ans. (Un géologue qui a étudié le site m'a lancé : « Vous n'auriez pas aimé être là lorsque c'est arrivé. ») L'île continue à changer de forme : une tempête qui l'a frappée en mars 2009 (le cyclone Hamish) a ajouté une crête le long de sa côte est.

One Tree Island pourrait être qualifiée de déserte, si ce n'est qu'y est installée une minuscule station de recherche dépendant de l'université de Sydney. Pour l'atteindre, j'ai fait comme à peu près tous ceux qui s'y rendent : je suis partie d'une autre île, légèrement plus grande, située à environ 20 kilomètres de là. (Cette dernière est appelée Heron Island, ce qui est, là encore, un nom inapproprié, car on n'y trouve aucun héron.) Lorsque nous avons accosté (en réalité, nous avons mouillé, car il n'y a pas de quais sur One Tree Island), une tortue caouanne était en train de sortir de l'eau, s'efforçant de se traîner sur le rivage. Elle mesurait presque 1,20 mètre de long et sa carapace, qui présentait une grande zébrure, était couverte de cirripèdes qui semblaient y être accrochés de longue date. Les nouvelles circulent vite sur une île quasi déserte, et bientôt, la totalité de la population humaine de One Tree Island (douze personnes, moi comprise) s'était rassemblée pour voir le spectacle. Les tortues de mer pondent leurs œufs généralement la nuit, sur des plages de sable ; nous étions en plein jour, et la tortue se tenait sur un sol irrégulier formé de débris de corail. Elle essayait de creuser un trou avec ses nageoires postérieures. Après beaucoup d'effort, elle obtint une dépression peu profonde. L'une de ses nageoires saignait. Elle se traîna péniblement un peu plus haut sur le rivage et renouvela l'essai, avec un résultat comparable. Elle y travaillait encore une heure et demie plus tard lorsque je dus me rendre à une séance d'instructions sur la sécurité, dispensée par le directeur administratif de la station, Russell Graham. Il m'avertit de ne pas nager à marée descendante, sous peine de risquer d'« être emportée jusqu'aux îles Fidji ». (J'allais entendre cette expression de nombreuses fois durant mon séjour, bien que les avis discordent sur le fait de savoir si le courant marin se dirigeait vers les îles Fidji ou, en réalité, s'en éloignait.) J'écoutai encore d'autres avertissements : la morsure de la pieuvre à anneaux bleus est généralement mortelle ; la piqûre du poisson-pierre ne l'est pas, mais elle est tellement douloureuse que vous souhaiteriez qu'elle le fût. Après quoi, je revins voir comment allait la tortue. Apparemment, elle avait abandonné et regagné la mer en rampant.

Vue aérienne de One Tree Island et du récif qui l'entoure.

La station de recherche de One Tree Island est réduite au strict minimum. Elle consiste en deux laboratoires de fortune, deux cabanes et des toilettes extérieures avec système de compostage. Les cabanes sont directement posées sur le sol constitué de débris de corail et n'ont pratiquement pas de plancher, de sorte qu'on a l'impression, à l'intérieur, de se trouver à l'extérieur. Des équipes de scientifiques du monde entier s'y relayent pour des stages de quelques jours à quelques mois. À un moment donné, quelqu'un a dû décider que chaque équipe devrait laisser sur les murs des cabanes un message illustrant son séjour. L'une des inscriptions, faite au marqueur à pointe de feutre, affirmait : « Objectif principal atteint en 2004. » D'autres indiquaient :

L'équipe des crabes : des pinces pour la bonne cause – 2005
Vie sexuelle des coraux – 2008
L'équipe de la fluorescence – 2009

L'équipe israélo-américaine qui séjournait dans la station de recherche quand j'y suis arrivée était déjà venue précédemment sur l'île. L'inscription laissée lors de son premier stage, « Déversement d'acide sur les coraux », était accompagnée du dessin d'une seringue d'où s'égouttait sur un globe un liquide ressemblant à du sang. Le groupe avait écrit un second message, lors d'un nouveau séjour, se référant au site où il menait actuellement ses recherches, une parcelle du récif appelée DK-13. Celle-ci est très éloignée de la station de recherche, à tel point que si l'on voulait s'y faire entendre des scientifiques travaillant dans les laboratoires ou présents dans les cabanes, on aurait à peu près autant de chances d'y parvenir que si DK-13 s'était trouvée sur la Lune.

L'inscription sur le mur est la suivante : « DK-13 : personne ne vous entendra crier. »

Le capitaine James Cook fut le premier Européen à aborder la Grande Barrière de corail. Au printemps 1770, il naviguait le long de la côte est de l'Australie, lorsque son vaisseau, l'*Endeavour*, heurta un pan de récif situé à une cinquantaine de kilomètres au sud-est de la ville actuellement appelée (et ce n'est pas par hasard) Cooktown. Tout ce qui n'était pas absolument nécessaire à la navigation, y compris le canon du navire, fut jeté par-dessus bord, et l'*Endeavour*, malgré l'eau qui l'envahissait, réussit à s'échouer tant bien que mal sur le rivage où l'équipage occupa les deux mois suivants à réparer la coque. Cook se montra déconcerté par ce qu'il décrivit comme « un mur de roches coralliennes s'élevant presque à la verticale depuis le fond insondable de l'océan[1] ». Il comprit que le récif avait une origine biologique, qu'il « avait été formé dans la mer par des animaux ». « Mais comment donc, se demanderait-il plus tard, avait-il pu atteindre pareille hauteur[2] ? »

La question de savoir comment les récifs s'édifient demeurait sans réponse soixante ans plus tard, lorsque Lyell se mit à écrire ses *Principes*. Bien qu'il n'eût jamais vu de récifs, ceux-ci le fascinaient, et il consacra une partie de son deuxième tome à spéculer sur leur formation. Sa théorie, selon laquelle les récifs se développent à partir des bords de volcans sous-marins éteints, était, en fait, plus ou moins empruntée à un naturaliste russe, Johann Friedrich von Eschscholtz[3]. (Avant que l'atoll de Bikini ne soit ainsi nommé, il était appelé, mais c'était moins attrayant, l'« atoll d'Eschscholtz ».)

Lorsque vint son tour d'expliquer la formation des récifs, Darwin eut l'avantage d'en avoir réellement observé quelques-uns. En novembre 1835, le *Beagle* mouilla au large de Tahiti. Le biologiste britannique grimpa sur l'un des points les plus élevés de l'île, et, de là, il put contempler l'île voisine de Moorea. Celle-ci, remarqua-t-il, était encerclée à petite distance par un récif, de la même façon qu'un cadre entourant une gravure est séparé de celle-ci par un petit espace vide.

« Je suis content que nous ayons visité ces îles », écrivit Darwin dans son journal, car les récifs de corail « se rangent très haut dans l'échelle des merveilles de ce monde ». Tandis qu'il regardait, depuis son pic, Moorea et le récif l'encerclant, il essaya de se représenter ce qui se passerait dans l'avenir ; si l'île devait continuer à s'enfoncer, le récif de Moorea deviendrait un atoll. Lorsque Darwin rentra à Londres et expliqua sa théorie de la subsidence à Lyell, celui-ci fut favorablement impressionné, mais estima qu'elle allait se heurter à des résistances de la part des autres géologues. « Ne croyez pas que votre théorie sera admise avant que vous ne soyez aussi chauve que moi », prévint-il.

En fait, on continua à débattre de la théorie de Darwin (qui fut au cœur de son livre de 1842, *Structure et répartition des récifs coralliens*) jusque dans les années 1950, époque à laquelle l'US Navy arriva aux îles Marshall, avec le projet d'en anéantir certaines. Lors de la préparation des essais de la bombe H, la Navy réalisa une série de sondages géologiques en prélevant des « carottes » sur un atoll appelé Enewetak. Comme a pu le dire l'un des biographes de Darwin, ces carottes prouvèrent que sa théorie était « incroyablement exacte[4] », au moins dans ses grandes lignes.

La formule de Darwin, qui qualifia les récifs de « merveilles de ce monde », est également toujours valable. En fait, plus les connaissances sur les récifs progressaient, plus ces derniers paraissaient merveilleux. Les récifs présentent un paradoxe intrinsèque : ce sont des digues extrêmement dures, sur lesquelles peuvent se briser les bateaux, mais elles sont pourtant construites par de minuscules organismes gélatineux. Ceux-ci relèvent en partie du règne animal, en partie du règne végétal et en partie du règne minéral. Ils grouillent de vie, et sont cependant principalement constitués par des restes d'animaux morts.

Des polypes coralliens.

Tout comme les oursins, les étoiles de mer, les palourdes, les huîtres et les cirripèdes, les coraux bâtisseurs de récifs ont maîtrisé l'alchimie de la biocalcification. Ils se distinguent des autres organismes biocalcifiants par le fait qu'ils ne travaillent pas individuellement, pour fabriquer, disons, une coquille ou des plaques de calcite, mais œuvrent en commun à la construction de vastes réalisations collectives au cours des générations successives. Chaque individu, peu flatteusement désigné sous le nom de « polype », apporte sa contribution à l'exosquelette collectif de sa colonie. Sur un récif donné, des milliards de polypes, appartenant à pas moins d'une centaine d'espèces différentes, se consacrent tous à cette même tâche fondamentale. Au fil du temps, sur des durées suffisamment longues (et dans des conditions adéquates), le résultat constitue un autre paradoxe : une construction monumentale vivante. La Grande Barrière de corail s'étend (avec des ruptures de continuité) sur plus de 2 500 kilomètres et, en certains endroits, elle présente une épaisseur de 150 mètres. Comparées aux récifs, les pyramides de Gizeh semblent avoir été édifiées par des enfants.

On pourrait, dans une certaine mesure, comparer les coraux à l'homme, puisque, comme lui, ils changent le monde (par le biais d'énormes constructions dont la réalisation s'opère sur de nombreuses générations), mais il existe en la matière une différence cruciale entre eux. Au lieu de supplanter les autres organismes, ils les font vivre. Des milliers (peut-être des millions) d'espèces sont apparues au cours de l'évolution en bénéficiant des avantages procurés par les récifs, soit directement sous forme de nourriture ou de protection, soit indirectement, en prenant pour proies précisément ces espèces venant chercher dans les récifs nourriture ou protection. Ce phénomène coévolutif dure depuis de nombreuses époques géologiques. Les chercheurs pensent maintenant qu'il ne survivra pas à l'Anthropocène. Trois scientifiques britanniques ont récemment déclaré : « Il est vraisemblable que les récifs seront les premiers écosystèmes majeurs de l'ère moderne à s'éteindre pour des raisons écologiques[5]. » Certains prédisent que les récifs existeront jusqu'à la fin du siècle, d'autres, bien moins longtemps que cela. Dans un article publié par *Science*, l'ancien directeur de la station de recherche de One Tree Island, Ove Hoegh-Guldberg, a présagé que, si les tendances actuelles se maintiennent, les personnes qui visiteront la Grande Barrière de corail vers 2050 n'apercevront sur son emplacement que « des monceaux de débris en cours d'érosion rapide[6] ».

Je me suis retrouvée à One Tree Island plus ou moins par hasard. Originellement, j'avais projeté de séjourner sur Heron Island où se trouve une station de recherche plus grande et un hôtel touristique de luxe. Je devais y assister à la période de frai annuelle des coraux, et observer « une expérience majeure en matière d'acidification des océans » (c'est ainsi qu'on me l'avait présentée lors de diverses conversations que j'avais eues avec les scientifiques via Skype). Les chercheurs de l'université du Queensland étaient en train de construire un mésocosme complexe avec des parois de Plexiglas, dispositif qui permettrait de faire varier les taux de CO_2 sur un pan de récif, tout en autorisant les divers organismes inféodés à celui-ci d'y entrer ou d'en sortir. En changeant le pH du mésocosme et en mesurant les effets induits sur les coraux, ils seraient en mesure de faire des prédictions valables pour le récif entier. J'arrivai sur Heron Island à temps pour voir le frai des coraux (j'y reviendrai plus loin) ; en ce qui concernait l'expérience en question, sa réalisation avait pris beaucoup de retard et le mésocosme n'était pas encore construit. En lieu et place des phénomènes qui affecteraient le récif dans l'avenir, tout ce qu'il y avait à voir, c'était une bande d'étudiants anxieux, courbés sur leurs fers à souder au milieu du laboratoire.

Tandis que je me demandais ce que j'allais pouvoir faire ensuite, j'entendis parler d'une autre expérience sur les coraux et l'acidification des océans alors en cours sur One Tree Island, laquelle, à l'échelle de la Grande Barrière de corail, est à deux pas de Heron Island. Il n'y a pas de liaison régulière entre les deux îles, mais trois jours plus tard, je réussis à trouver un bateau qui m'y emmena.

Le directeur de l'équipe alors présente à One Tree Island était un scientifique de l'université Stanford spécialiste de l'atmosphère, Ken Caldeira. On lui attribue souvent l'invention de l'expression « acidification des océans ». Il s'était intéressé à cette question à la fin des années 1990, lorsque le département américain de l'Énergie l'avait recruté pour mener certaines recherches. Cette administration voulait savoir quelles seraient les conséquences de l'injection, au fond des océans, du gaz carbonique capturé à la sortie des cheminées. À ce moment-là, on n'avait pratiquement encore jamais fait de modélisation des effets des rejets de carbone sur les océans. Caldeira commença à effectuer des calculs sur la variation du pH des océans à la suite d'injection de CO_2 dans leurs profondeurs, puis compara ce résultat à celui découlant de l'absorption par les eaux marines de surface des rejets actuels de gaz carbonique dans l'atmosphère. En 2003, il soumit ses travaux à *Nature*. La rédaction de ce journal lui conseilla de laisser tomber la discussion sur l'injection de CO_2 dans les profondeurs, car les calculs concernant les rejets ordinaires de carbone dans l'atmosphère étaient par eux-mêmes saisissants. Caldeira publia donc, dans *Nature*, une partie de ses travaux, avec, en chapeau, la phrase suivante : « Dans les siècles à venir, l'acidification des océans pourrait être plus importante qu'elle ne l'a jamais été au cours des 300 derniers millions d'années[7]. »

« Si l'on continue ainsi sans rien changer, les choses vont se gâter dès le milieu de ce siècle », me dit-il, quelques heures après mon arrivée à One Tree Island. Nous étions assis à une table de pique-nique désarticulée devant la mer de Corail, d'un bleu à fendre le cœur. À l'arrière-plan, on entendait les cris stridents des sternes, qui constituent une importante (et tapageuse) population de l'île. Caldeira marqua une pause, puis reprit : « Je veux dire par là qu'elles sont déjà en train de se gâter. »

Caldeira, qui a dépassé la cinquantaine, a des cheveux châtains frisés et arbore un sourire d'enfant. Sa voix a tendance à monter à la fin de ses phrases, de sorte qu'il donne souvent l'impression de poser une question, alors qu'il n'en est rien. Avant de faire de la recherche scientifique, il travaillait à Wall Street, en tant que développeur de logiciels. Il avait parmi ses clients la Bourse de New York, pour qui il avait mis au point un programme informatique capable de détecter les délits d'initié. Le programme fonctionnait comme prévu, mais, au bout d'un certain temps, Caldeira eut l'impression que la Bourse ne voulait pas vraiment traquer les fraudeurs, et il décida de changer de métier.

Contrairement à la plupart des scientifiques spécialistes de l'atmosphère qui se consacrent à l'une de ses caractéristiques en particulier, Caldeira travaille constamment sur quatre ou cinq sujets de recherche différents à la fois. Il aime particulièrement faire des calculs sur des thèmes surprenants ou « politiquement incorrects ». Par exemple, il a calculé comment évoluerait la température du globe si on rasait la totalité des forêts dans le monde et si on les remplaçait par des prairies : selon ses résultats, il s'ensuivrait un léger abaissement de la température du globe. (Les prairies, qui sont de couleur plus claire que les forêts, absorbent moins la lumière solaire.) Il a également déterminé que, pour faire face au rythme actuel du changement de température, les plantes et les animaux devraient migrer en direction des pôles à raison de 9 mètres par jour ; il s'est aussi aperçu qu'une molécule de CO_2 issue de la consommation des combustibles fossiles piégera, au cours de sa vie dans l'atmosphère, 100 000 fois plus de chaleur qu'elle n'en aura engendré lors de sa production.

Sur One Tree Island, la vie de Caldeira et de son équipe était rythmée par les marées. Une heure avant la première marée basse de la journée, puis une heure après celle-ci, quelqu'un devait aller recueillir des échantillons d'eau de mer à DK-13, site ainsi nommé d'après les initiales du chercheur australien Donald Kinsey, qui l'avait établi. Un peu plus de douze heures plus tard, le même protocole devait être répété, et ainsi de suite, d'une marée basse à l'autre. L'expérience reposait sur de la technologie de base, plutôt que sur de la « high-tech » : le but était de mesurer diverses caractéristiques de l'eau de mer que Kinsey avait lui-même mesurées dans les années 1970, puis de comparer les deux séries de données et d'essayer de voir à quel point les taux de biocalcification au sein du récif avaient changé depuis cette époque. Quand il faisait jour, l'aller-retour jusqu'à DK-13 pouvait être effectué par une seule personne. La nuit, comme « personne ne vous entendra crier », il fallait s'y rendre par deux.

Lors de ma première soirée à One Tree Island, la marée basse devait avoir lieu à 20 h 53. Caldeira était chargé d'aller à DK-13 pour la collecte d'après marée basse, et je proposai de l'accompagner. Aux alentours de 21 heures, nous avons rassemblé une demi-douzaine de flacons destinés à recueillir les échantillons, deux lampes électriques et un GPS portatif, puis nous sommes partis.

Depuis la station de recherche, la marche jusqu'à DK-13 était d'environ un kilomètre et demi. L'itinéraire, que quelqu'un avait enregistré sur le GPS, faisait contourner la pointe sud de l'île, puis passer par-dessus une large bande glissante de débris, qui avait été surnommée « l'autoroute aux algues ». De là, il tournait pour aller rejoindre le récif à proprement parler.

Puisque les coraux recherchent la lumière, mais ne peuvent survivre à une longue exposition à l'air, ils tendent à croître vers le haut jusqu'au niveau de la marée basse, puis ils se développent latéralement. Il en résulte que la surface du récif est plus ou moins plate, et se présente sous la forme d'une série de tables pouvant être franchies comme le ferait un enfant sautant d'un bureau d'écolier à l'autre, après la fin de la classe. Le dessus plat du récif à One Tree Island était de nature cassante et de couleur brunâtre, de sorte qu'on le qualifiait, à la station de recherche, de « pâte à tarte ». Il craquait de façon inquiétante lorsqu'on marchait dessus. Caldeira me prévint que si je passais à travers, cela endommagerait le récif, et davantage encore mes tibias. Je me rappelai avoir vu, parmi les messages écrits sur les murs de la station de recherche, l'un d'eux avertissant : « Méfiez-vous de la pâte à tarte. »

La nuit était douce et, au-delà des faisceaux de nos lampes électriques, noire comme de l'encre. Même dans l'obscurité, il était évident que le récif grouillait de vie. Nous sommes passés à côté de plusieurs tortues caouannes qui attendaient la fin de la marée basse et semblaient afficher une expression d'ennui. Nous avons rencontré des étoiles de mer d'un bleu éclatant ainsi que des requins-léopards, bloqués dans de petites retenues d'eau de faible profondeur, et aussi des pieuvres rougeâtres s'efforçant de se fondre dans le récif. Presque à chaque pas, nous devions enjamber une palourde géante qui semblait nous lorgner de façon lubrique, les lèvres outrageusement maquillées. (Le manteau des palourdes géantes est bourré d'algues symbiotiques colorées.) Les bandes sablonneuses entre les plaques de récif étaient jonchées de concombres de mer qui, en dépit de leur nom, sont étroitement apparentés aux oursins. Sur la Grande Barrière de corail, les concombres de mer ont la taille non pas de concombres, mais de traversins. Par curiosité, je décidai d'en prendre un dans mes mains. Il mesurait environ 60 centimètres et était d'un noir d'encre. Au toucher, on aurait dit du velours couvert d'une substance gluante.

Après quelques erreurs d'itinéraire et plusieurs pauses durant lesquelles Caldeira essaya de photographier les pieuvres avec un appareil photo étanche, nous atteignîmes DK-13. Le site ne comprenait rien de plus qu'une bouée jaune et quelques instruments de mesure attachés au récif au moyen d'une corde. Je regardai en arrière dans la direction où je pensais que se trouvait l'île, mais on ne voyait rien, ni île ni terre d'aucune sorte. Nous avons rincé et rempli les flacons de prélèvement, puis avons entamé notre marche de retour. L'obscurité était peut-être encore plus épaisse qu'à l'aller. Les étoiles étaient si brillantes qu'elles paraissaient vouloir se détacher du ciel. Pendant un bref instant, j'eus l'impression de revivre les sensations qu'avait dû éprouver Cook en arrivant ici, aux confins du monde alors connu.

Les récifs de corail se développent au sein d'une large bande emmaillotant le ventre de la Terre, entre le 30e degré de latitude nord et le 30e degré de latitude sud. Après la Grande Barrière de corail, le deuxième plus grand récif du monde est situé au large de la côte du Belize. On trouve d'importants récifs de corail dans l'océan Pacifique tropical, dans l'océan Indien, dans la mer Rouge, et de nombreux plus petits récifs dans les Caraïbes. Cependant, assez curieusement, la première preuve que le CO_2 pouvait faire mourir un récif est venue d'Arizona, où elle a été obtenue dans une structure constituant un monde clos, supposé autosuffisant, appelé « Biosphère 2 ».

D'une superficie de 1,20 hectare, construite en murs de verre et profilée en forme de ziggourat, « Biosphère 2 » a été construite à la fin des années 1980 par une société privée, largement financée par le milliardaire Edward Bass. Elle avait pour objectif principal d'étudier comment la vie sur Terre (« Biosphère 1 ») pourrait être recréée, par exemple sur Mars. Le bâtiment contenait une « forêt tropicale humide », un « désert », une « zone agricole » et un « océan » artificiel. Un premier groupe de « biosphériens », quatre hommes et quatre femmes, y restèrent complètement enfermés durant deux ans. Ils se nourrirent des produits de leur agriculture et, pendant un temps, ne respirèrent que de l'air recyclé. Cependant, cette expérience fut largement considérée comme un échec. Les biosphériens ne mangèrent pas à leur faim pendant l'essentiel de l'expérience et, plus inquiétant encore, ils perdirent la maîtrise de leur atmosphère artificielle. On avait supposé que, dans les divers « écosystèmes » composant la biosphère, la décomposition de la matière organique, qui consomme de l'oxygène et libère du gaz carbonique, serait équilibrée par la photosynthèse, qui donne des résultats inverses en matière de gaz. En raison principalement de la trop grande richesse du sol qui avait été apporté dans la « zone agricole », les phénomènes de décomposition l'emportèrent. Le taux d'oxygène à l'intérieur de la structure chuta rapidement, et les biosphériens commencèrent à ressentir des symptômes semblables à ceux du « mal des montagnes » lié à l'altitude. De son côté, le taux de gaz carbonique grimpa en flèche. Finalement, il atteignit 3 000 parties par million, soit à peu près huit fois plus qu'à l'extérieur.

Le programme de recherches « Biosphère 2 » s'est officiellement terminé en 1995 et l'université Columbia a pris en main la gestion du bâtiment. L'« océan », un bassin de la dimension d'une piscine olympique, était alors en piteux état : la plupart des poissons qu'on y avait placés au départ étaient morts, et les coraux étaient tout juste capables de se maintenir. On demanda à un spécialiste de biologie marine, Chris Langdon, d'étudier la façon dont ce bassin pourrait être aménagé pour remplir une fonction éducative. Son premier objectif fut de rectifier les paramètres chimiques de l'eau. Sans surprise, étant donné le taux de CO_2 élevé dans l'air, le pH de l'« océan » était bas. Langdon essaya de corriger ce point, mais d'étranges phénomènes continuèrent de se produire. En comprendre les raisons devint pour lui une véritable obsession. Il finit par vendre la maison qu'il avait à New York et déménagea en Arizona, de façon à pouvoir disposer de tout son temps pour faire des expériences sur l'« océan ».

Bien que les effets de l'acidification des océans soient généralement envisagés par rapport au pH, il existe une autre façon tout aussi importante d'examiner ce qui se passe : celle-ci consiste à envisager les effets en question par rapport à une autre donnée caractérisant l'eau de mer (et, pour de nombreux organismes, cette donnée est probablement plus importante). Il s'agit du « degré de saturation de l'eau de mer en carbonate de calcium » ou, alternativement, du « degré de saturation de l'eau de mer en aragonite », expressions qui sont, bien sûr, un peu plus lourdes que la simple mention du pH. (Le carbonate de calcium se présente sous deux formes, à la structure cristalline différente ; l'aragonite, qui est la forme qu'élaborent les coraux, est la plus soluble.) Le degré de saturation est déterminé par une formule chimique compliquée : fondamentalement, il correspond à la concentration de l'eau de mer en calcium et en ions carbonate. Lorsque le CO_2 se dissout dans l'eau de mer, on obtient de l'acide carbonique (H_2CO_3), lequel fait réellement disparaître du milieu les ions carbonate : le degré de saturation de l'eau de mer est ainsi abaissé.

Lorsque Langdon est arrivé à « Biosphère 2 », la majorité des spécialistes de biologie marine pensaient que les coraux n'étaient guère affectés par le degré de saturation de l'eau de mer aussi longtemps qu'il restait au-dessus d'une valeur égale à 1. (En dessous de cette valeur, l'eau de mer est « sous-saturée » et le carbonate de calcium se dissout.) Sur la base de ce qu'il était en train de voir, il sembla à Langdon que les coraux pouvaient être réellement affectés par un degré de saturation pourtant supérieur à 1, et même profondément affectés. Pour tester cette première impression, Langdon recourut à un protocole simple, bien que demandant beaucoup de temps de mise en œuvre. Il fit systématiquement varier les conditions du milieu au sein de « l'océan » et, tout aussi systématiquement, il sortit de l'eau et pesa de petites colonies de coraux se développant sur des tuiles. Si les colonies prenaient du poids, cela signifiait qu'elles étaient en train de se développer, gagnant en masse grâce à la biocalcification. Il fallut plus de trois ans et plus d'un millier de mesures pour mener cette expérience à son terme. Elle mit en évidence une relation plus ou moins linéaire entre la vitesse de croissance des coraux et le degré de saturation de l'eau de mer. C'était lorsque le degré de saturation en aragonite était de 5 que les coraux se développaient le plus rapidement ; ils se développaient plus lentement lorsque ce degré était de 4, et encore plus lentement lorsqu'il était de 3. Au niveau de 2, les coraux arrêtaient tout simplement leur activité de construction, comme des ouvriers du bâtiment mécontents en grève. Dans le cadre du monde artificiel de « Biosphère 2 », les enseignements tirés de ces résultats étaient intéressants. Mais dans le cadre du monde réel (« Biosphère 1 »), ils étaient plutôt inquiétants.

Avant la révolution industrielle, tous les grands récifs du monde se trouvaient dans de l'eau de mer dont le degré de saturation en aragonite se situait entre 4 et 5. Aujourd'hui, il ne reste presque aucun endroit sur la planète où le degré de saturation est au-dessus de 4, et si les rejets de gaz carbonique continuent au même rythme, il ne subsistera, en 2060, plus aucune région où ce degré sera supérieur à 3,5. En 2100, il n'en restera aucune au-dessus de 3. Tandis que le degré de saturation décline, l'énergie requise par la biocalcification s'accroît en règle générale, et le taux de biocalcification chute. Finalement, le degré de saturation peut tomber si bas que les coraux cessent toute activité de biocalcification, mais bien avant ce stade, ils font généralement face à de sérieuses difficultés. En effet, dans le monde réel, les récifs sont constamment érodés par les poissons, les oursins et les vers creusant des terriers. Ils sont aussi démolis par les vagues et les tempêtes (c'est l'une d'elles qui a déterminé la formation de One Tree Island, rappelons-le). Ainsi, pour simplement se maintenir, les coraux sont constamment obligés de croître.

« C'est comme un arbre attaqué par des insectes, m'expliqua une fois Langdon. Il lui faut pousser assez rapidement, juste pour garder la même taille. »

Langdon publia ses résultats en 2000. À cette époque, la réaction de nombreux spécialistes de biologie marine fut empreinte de scepticisme, en grande partie parce qu'on associait Langdon au programme discrédité de « Biosphère 2 ». Langdon passa deux ans à refaire ses expériences, avec toujours plus de précaution. Les résultats furent similaires. Entre-temps, d'autres chercheurs lancèrent leurs propres études. Celles-ci confirmèrent la découverte initiale de Langdon : les coraux bâtisseurs de récifs sont sensibles au degré de saturation de l'eau de mer. Ce résultat a depuis été démontré dans une dizaine d'études de laboratoire supplémentaires, et aussi sur un récif réel. Il y a quelques années, Langdon et quelques collègues réalisèrent une expérience sur un pan de récif proche d'un ensemble d'évents volcaniques, au large de la Papouasie-Nouvelle-Guinée. L'expérience, calquée sur le modèle de Hall-Spencer à Castello Aragonese, se servit là aussi des évents volcaniques comme mécanisme naturel d'acidification de l'eau de mer[8]. Les chercheurs observèrent que la diversité des coraux chutait à mesure que le degré de saturation décroissait. Les algues rouges déclinaient encore plus spectaculairement, ce qui constituait un phénomène inquiétant, puisque ces algues agissent comme une sorte de ciment pour le récif, permettant à toutes ses structures de se maintenir ensemble. Dans le même temps, les herbiers marins prospéraient.

« Il y a quelques décennies de cela, j'aurais personnellement trouvé ridicule l'idée que les récifs ne dureraient peut-être pas toujours », a écrit J.E.N. Veron, ancien directeur de recherche à l'Institut océanographique australien. « Cependant, me voici aujourd'hui désolé d'avoir passé la plus grande partie de mes années d'activité scientifique au contact des riches merveilles du monde sous-marin, en sachant maintenant avec une certitude absolue qu'elles ne seront plus là pour que les enfants de nos enfants puissent en être éblouis[9]. » Une récente étude réalisée par une équipe de chercheurs australiens a constaté que la superficie couverte par les coraux de la Grande Barrière de corail a diminué de 50 % au cours des trente dernières années seulement[10].

Peu de temps avant leur séjour à One Tree Island, Caldeira et quelques-uns des membres de son équipe avaient publié un article dans lequel ils essayaient de prévoir quel serait l'avenir des récifs, en se fondant à la fois sur des modèles informatiques et sur les données recueillies sur le terrain. Ils concluaient que si les rejets de gaz carbonique continuaient au même rythme qu'actuellement, dans les cinquante prochaines années environ, « tous les récifs coralliens cesseraient de croître et commenceraient à se dissoudre[11] ».

Entre chaque sortie sur le récif pour aller recueillir des échantillons, les scientifiques, à One Tree Island, faisaient beaucoup de plongée tuba. Le site préféré du groupe, pour cette pratique, se trouvait à environ 800 mètres du rivage, du côté opposé à DK-13, et, pour s'y rendre, il fallait obtenir du directeur administratif de la station, Russell Graham, la permission de sortir le bateau, qu'il n'accordait qu'avec réticence et après pas mal de protestations.

Selon certains scientifiques qui en avaient fait aux quatre coins du monde (aux Philippines, en Indonésie, dans les Caraïbes et dans le Pacifique sud), la plongée tuba à One Tree Island était certainement le summum en la matière. Je les crus bien volontiers. La première fois que je mis la tête dans l'eau et aperçus en dessous de moi un véritable tourbillon de vie, cette vision me parut irréelle : c'était comme si je nageais dans le « monde du silence » du commandant Cousteau. Des bancs de petits poissons étaient suivis de bancs de poissons plus gros, eux-mêmes suivis de requins. D'énormes raies passaient en planant, entraînant lentement dans leur sillage des tortues aussi grandes que des baignoires. Je tentai de faire mentalement la liste de tout ce que j'avais vu, mais c'était comme essayer de faire le catalogue d'un rêve. Après chaque sortie, je passais des heures à consulter un énorme livre, *Les Poissons de la Grande Barrière de corail et de la mer de Corail*. Parmi ceux que je pensais avoir aperçus figuraient le requin-tigre, le requin-citron, le requin dagsit, le nason à éperons bleus, le poisson-coffre jaune, le poisson-coffre pintade, le poisson-ange à monocle, le poisson-clown de la Grande Barrière de corail, le chromis de la Grand Barrière de corail, le perroquet à filament, le perroquet à long nez du Pacifique, le diagramme ménestrel, le hareng à bande bleue, le thon à nageoires jaunes, la dorade coryphène, la blennie à dents de sabre jaune, le chirurgien à points jaunes, le picot cerclé, la girelle-paon bigarrée et le nettoyeur commun.

On compare souvent les récifs à la forêt tropicale humide, et du seul point de vue de la biodiversité, la comparaison est pertinente. Prenez à peu près n'importe quel groupe zoologique, et vous constaterez que le nombre de ses espèces y est stupéfiant. Un chercheur australien cassa un jour un gros morceau de récif, de la taille d'un ballon de volley-ball, et trouva qu'y vivaient à l'intérieur plus de 1 400 vers polychètes, appartenant à 103 espèces différentes. Plus récemment, des chercheurs américains ont procédé de même sur de gros morceaux de récifs pour y rechercher des crustacés : sur une plaque d'environ un mètre carré recueillie près de Heron Island, ils découvrirent des représentants de plus d'une centaine d'espèces[12]. Et, dans un échantillon de dimension similaire, recueilli à la pointe nord de la Grande Barrière de corail, ils mirent cette fois au jour des représentants de plus de 120 espèces. On estime qu'au minimum 500 000 espèces de toutes sortes (animaux, algues, etc.), et peut-être jusqu'à neuf millions, passent au moins une partie de leur vie dans les récifs coralliens.

Cette biodiversité est, cependant, encore plus étonnante lorsqu'on examine les conditions de milieu sous-jacentes. Les eaux tropicales tendent à être pauvres en substances nutritives, telles que l'azote et le phosphore, qui jouent un rôle crucial pour la plupart des formes de vie. (Ce fait résulte de ce que l'on appelle la structure thermique de la colonne d'eau, la raison pour laquelle les eaux tropicales sont souvent magnifiquement claires.) Par conséquent, les mers, sous les tropiques, devraient être vides et représenter l'équivalent des déserts dans le monde aquatique. Les récifs ne sont donc pas simplement des forêts tropicales humides sous-marines : ce sont des forêts tropicales humides au milieu d'un Sahara marin. La première personne à s'être étonnée de cette contradiction fut Darwin, et celle-ci a par la suite été appelée le « paradoxe de Darwin ». Cette énigme n'a jamais été complètement résolue, mais l'une de ses clés paraît être le recyclage. Les récifs, ou plutôt les organismes peuplant les récifs, ont développé un système incroyablement efficace grâce auquel les substances nutritives passent d'une classe d'organismes à une autre, à l'instar des échanges au sein d'un gigantesque « bazar » oriental. Les coraux sont les acteurs principaux de ce système complexe d'échanges, et, en même temps, ils constituent la « place du marché » sur laquelle peuvent se dérouler ces « transactions ». Sans eux, il y aurait simplement un plus grand désert aquatique.

« Les coraux fournissent l'infrastructure de l'écosystème, m'exposa Caldeira. Donc, il est assez clair que s'ils disparaissent, l'écosystème entier disparaît. »

L'un des scientifiques israéliens a été plus direct : « S'il n'y avait pas d'immeuble, où les locataires vivraient-ils ? »

Les récifs se sont développés puis ont disparu à plusieurs reprises dans le passé, et leurs vestiges peuvent se retrouver dans toutes sortes d'endroits invraisemblables. Ceux datant du Trias, par exemple, se situent à plusieurs milliers de mètres au-dessus du niveau de la mer, dans les Alpes autrichiennes. Les montagnes Guadalupe, à l'ouest du Texas, sont les restes de récifs datant du Permien, soulevés lors d'un épisode de « compression tectonique » survenu il y a environ 80 millions d'années. On peut voir des récifs datant du Silurien dans le nord du Groenland.

Tous ces récifs anciens sont composés de calcaire, mais les organismes qui les ont bâtis étaient très différents. Parmi ceux qui ont édifié les récifs du Crétacé figuraient d'énormes bivalves appelés « rudistes ». Au Silurien, les bâtisseurs de récifs étaient des organismes ressemblant à des éponges, appelés « stromatopores ». Au Dévonien, les récifs étaient construits par deux sortes de coraux : les « rugueux », qui avaient la forme de corne, et les « tabulés », qui ressemblaient à des nids d'abeille. Les coraux rugueux et tabulés n'étaient que lointainement apparentés aux coraux « scléractiniaires » actuels, et ces deux ordres anciens disparurent lors de la grande extinction de la fin du Permien. Celle-ci est d'ailleurs suivie, dans les archives fossiles, par une période « dépourvue de récifs » : ceux-ci disparaissent complètement pendant environ 10 millions d'années. L'absence de récifs s'observe aussi après l'extinction de la fin du Dévonien et celle de la fin du Trias, et dans chacun de ces cas, des millions d'années également ont été nécessaires à la reprise de l'édification des récifs. Cette corrélation a incité certains scientifiques à soutenir que la construction de récifs, en tant qu'opération complexe, doit être particulièrement vulnérable aux changements survenant dans l'environnement (ce qui constitue de nouveau un paradoxe, puisque la construction des récifs est aussi l'une des plus anciennes réalisations à avoir été entreprises sur la Terre).

L'acidification des océans n'est, bien entendu, pas la seule menace à peser sur les récifs. En fait, dans certaines parties du monde, ils ne perdureront pas assez longtemps pour que l'acidification leur assène le coup final. La liste (non limitative) des dangers comprend : la surpêche, qui favorise le développement des algues en compétition avec les coraux ; les polluants issus de l'agriculture, dont l'action sur le développement des algues est également néfaste ; la déforestation, qui conduit à l'envasement et diminue la transparence de l'eau ; enfin la pêche à la dynamite, dont le pouvoir de nuisance se passe d'explication. Toutes ces perturbations stressantes rendent les coraux plus sensibles aux agents pathogènes. La « maladie de la bande blanche » est une infection bactérienne qui, comme son nom le suggère, détermine une bande de tissu nécrotique blanc. Elle affecte deux espèces de coraux des Caraïbes, *Acropora palmata* (dont le nom vernaculaire est « corail corne d'élan ») et *Acropora cervicornis* (« corail corne de cerf »), qui, jusqu'à récemment, étaient les deux bâtisseurs de récifs dominants dans cette région. Cette maladie a tellement ravagé ces deux espèces qu'elles figurent à présent sur la liste dite des « espèces en danger critique d'extinction » de l'Union internationale pour la conservation de la nature. Entre-temps, la surface recouverte par les coraux dans les Caraïbes a chuté de près de 80 % au cours des dernières décennies.

En fin de compte, et c'est sûrement là le danger le plus important de la liste, le changement climatique s'avère être le jumeau également funeste de l'acidification des océans.

Les récifs tropicaux ont besoin de chaleur, mais la température de l'eau, lorsqu'elle augmente trop, engendre elle aussi des complications. La raison en est que les coraux bâtisseurs de récifs mènent une double vie. Chaque polype individuel est un animal qui, en même temps, héberge des végétaux microscopiques (des micro-algues), appelés « zooxanthelles ». Ces dernières produisent des glucides, par le biais de la photosynthèse, et les polypes les recueillent, d'une façon très comparable à celle des paysans qui récoltent le blé. Lorsque la température de l'eau de mer dépasse un certain degré (dépendant des localisations géographiques et aussi des espèces), la relation symbiotique entre les coraux et leurs locataires prend fin. Les zooxanthelles commencent à produire de dangereuses concentrations de radicaux oxygénés libres et les polypes répondent en essayant désespérément, et souvent à l'encontre de leur propre intérêt, d'expulser ces micro-algues. Sans les zooxanthelles, qui leur procurent leurs extraordinaires couleurs, les coraux semblent devenir blancs : on assiste alors au phénomène du « blanchissement des coraux ». Les colonies blanchies cessent de se développer, et si les dégâts sont trop sévères, elles meurent. Il y eut de grands épisodes de blanchissement en 1998, 2005 et 2010, et l'on s'attend à ce que la fréquence et l'intensité de ces épisodes s'accroissent à mesure que la température de la planète augmente. Une étude portant sur plus de 800 espèces de coraux bâtisseurs de récifs, publiée dans *Science* en 2008, a révélé qu'un tiers d'entre elles sont en danger d'extinction, en grande partie à cause de l'élévation de la température des océans. Celle-ci a fait des coraux bâtisseurs de récifs l'un des groupes qui courent les plus grands risques d'extinction sur la planète : la proportion des espèces de coraux classées comme « menacées », notaient les auteurs de cette étude, dépasse « celle de la plupart des groupes d'animaux terrestres, mis à part les amphibiens[13] ».

Les îles sont des mondes en miniature ou bien, comme le journaliste scientifique David Quammen l'a observé, « presque une caricature de la complexité totale de la nature ». Dans ce dernier sens, One Tree Island est une caricature de caricature. Elle mesure moins de 230 mètres de long et 150 mètres de large, et pourtant, des centaines de scientifiques y ont travaillé, parce qu'ils y ont été attirés, bien souvent, par le fait même qu'elle est minuscule. Dans les années 1970, trois scientifiques australiens se sont attaqués au recensement exhaustif des animaux et des plantes vivant sur l'île. Ils ont passé presque trois ans à vivre sous une tente afin d'identifier sans exception toutes les espèces végétales et animales qu'ils pouvaient y rencontrer : ils ont ainsi trouvé des arbres (3 espèces), des graminées (4 espèces), des oiseaux (29 espèces), des mouches (90 espèces) et des acariens (102 espèces). Ils ont également découvert qu'aucun mammifère n'habitait cette île, à moins de prendre en compte les scientifiques eux-mêmes, ainsi qu'un cochon qui y séjourna, gardé dans un enclos, jusqu'à ce qu'il finisse rôti sur le barbecue. Ils rédigèrent leurs résultats sous forme d'une monographie de quatre cents pages, qui s'ouvrait par un poème célébrant les charmes de ce minuscule banc de corail :

Une île ensommeillée,
Enserrée dans un scintillant anneau

D'eaux turquoise et bleues.
Protégeant son trésor du ressac s'écrasant
Sur son pourtour de corail[14].

Lors de ma dernière journée sur One Tree Island, il n'était pas prévu d'excursion en plongée tuba, c'est pourquoi je décidai d'essayer de traverser l'île à pied, exercice qui aurait dû prendre quinze minutes environ. Je n'avais pas encore parcouru beaucoup de chemin lorsque je rencontrai par hasard Russell Graham, le directeur administratif de la station. Grand et élancé, des yeux bleus brillants, les cheveux roux, une moustache à la gauloise, il aurait fait un excellent pirate. Nous avons commencé à marcher et à parler, et, tandis que nous nous promenions, Graham ne cessait de ramasser des morceaux de plastique que les vagues avaient apportés à One Tree Island : une capsule de bouteille ; un morceau de matériau isolant, provenant probablement d'une porte de bateau ; un bout de tuyau en PVC. Il avait toute une collection de ces morceaux d'épaves, qu'il exposait dans une cage grillagée, dans le but, me dit-il, de faire voir aux visiteurs, preuves à l'appui, « ce que notre espèce est en train de faire ».

Graham me proposa de me montrer comment la station fonctionnait concrètement, aussi nous sommes-nous faufilés derrière les cabanes et les laboratoires en direction de la partie centrale de l'île. C'était la saison des amours, de sorte que, quel que soit l'endroit où nous dirigions nos pas, des oiseaux se pavanaient, criant à tue-tête : des sternes bridées, qui ont le dessus du corps et de la tête noir, et le cou et la poitrine blancs ; des sternes voyageuses grises, avec du noir et du blanc sur la tête ; et des noddis noirs, qui ont une sorte de cape blanche sur la tête. Je compris pourquoi il avait été si facile à l'homme de tuer les oiseaux marins en train de nicher ; les sternes ne semblaient absolument pas effrayées et restaient dans nos jambes, à tel point qu'il fallait faire très attention de ne pas marcher dessus.

Graham m'emmena voir les panneaux photovoltaïques qui fournissaient l'électricité à la station de recherche et les réservoirs dans lesquels était recueillie la pluie pour les besoins en eau de la communauté. Ces cuves étaient situées en hauteur sur une plate-forme, et de là, nous pûmes contempler la cime des arbres. D'après mon estimation très grossière, il devait y en avoir environ cinq cents. Ils semblaient sortir directement des débris de coraux, se dressant comme des mâts. Graham me montra, non loin de la plate-forme, une sterne bridée en train de donner des coups de bec à un poussin de noddi noir. Il fut bientôt tué. « Elle ne le mangera pas », prédit-il, et cela se révéla exact. Elle s'éloigna de sa victime, qui, peu de temps après, fut consommée par un goéland. Graham avait déjà manifestement vu de nombreuses fois des épisodes comme celui-ci, et il le commenta avec philosophie : la population d'oiseaux était ainsi limitée, et ne risquait pas d'outrepasser ses ressources.

Cette nuit-là était la première de Hanoukka. Pour cette occasion, quelqu'un avait fabriqué le chandelier traditionnel propre à cette fête au moyen d'une branche d'arbre et y avait attaché deux bougies avec du ruban adhésif de plomberie. Allumé sur la plage, le chandelier de fortune projetait des ombres tremblotantes sur le sol formé des débris de coraux. Le dîner, ce soir-là, comprenait de la viande de kangourou, que je trouvai étonnamment savoureuse, mais qui, notèrent les Israéliens, n'était manifestement pas kasher.

Plus tard dans la soirée, je me mis en route pour DK-13 en compagnie d'un postdoctorant nommé Kenny Schneider. La marée était remontée depuis plus de deux heures, aussi était-il prévu que le scientifique et moi atteindrions le site quelques minutes avant minuit. Schneider avait déjà fait ce périple auparavant, mais il ne maîtrisait pas encore bien le fonctionnement du GPS portatif. À mi-parcours, nous nous sommes aperçus que nous nous étions écartés du chemin programmé. Nous eûmes bientôt de l'eau jusqu'à la poitrine. Cela rendait la marche d'autant plus lente et difficile, et la marée montait. Toutes sortes de pensées angoissantes me traversaient l'esprit. Serions-nous capables de revenir à la station à la nage ? Serions-nous même capables de savoir dans quelle direction nager ? Allions-nous finalement régler la question des îles Fidji ?

Longtemps après l'horaire prévu, nous avons aperçu la bouée jaune de DK-13. Nous avons rempli les flacons et pris le chemin du retour. De nouveau, je fus frappée par la beauté extraordinaire des étoiles et par l'obscurité régnant jusqu'à l'horizon. Je ressentis aussi, comme je l'avais déjà éprouvé plusieurs fois sur One Tree Island, l'étrangeté de ma situation. J'étais venue sur la Grande Barrière de corail parce que je projetais d'écrire un livre sur l'ampleur de l'impact de l'homme sur la nature. Et pourtant, Schneider et moi-même semblions minuscules dans ce noir complet.

Comme les Juifs, les coraux de la Grande Barrière observent un calendrier lunaire. Une fois par an, après la pleine lune du début de l'été austral, les coraux opèrent ce que l'on appelle un frai en masse (de grands ébats sexuels, en quelque sorte). On m'avait dit que la période de frai en masse était un spectacle à ne pas manquer, et c'est la raison pour laquelle j'avais organisé mon voyage en Australie en prévision de cet événement.

Dans l'ensemble, les coraux sont extrêmement chastes ; ils se reproduisent asexuellement, par « bourgeonnement ». Le frai annuel est ainsi une occasion rare de se mêler un peu, génétiquement parlant. La plupart des coraux qui fraient sont hermaphrodites, ce qui signifie que chaque polype individuel produit à la fois des œufs et des spermatozoïdes, empaquetés dans de petits sacs appropriés. On ne sait pas exactement comment les coraux synchronisent leur frai, mais on pense qu'ils répondent à la fois à des conditions particulières de lumière et de température.

Dans la phase précédant la « grande nuit » (le frai en masse se produit toujours après le coucher du soleil), les coraux entreprennent de « se mettre à la tâche », ce qu'on pourrait représenter comme l'équivalent, chez les scléractiniaires, du « début du travail » chez les femelles de mammifères sur le point de mettre bas. Les petits sacs contenant œufs et spermatozoïdes commencent à former des renflements sur les polypes, de sorte que la colonie entière paraît avoir la « chair de poule ». De retour à Heron Island, je suis allée voir l'écloserie sophistiquée que des chercheurs australiens avaient montée pour pouvoir étudier le phénomène. Ils avaient recueilli des colonies de certaines des espèces les plus courantes du récif, telles qu'*Acropora millepora*, qui est comme le « rat de laboratoire » des coraux, me dit l'un de ces scientifiques, et ils les avaient fait vivre dans des aquariums. Une colonie d'*Acropora millepora* ressemble à un groupe de minuscules sapins de Noël. Personne n'était autorisé à s'approcher des aquariums avec une lampe de poche, de peur que cela ne perturbe l'horloge interne des coraux. En revanche, chacun portait une lampe frontale émettant de la lumière rouge. Grâce à une lampe de ce genre que j'avais empruntée, j'ai pu voir les petits sacs d'œufs et de spermatozoïdes pressant de l'intérieur les tissus transparents des polypes. Les petits sacs en question étaient de couleur rose et ressemblaient à des perles de verre.

La directrice de l'équipe, une chercheuse nommée Selina Ward, de l'université du Queensland, s'affairait autour des aquariums contenant les coraux sur le point de frayer, telle une obstétricienne préparant un accouchement. Elle me dit que chaque petit sac contenait environ vingt à quarante œufs et probablement des milliers de spermatozoïdes. Peu de temps après leur libération dans l'eau de mer, les petits sacs s'ouvriraient et laisseraient leurs gamètes se répandre : si ceux-ci réussissaient à trouver des partenaires, des fécondations en résulteraient, conduisant au développement de minuscules larves roses. Dès que les coraux de ses aquariums commenceraient à frayer, Ward avait prévu de faire une collecte des sacs, afin de les soumettre à différents taux d'acidification. Elle étudiait les effets de celle-ci sur le frai des coraux depuis plusieurs années, et ses résultats suggéraient que la diminution du degré de saturation de l'eau de mer se traduisait par un important déclin de la fécondation et par une perturbation du développement des larves, ainsi que de leur processus de fixation (lequel, normalement, voit les larves de coraux cesser de nager en pleine eau pour s'attacher à un substrat solide, initiant le développement de nouvelles colonies).

« Globalement, tous nos résultats ont été négatifs jusqu'à présent, me dit Ward. Si nous continuons ainsi, sans réduire immédiatement et de façon considérable nos rejets de carbone, je crois que nous allons vers une situation où nous n'aurons, dans le meilleur des cas, plus que quelques îlots de coraux survivants. »

Plus tard dans la nuit, certains des autres chercheurs à Heron Island, y compris les étudiants qui essayaient de monter le mésocosme en retard, eurent vent que les coraux de Ward étaient sur le point de frayer et organisèrent une sortie nocturne de plongée tuba. La sortie fut plus compliquée que celles que j'avais effectuées à One Tree Island, car il fallait ici revêtir des combinaisons et se munir de lampes sous-marines étanches. Il n'y avait pas assez de matériel pour que tout le monde puisse plonger en même temps, de sorte que nous avons constitué deux équipes devant se succéder. Je fis partie de la première et, lors de la plongée, je fus d'abord déçue, car il me sembla que rien ne se passait. Après un moment, je remarquai quelques coraux en train de relâcher leurs petits sacs. Presque immédiatement, d'innombrables autres suivirent. On aurait cru assister à une tempête de neige dans les Alpes, mais en sens inverse. Autrement dit, l'eau de mer se remplit de flots de perles roses montant vers la surface, comme des flocons de neige « tombant » vers le haut. Des vers iridescents survinrent pour manger les petits sacs des coraux, produisant un rougeoiement inquiétant, et une nappe de mauve commença à se former à la surface. Quand le tour d'observation de mon équipe se termina, c'est à regret que je sortis de l'eau et que je passai ma lampe à quelqu'un d'autre.

Acropora millepora en train de frayer.

Chapitre 8

La forêt et les arbres

Alzatea verticillata

« Les arbres sont magnifiques, m'expliquait Miles Silman. Ils sont très beaux. Mais on ne peut pas se contenter de dire ça. On entre dans une forêt et la première chose que l'on trouve à dire est : "Cet arbre est d'une taille impressionnante" ou bien : "Quel arbre gigantesque !", mais lorsqu'on commence à réfléchir à l'histoire de leur vie, à tout ce qui se passe pour que l'on trouve un arbre à cet endroit précis, on est vraiment saisi d'admiration. C'est un peu comme le vin ; lorsqu'on commence à le connaître, il devient plus intéressant. » Nous nous trouvions à l'est du Pérou, au bord des Andes, sur le sommet d'une montagne de 3 660 mètres d'altitude, dépourvu d'arbres (il y avait juste des broussailles et, fait étonnant, une dizaine de vaches qui nous regardaient avec méfiance). Le soleil était en train de se coucher, et la température commençait à baisser, mais la vue, dans la lumière orangée du couchant, était extraordinaire. À l'est se déployait le ruban de la rivière Alto Madre de Dios, qui se déverse dans la rivière Beni, qui se jette elle-même dans la rivière Madeira, laquelle finit par rejoindre l'Amazone. Devant nous s'étendait le parc national de Manú, l'une de ces « zones rouges » où la biodiversité est très grande.

« Dans votre champ de vision se trouve une espèce d'oiseau sur neuf présentes sur la planète, continuait Silman. Rien que dans nos parcelles, nous avons plus d'un millier d'espèces d'arbres. »

Avec Silman, ainsi que plusieurs de ses étudiants péruviens, nous venions juste d'arriver au sommet de la montagne, après avoir quitté au matin la ville de Cuzco. À vol d'oiseau, la distance que nous avions franchie était seulement de 80 kilomètres, mais nous avions dû, pour la parcourir, rouler toute la journée sur des pistes sinueuses. Nous avions serpenté à travers des villages aux briques de terre crue, longé des champs incroyablement inclinés et croisé des femmes aux jupes colorées, chapeaux de feutre brun sur la tête et bébés enveloppés dans un poncho sur le dos. Dans la plus grande de ces bourgades, nous nous étions arrêtés pour déjeuner et acheter des provisions en prévision d'une randonnée de quatre jours. Elles comprenaient du pain et du fromage, ainsi qu'un sac rempli de feuilles de coca que Silman avait acheté pour l'équivalent d'environ 2 dollars.

Debout sur le sommet de la montagne, le scientifique m'annonça que, le lendemain matin, nous descendrions par un chemin souvent emprunté en sens inverse par les cultivateurs de coca. Ces *cocaleros* transportent les feuilles depuis les vallées où elles sont cultivées jusqu'aux villages des Andes semblables à ceux que nous venions de traverser ; le chemin en question est utilisé à cette fin depuis l'époque des conquistadors.

Silman, qui enseigne à l'université Wake Forest en Caroline du Nord, se qualifie de spécialiste d'écologie forestière, bien qu'il réponde aussi aux titres de spécialiste d'écologie tropicale, ou d'écologie des communautés, et de biologiste spécialiste de la conservation. Il a commencé sa carrière en essayant de comprendre comment se forment les communautés forestières et si elles tendent à rester stables au cours du temps. Cette recherche l'a conduit à examiner la façon dont le climat avait changé dans le passé sous les tropiques, et, assez naturellement, à se pencher sur la question de son changement prévisible dans l'avenir. Les enseignements qu'il a tirés de ces recherches l'ont poussé à délimiter une série de parcelles forestières que nous étions sur le point de visiter. Chacune des parcelles de Silman (il y en a dix-sept en tout) se situe à une altitude différente, et est donc caractérisée par une température annuelle moyenne différente. Dans ce monde de mégadiversité qu'est le parc national de Manú, chacune des parcelles représente donc un échantillon de communauté forestière fondamentalement différent.

Les parcelles forestières de Silman sont réparties le long d'une ligne de faîte.
La Parcelle 1, au sommet de cette dernière, est la plus élevée,
et, par conséquent, présente la température annuelle la plus basse.

Le grand public considère, partiellement à juste titre, le réchauffement climatique comme une menace pesant principalement sur les espèces vivant dans les pays froids. À mesure que la température de la planète augmente, les pôles subissent des transformations. Dans l'Arctique, la banquise permanente ne couvre plus que la moitié de la surface qu'elle occupait il y a trente ans et, dans trente ans, elle pourrait bien ne plus exister du tout. À l'évidence, la vie des animaux dépendant de cette couche de glace (le phoque annelé, par exemple, ou l'ours polaire) sera profondément perturbée si la fonte augmente.

Pourtant, le réchauffement planétaire aura un impact tout aussi important sous les tropiques, et même, selon Silman, un impact plus important encore. Les raisons en sont un peu plus complexes, mais elles ont pour point de départ le fait que les régions tropicales sont le lieu où vivent la plupart des espèces animales et végétales.

Imaginez un instant le voyage suivant (purement hypothétique). Vous vous trouvez à l'emplacement exact du pôle Nord, un beau matin de printemps. (Il y a pour le moment encore beaucoup de glace en cet endroit, de sorte que vous ne risquez pas de passer au travers.) Vous commencez à marcher, ou mieux, vous vous élancez à skis. Comme vous ne pouvez vous diriger que dans une seule direction, vous partez vers le sud, mais il vous faut choisir entre les 360 méridiens. Peut-être vous a-t-on fixé pour mission de vous rendre dans les Andes, aussi choisissez-vous de suivre le 73e méridien de longitude ouest. Vous skiez sans discontinuer et finalement, à 800 kilomètres environ du pôle, vous atteignez l'île d'Ellesmere. Pendant votre traversée, vous n'avez, bien sûr, pas croisé un seul arbre ou une seule plante terrestre, puisque vous avez traversé l'océan Arctique. Sur l'île d'Ellesmere, vous ne voyez aucun arbre non plus, du moins pas d'une sorte qui soit reconnaissable en tant que telle. La seule plante ligneuse qui pousse sur cette île est le saule arctique, et celui-ci ne dépasse pas votre cheville. (L'écrivain Barry Lopez a observé que si l'on passe beaucoup de temps à se promener dans l'Arctique, on se rend finalement compte « que l'on marche sur une forêt[1] ».)

En continuant vers le sud, vous franchissez le détroit de Nares (il devient maintenant de plus en plus compliqué de se déplacer, mais nous allons laisser ce sujet de côté), puis vous passez par la pointe la plus occidentale du Groenland, vous traversez la baie de Baffin et atteignez l'île du même nom. Sur cette dernière, vous n'apercevez rien non plus qui mérite réellement le nom d'arbre, bien que l'on puisse trouver plusieurs espèces de saules, poussant en petits groupes au ras du sol. Finalement (et vous avez maintenant parcouru plus de 3 000 kilomètres), vous atteignez la péninsule d'Ungava, au nord du Québec. Mais vous êtes encore trop au nord pour rencontrer des arbres, et il vous faut poursuivre sur 400 kilomètres environ pour arriver à la limite de la forêt boréale. Au Canada, cette dernière couvre une superficie gigantesque : elle s'étend sur presque 4 millions de kilomètres carrés et représente, peu ou prou, le quart de toutes les forêts encore intactes restant sur la Terre. Cependant, la biodiversité est faible dans la forêt boréale. Sur une étendue de 4 millions de kilomètres carrés au Canada, vous ne trouverez *grosso modo* qu'une vingtaine d'espèces d'arbres, dont l'épinette noire, le bouleau blanc et le sapin baumier.

Une fois que vous serez entré aux États-Unis, la diversité des arbres commencera, lentement, à augmenter. Dans le Vermont, vous rencontrerez la forêt à feuilles caduques de l'Est qui jadis couvrait presque la moitié du pays, mais dont il ne subsiste aujourd'hui plus que des lambeaux, la plupart constitués par des arbres ayant repoussé sur des coupes de la forêt primitive. Il y a dans le Vermont environ cinquante espèces indigènes d'arbres, et dans le Massachusetts, environ cinquante-cinq[2]. La Caroline du Nord (qui se trouve un peu à l'ouest de votre chemin) en possède plus de deux cents. Bien que le 73e méridien passe complètement à côté de l'Amérique centrale, il vaut la peine de noter que le minuscule Belize, dont les dimensions sont à peu près celles de l'État du New Jersey, abrite quelque sept cents espèces indigènes d'arbres.

Le 73e méridien coupe l'équateur en Colombie, puis traverse rapidement des morceaux du Venezuela, du Pérou et du Brésil, avant d'entrer de nouveau au Pérou. À peu près au niveau du 13e degré de latitude sud, il passe à l'ouest des parcelles forestières de Silman. Dans celles-ci, qui, considérées toutes ensemble, couvrent une trentaine d'hectares, la diversité est ahurissante. On y a dénombré 1 035 espèces d'arbres, soit grossièrement cinquante fois plus que le nombre d'espèces dans l'ensemble de la forêt boréale du Canada.

Ce qui est vrai des arbres l'est aussi des oiseaux, des papillons, des grenouilles, des champignons et d'à peu près n'importe quel groupe auquel vous pouvez penser (sauf celui des pucerons, assez curieusement)[3]. La règle générale est donc que la diversité des êtres vivants est plus pauvre aux pôles et plus riche aux faibles latitudes. Dans la littérature scientifique, on désigne ce phénomène sous le nom de « gradient latitudinal de biodiversité », lequel avait déjà été remarqué par Alexander von Humboldt. Le naturaliste allemand était stupéfait par les splendeurs biologiques des tropiques, qui présentent « un spectacle aussi varié que la voûte azurée du ciel[4] ».

« Le tapis verdoyant que déploie une flore luxuriante à la surface de la Terre n'est pas tissé de façon égale dans tous ses secteurs[5], écrivit-il à son retour d'Amérique du Sud en 1804. [...] Le développement organique et l'abondance de la vitalité s'accroissent graduellement depuis les pôles jusqu'à l'équateur. » Plus de deux siècles plus tard, on ne sait toujours pas pourquoi il en est ainsi, bien que plus de trente théories aient été avancées pour expliquer ce phénomène.

Selon l'une d'entre elles, on trouve davantage d'espèces vivant sous les tropiques parce que l'horloge évolutive y tourne plus rapidement[6]. De la même manière que les agriculteurs peuvent faire plus de récoltes chaque année aux basses latitudes, les organismes peuvent y engendrer davantage de générations. Plus le nombre de celles-ci est élevé, plus la probabilité qu'elles recèlent des mutations génétiques est importante. Plus est élevée la probabilité de mutation, plus est grande la probabilité qu'apparaissent de nouvelles espèces. (Selon une théorie légèrement différente, mais apparentée, l'élévation de la température est par elle-même à l'origine de taux de mutation plus élevés.)

Une deuxième théorie pose que les tropiques abritent davantage d'espèces parce que celles-ci, sous ces latitudes, sont plus exigeantes. Ici, le point important réside dans le fait que, sous les tropiques, les températures sont relativement stables. Par conséquent, les organismes tropicaux ont tendance à avoir une tolérance thermique relativement étroite, et des différences climatiques même légères, liées, par exemple, à des collines ou à des vallées, peuvent constituer des barrières insurmontables. (Un célèbre article scientifique portant sur ce sujet est intitulé « Pourquoi les cols de montagnes sont plus élevés sous les tropiques[7] ».) Les populations se retrouvent ainsi plus facilement isolées, et des spéciations peuvent en résulter.

Une autre théorie met en cause l'Histoire. Selon celle-ci, la caractéristique la plus remarquable des régions tropicales est leur ancienneté. La forêt tropicale humide de type amazonien est apparue il y a des millions d'années, bien avant l'Amazonie. Ainsi, sous les tropiques, la diversité a disposé de beaucoup de temps pour, en quelque sorte, s'accumuler. Par contraste, il y a vingt mille ans, c'est-à-dire récemment, la quasi-totalité du Canada était recouverte d'une couche de glace de plus d'un kilomètre d'épaisseur. Il en allait de même pour la plus grande partie de la Nouvelle-Angleterre, ce qui veut dire que toute espèce d'arbre présente aujourd'hui en Nouvelle-Écosse ou en Ontario, aussi bien que dans le Vermont ou dans le New Hampshire, est une espèce immigrée venue (ou revenue) s'établir dans ces régions il n'y a pas si longtemps, au cours des quelques derniers milliers d'années. Cette théorie de la diversité s'accroissant au fur et à mesure du temps a été avancée pour la première fois par le rival de Darwin, ou, si l'on préfère, le codécouvreur de l'évolution, Alfred Russel Wallace : celui-ci a écrit que, sous les tropiques, « l'évolution a eu jusqu'à aujourd'hui toutes les chances de se réaliser », tandis que dans les régions glaciaires, « elle a rencontré d'innombrables difficultés sur son chemin[8] ».

Le lendemain matin, nous nous sommes tous extraits de nos sacs de couchage de bonne heure afin de voir le soleil se lever. Durant la nuit, les nuages avaient afflué, et nous les observions par-dessus le bassin amazonien, tandis qu'ils se coloraient de rose avant de passer à un orange flamboyant. Dans la fraîcheur du matin, nous avons empaqueté notre matériel et commencé à descendre le chemin. « Choisissez une feuille de forme intéressante, me recommanda Silman lorsque nous fûmes entrés dans la forêt de nuages. Vous allez la voir sur quelques centaines de mètres, et puis après, elle disparaîtra. Voilà ! Ce sera là la totalité de l'aire de répartition de cet arbre. »

Silman était armé d'une machette de 60 centimètres de long dont il se servait pour se frayer un chemin dans les broussailles. De temps à autre, il la brandissait pour désigner quelque chose d'intéressant : un petit bouquet de minuscules orchidées blanches dont les fleurs n'étaient pas plus grosses qu'un grain de riz ; une plante de la famille des myrtilles, dont les baies étaient d'un rouge éclatant ; un arbrisseau parasite aux fleurs orange vif. L'un des étudiants de Silman, William Farfan Rios, me tendit une feuille de la taille d'une grande assiette.

« C'est une nouvelle espèce », dit-il. Tout le long de ce chemin, Silman et ses étudiants ont trouvé trente espèces d'arbres inconnues jusqu'ici de la science. (Cette seule petite série de découvertes représente moitié plus d'espèces qu'il n'en existe dans la forêt boréale du Canada.) Ils soupçonnent qu'il pourrait bien y avoir trois cents autres nouvelles espèces attendant d'occuper une place formellement assignée dans la classification. Bien plus, ils ont découvert un genre totalement nouveau.

« Ce n'est pas comme trouver une sorte supplémentaire de chêne ou de noyer blanc d'Amérique, observa Silman. C'est comme trouver le chêne ou le noyer blanc d'Amérique. » Des feuilles prélevées sur des arbres appartenant à ce genre furent envoyées à un spécialiste de l'université de Californie à Davis, mais, malheureusement, celui-ci mourut avant d'avoir pu comprendre où placer cette nouvelle branche sur l'arbre taxinomique.

Bien qu'on fût en hiver dans les Andes et au plus fort de la saison sèche, le sentier était boueux et glissant. À force d'être emprunté, il s'était creusé en une sorte de ravine à flanc de montagne, de sorte que, tandis que nous y marchions, le niveau du sol était à hauteur des yeux. En différents endroits, les arbres, en poussant, l'avaient recouvert, si bien que le sentier devenait un tunnel. Dans le premier que nous avons traversé, il faisait sombre, l'ambiance était humide et froide, et de fines radicelles tombaient de partout. Les tunnels que nous avons rencontrés plus loin étaient plus longs et plus sombres, de sorte que, même en plein milieu de la journée, il fallait utiliser une lampe frontale pour avancer. J'eus souvent l'impression d'être entrée dans un très vilain conte de fées.

Nous sommes passés devant la Parcelle 1, située à une altitude de 3 400 mètres, mais sans nous y arrêter. La Parcelle 2, située à 3 200 mètres, avait récemment été balayée par un glissement de terrain ; Silman se réjouissait de cet accident, car ça l'intéressait de voir quelles sortes d'arbres allaient recoloniser cette zone.

Plus nous descendions, plus la forêt gagnait en densité. Les arbres n'étaient pas que des arbres ; ils devenaient comparables à des jardins botaniques, couverts de fougères, d'orchidées et de broméliacées, ainsi que de lianes qui pendaient. Par endroits, la végétation était si fournie que de petits tapis de terre s'étaient formés au-dessus du sol, desquels avaient germé des plantes autonomes (des forêts « suspendues dans les airs »). Dans ces conditions, où chaque tache de lumière, chaque petite parcelle de terrain disponible était occupée, la compétition pour les ressources était de toute évidence féroce, et il semblait presque possible de voir la sélection naturelle en action, recherchant « à chaque instant [...] les variations les plus légères ». (Selon une autre théorie, la très grande diversité régnant sous les tropiques s'expliquerait par la très forte compétition qui aurait poussé les espèces à se spécialiser de plus en plus, jusqu'à pouvoir ainsi coexister en grand nombre sur une surface de taille donnée.) J'entendais les oiseaux lancer leurs appels, mais je n'arrivais que rarement à les apercevoir ; il était, de manière générale, difficile de voir ces animaux à cause des arbres.

Quelque part aux alentours de la Parcelle 3, située à 2 950 mètres d'altitude, Silman sortit le sac à provisions rempli de feuilles de coca. Ses étudiants et lui-même transportaient beaucoup de choses lourdes dont les quantités me semblaient ridicules : un sac de pommes, un sac d'oranges, un livre sur les oiseaux de sept cents pages, un autre sur les plantes de neuf cents pages, un iPad, des bouteilles de benzène, une bombe aérosol de peinture, une meule de fromage, une bouteille de rhum. « La coca, m'expliqua Silman, diminue la sensation de lourdeur du sac à dos. » Elle a aussi pour effet de tromper la faim, d'atténuer les douleurs et d'aider à combattre le mal des montagnes. Outre mon propre équipement, on ne m'avait confié que peu de choses à porter ; cependant, il me sembla qu'il valait la peine d'essayer n'importe quoi pouvant alléger mon sac à dos. Je pris une poignée de feuilles et une pincée de bicarbonate de soude.

Ce que l'on voit depuis le sol de la Parcelle 4.

(Celui-ci, de même que toute autre substance alcaline, est nécessaire à la coca pour qu'elle produise ses effets pharmacologiques.) Les feuilles étaient coriaces et leur goût rappelait celui des vieux livres. Bientôt, je sentis mes lèvres s'engourdir et mes douleurs disparaître. Une heure ou deux plus tard, j'en réclamai de nouveau. (De nombreuses fois, depuis, j'ai regretté ce sac à provisions.)

En début d'après-midi, nous sommes arrivés à une petite clairière au sol détrempé où, me dit-on, nous allions passer la nuit. Nous étions à la lisière de la Parcelle 4, située à 2 700 mètres d'altitude. Silman et ses étudiants avaient souvent campé là auparavant, parfois pendant plusieurs semaines d'affilée. La clairière était jonchée de broméliacées qui avaient été arrachées, jetées au sol et grignotées. Le scientifique déclara que c'était là l'œuvre d'un ours à lunettes. Ce dernier, qu'on appelle aussi l'ours des Andes, est le dernier ours survivant en Amérique du Sud. Il est noir ou brun sombre, avec du beige autour des yeux, et il se nourrit principalement de plantes. Je n'avais jamais pensé qu'il y avait des ours dans les Andes, et je ne pus m'empêcher de penser à l'ours Paddington, arrivant à Londres en provenance du « Pérou le plus profond et le plus secret ».

Les dix-sept parcelles forestières de Silman couvrent chacune un hectare, et elles sont réparties, un peu comme des boutons sur la fermeture d'un grand manteau, le long d'une ligne de faîte qui, depuis le point culminant, s'abaisse progressivement jusqu'au bassin de l'Amazone, lequel est pratiquement au niveau de la mer. Dans les parcelles, Silman ou l'un ou l'autre de ses étudiants ont marqué chacun des arbres ayant plus de 10 centimètres de diamètre. Ceux-ci ont été mesurés ; on a déterminé à quelle espèce ils appartiennent et on leur a donné un numéro. Dans la Parcelle 4, il y a 777 arbres de plus de 10 centimètres, appartenant à soixante espèces différentes. Silman et ses étudiants se préparaient à recenser de nouveau les arbres dans toutes les parcelles, une tâche qui allait prendre plusieurs mois, estimait-on. Tous les arbres qui avaient déjà été marqués devraient être remesurés, et tout arbre apparu ou disparu depuis le précédent dénombrement devrait être ajouté ou retranché. Il y eut de longues discussions byzantines, menées en partie en anglais, en partie en espagnol, pour savoir comment réaliser exactement ce nouveau recensement. Le peu que j'en compris tournait autour de questions d'irrégularité des troncs des arbres. Ceux-ci ne sont pas parfaitement circulaires et c'est pourquoi, suivant la façon dont on positionne le compas forestier lors de la mesure, on peut obtenir des valeurs de diamètre différentes. Finalement, il fut décidé que le compas devrait être positionné avec sa mâchoire fixe posée sur un point de couleur rouge peint à la bombe aérosol sur chaque arbre.

Comme elles sont situées à des altitudes variées, les parcelles de Silman ont chacune une température annuelle moyenne différente. Par exemple, dans la Parcelle 4, la température moyenne est de 11,6 degrés centigrades. Dans la Parcelle 3, qui est située environ 250 mètres plus haut, elle est de 10,5 degrés, et dans la Parcelle 5, située environ 250 mètres plus bas, elle est de 13,3 degrés. Dans la mesure où les espèces tropicales tendent

Dans les parcelles, chaque arbre de plus de 10 centimètres de diamètre a été marqué.

à s'adapter à des fourchettes thermiques étroites, ces différences dans la température annuelle moyenne se traduisent par des taux de remplacement élevés ; des arbres abondants dans une parcelle donnée peuvent être complètement absents dans la parcelle suivante ou précédente.

« Certaines des espèces dominantes ont la fourchette altitudinale la plus étroite, me confia Silman. Cela suggère que les traits qui favorisent leur succès compétitif dans une fourchette donnée ne leur sont pas aussi favorables en dehors de celle-ci. » Dans la Parcelle 4, par exemple, 90 % des espèces d'arbres sont différentes de celles présentes dans la Parcelle 1, située seulement 760 mètres plus haut.

Silman a délimité ses parcelles en 2003. Il projetait de les visiter régulièrement, année après année, décennie après décennie, pour observer ce qui allait s'y passer. Comment les arbres allaient-ils répondre au changement climatique ? L'une des éventualités (que l'on pourrait appeler le « scénario de la forêt de Birnam ») était que les arbres de chaque zone se mettraient à remonter la pente. Bien sûr, les arbres ne peuvent pas réellement se déplacer, mais ils peuvent faire quelque chose qui revient pratiquement au même, c'est-à-dire disperser des graines qui seront à l'origine de nouveaux arbres. Selon ce scénario, des espèces présentes actuellement dans la Parcelle 4 commenceraient, avec le réchauffement climatique, à apparaître dans la Parcelle 3, située plus haut, tandis que celles présentes dans la Parcelle 3 apparaîtraient dans la Parcelle 2, et ainsi de suite. Silman, aidé de ses étudiants, avait terminé son premier recensement en 2007. Il pensait que ce travail initial s'inscrivait dans une étude à long terme et n'imaginait pas que l'on pourrait trouver grand-chose d'intéressant après seulement quatre années. Cependant, l'un de ses postdoctorants, Kenneth Feeley, insista pour passer au crible toutes les données en 2011. Ses résultats montrèrent que la forêt était déjà en marche, de façon mesurable.

Il existe différentes façons d'estimer le taux de migration des arbres, par exemple en se fondant sur leur nombre, ou, alternativement, sur leur masse. Feeley examina les taux de migration des arbres par genre. Pour résumer grossièrement, il s'aperçut que le réchauffement climatique était en train de repousser les genres vers le haut à raison de 2,50 mètres par an en moyenne. Il s'aperçut aussi que cette moyenne cachait une incroyable gamme de réponses. À l'instar des enfants qui se répartissent en bandes bien distinctes dans une cour de récréation, des arbres différents se comportaient de façon extrêmement différente.

Voici, par exemple, le cas des arbres du genre *Schefflera*[9]. Ces essences forestières font partie de la famille du ginseng, et leurs feuilles sont composées palmées, ce qui signifie que leurs folioles sont arrangées autour d'un point central, de la même façon que vos doigts sont disposés autour de votre paume. (L'une des espèces de ce genre, *Schefflera arboricola*, originaire de Taïwan, communément appelée « arbre-parapluie nain », est une plante d'intérieur courante.) Feeley a constaté que les arbres du genre *Schefflera* sont quasiment « hyperactifs » : ils grimpent à toute allure le long de la ligne de faîte au rythme ahurissant de 30 mètres par an.

À l'opposé, on trouve les arbres du genre *Ilex*. Ils ont des feuilles alternes, luisantes, aux bords hérissés de pointes ou dentelés. (Ce genre comprend, en Europe, l'espèce *Ilex aquifolium*, le houx commun.) Les arbres du genre *Ilex* se comportent comme les enfants qui passent la récréation affalés sur un banc. Tandis que les *Schefflera* sprintent en remontant la ligne de faîte, les *Ilex* restent plantés là, immobiles, plus ou moins inertes.

Nous n'avons pas à nous préoccuper, pour le moment, de quelque espèce (ou groupe d'espèces) qui ne pourrait pas affronter un certain degré de variation dans la température du milieu, parce que ce type d'espèce n'existe plus. Partout à la surface de la planète, les températures fluctuent, que ce soit entre le jour et la nuit ou bien d'une saison à l'autre. Même sous les tropiques, où la différence entre l'hiver et l'été est minime, les températures peuvent varier de façon importante entre la saison sèche et la saison des pluies. Les animaux ont développé toutes sortes de stratégies pour faire face à ces variations. Ils hibernent, entrent en estivation, ou bien migrent. Ils dissipent la chaleur en haletant, ou la conservent grâce à un épais manteau de fourrure. Les abeilles se réchauffent en contractant les muscles de leur thorax. Le tantale d'Amérique abaisse sa température en déféquant sur ses propres pattes. (Lorsqu'il fait vraiment très chaud, les tantales peuvent déféquer sur leurs pattes jusqu'à une fois par minute.)

Pendant la durée de vie d'une espèce, c'est-à-dire environ un million d'années, des variations de température à plus long terme entrent en jeu, comme celles dues aux changements de climat. Depuis les 40 derniers millions d'années environ, la Terre connaît une phase de refroidissement général. On ne sait pas exactement pourquoi il en est ainsi, mais une explication serait que la surrection de l'Himalaya a exposé de vastes étendues de roches aux agents d'érosion chimique, phénomène qui, à son tour, a fait baisser le taux de gaz carbonique dans l'atmosphère. Au début de cette longue phase de refroidissement, à la fin de l'Éocène, le monde était si chaud qu'il n'y avait presque pas de glace sur la planète. Vers 35 millions d'années avant notre époque, la température de la planète avait assez diminué pour qu'aient commencé à se former des glaciers dans l'Antarctique. Il y a environ trois millions d'années avant notre époque, la température avait baissé au point que l'Arctique, à son tour, gela et qu'une calotte polaire permanente s'y forma. Il y a environ deux millions et demi d'années, au début du Pléistocène, le monde entra dans une période de glaciations répétées. D'énormes couches de glace recouvrirent plusieurs fois l'hémisphère Nord, pour ne fondre complètement, à chaque fois, que quelques centaines de milliers d'années plus tard.

Même après que tout le monde eut admis l'existence d'âges glaciaires (l'idée en avait été proposée pour la première fois dans les années 1830 par Louis Agassiz, un protégé de Cuvier), personne n'avait été capable d'expliquer comment un phénomène aussi stupéfiant avait pu avoir lieu. En 1898, Wallace remarqua que « certains des esprits les plus pénétrants et les plus puissants de notre époque ont mis en œuvre toute leur ingéniosité » pour résoudre ce problème, mais jusqu'alors « complètement en vain[10] ». Il a fallu attendre encore environ soixante-quinze ans pour que la question soit résolue. On pense généralement aujourd'hui que les âges glaciaires furent provoqués par de petits changements dans l'orbite de la Terre, causés, entre autres choses, par l'attraction gravitationnelle de Jupiter et de Saturne. Les changements en question modifiaient l'ensoleillement à différents niveaux de latitude, à différents moments de l'année. Lorsque la quantité de lumière solaire dans les régions les plus nordiques restait très faible même durant l'été, la neige commençait à s'y accumuler. Ce phénomène déclenchait une série de rétroactions qui faisait baisser le taux de gaz carbonique dans l'atmosphère. La température chutait, ce qui entraînait une plus grande accumulation de glace, et ainsi de suite. Après un certain temps, le cycle orbital entrait dans une nouvelle phase et la série des rétroactions commençait à se dérouler en sens contraire. La glace se mettait à fondre, le taux de CO_2 atmosphérique montait, ce qui accentuait la fonte de la glace.

Au cours du Pléistocène, ce cycle de refroidissement-réchauffement s'est répété à une vingtaine de reprises, changeant à chaque fois le monde. La quantité d'eau retenue dans la glace à chaque épisode glaciaire était tellement grande que le niveau de la mer baissait d'environ 100 mètres et que le seul poids de la couche de glace suffisait à faire s'enfoncer la croûte terrestre, la poussant à l'intérieur du manteau. (En certains endroits, comme le nord de la Grande-Bretagne ou la Suède, le processus de rebond après la dernière glaciation se poursuit encore de nos jours.)

Comment les animaux et les plantes du Pléistocène ont-ils fait face à ces séries de chutes et de remontées des températures ? Selon Darwin, en migrant. Dans *L'Origine des espèces*, il décrit de vastes migrations à l'échelle des continents :

> Tandis que le froid arrivait et que chaque zone plus méridionale devenait plus propice aux organismes arctiques et moins hospitalière pour leurs précédents habitants, adaptés aux régions tempérées, ces derniers se trouvaient régulièrement supplantés et les productions arctiques prenaient leur place [...]. Au retour de la chaleur, les formes arctiques se retiraient régulièrement vers le nord, suivies de près dans leur retraite par les productions des régions plus tempérées[11].

L'explication de Darwin a, depuis, été confirmée par la découverte de toutes sortes de traces physiques et biologiques. Les chercheurs étudiant les squelettes externes anciens de coléoptères, par exemple, ont découvert que, pendant les âges glaciaires, même de minuscules insectes ont migré sur des milliers de kilomètres pour rester en phase avec le climat auquel ils étaient adaptés. (Pour ne donner qu'un seul exemple, *Tachinus caelatus* est un petit coléoptère d'un brun terne qui vit aujourd'hui dans les montagnes à l'ouest d'Oulan-Bator, en Mongolie. Pendant la dernière période glaciaire, il était très répandu en Angleterre.)

Le changement de température que l'on prévoit pour le siècle à venir est grossièrement du même ordre de grandeur que celui des oscillations de l'âge glaciaire. (Si les émissions de gaz à effet de serre se poursuivent au même rythme qu'actuellement, on s'attend à ce que les Andes se réchauffent de 4 °C, ce qui est beaucoup[12].) Cependant, si l'amplitude du changement de température est du même ordre qu'à l'âge glaciaire, la vitesse à laquelle il va se réaliser, elle, ne l'est pas ; et, pour le dire une fois de plus, la vitesse constitue un facteur crucial. De nos jours, le réchauffement procède au moins dix fois plus vite qu'il ne l'a fait à la fin de la dernière glaciation et à la fin de toutes les glaciations précédentes. Pour rester en phase, les organismes devront migrer, ou s'adapter de quelque autre façon, au moins dix fois plus rapidement. Dans les parcelles de Silman, seuls les arbres aux « pieds ailés » (aux « racines ailées » en l'occurrence), semblables à ceux du genre « hyperactif » *Schefflera*, restent en phase avec l'élévation des températures. On ne sait pas, pour le moment, combien d'espèces dans l'ensemble seront capables de se déplacer assez rapidement, bien que, comme Silman me l'a fait remarquer, il soit probable que nous obtiendrons la réponse dans les prochaines décennies, que nous le voulions ou non.

Le parc national de Manú, où se trouvent les parcelles de Silman, est situé au sud-est du Pérou, non loin des frontières de ce pays avec la Bolivie et le Brésil, et il s'étend sur près de 15 000 kilomètres carrés. Selon le Programme des Nations unies pour l'environnement, ce parc représente « peut-être la zone protégée dans laquelle la biodiversité est la plus élevée du monde ». De nombreuses espèces ne peuvent être trouvées que dans ce parc ou ses environs immédiats : c'est le cas, par exemple, de la fougère arborescente *Cyathea multisegmenta* ; d'un oiseau appelé gobe-mouches solitaire à joues blanches ; d'un rongeur nommé « rat à queue touffue de Barbara Brown » ; et d'un petit crapaud noir que l'on désigne seulement par son nom latin : *Rhinella manu*.

La première nuit de notre périple, l'un des étudiants de Silman, Rudi Cruz, insista pour que nous partions tous à la recherche de cet amphibien. Il en avait vu plusieurs spécimens lors d'une précédente visite, et il était certain que nous pourrions les retrouver, si nous les cherchions. J'avais lu récemment un article sur la propagation au Pérou de la mycose due au chytride (selon les auteurs, l'épidémie était déjà arrivée dans le parc national de Manú), mais je décidai de ne pas en parler[13]. Peut-être que *Rhinella manu* était encore là, auquel cas je voulais, bien entendu, le voir.

Nous avons attaché nos lampes frontales et commencé à descendre le long du chemin, comme des mineurs entrant en file indienne dans un puits de charbon. De nuit, la forêt était devenue un impénétrable fouillis d'un noir d'encre. Cruz ouvrait la marche, projetant le faisceau de sa lampe le long des troncs et scrutant les broméliacées. Le reste de la troupe faisait de même. Cette expédition dura à peu près une heure, au cours de laquelle on ne dénicha qu'un petit nombre de grenouilles brunâtres du genre *Pristimantis*. Au bout d'un moment, les participants à cette battue commencèrent à la trouver ennuyeuse et se mirent à regagner le campement. Cruz refusa d'abandonner. Pensant peut-être que le problème, c'était les autres, il prit le chemin dans la direction opposée. « Est-ce que tu as trouvé quelque chose ? » lui demandait périodiquement quelqu'un à la criée dans la nuit. « *Nada* », l'entendions-nous répéter en retour.

Le lendemain, après de nouvelles discussions ésotériques sur la façon de mesurer les arbres, nous avons plié bagages pour continuer à descendre le long de la ligne de faîte. En allant chercher de l'eau, Silman avait trouvé un petit bouquet de baies blanches, entremêlées avec ce qui ressemblait à des serpentins d'un violet vif. Il avait identifié cette structure comme l'inflorescence d'un arbre appartenant aux Brassicacées (la famille de la moutarde), mais il n'avait jamais rien vu de semblable auparavant, ce qui lui fit penser, me dit-il, que cela pourrait peut-être bien représenter une nouvelle espèce de plus. On pressa l'inflorescence dans du papier journal pour la transporter jusqu'en bas de la montagne. Le fait de penser que j'avais été présente au moment de l'éventuelle découverte d'une espèce, même si je n'y étais pour rien, me remplit d'une étrange fierté.

Reprenant le chemin, Silman se frayait un passage à coups de machette, s'arrêtant de temps à autre pour désigner une nouvelle curiosité botanique, comme un arbrisseau dérobant de l'eau à ses voisins en pointant vers eux des racines semblables à des aiguilles. Ce scientifique parle des plantes comme d'autres des stars de cinéma. Il me décrivit un arbre en le qualifiant de « charismatique ». D'autres étaient « cocasses », « extravagants », « chouettes », « astucieux » ou « stupéfiants ».

Vers le milieu de l'après-midi, nous avons émergé de la végétation pour nous retrouver sur une éminence d'où nous dominions une vallée et pouvions distinguer, en face, une autre ligne de faîte. Sur celle-ci, les arbres étaient secoués. C'était le signe que des singes laineux étaient en train de se déplacer à travers la forêt. Tout le monde s'arrêta pour essayer de les apercevoir. Tandis qu'ils sautaient de branche en branche, ils émettaient une sorte de gazouillement évoquant un peu le chant du grillon. Silman sortit le sac à provisions et le fit circuler.

Un peu plus tard, nous avons atteint la Parcelle 6, située à 2 220 mètres d'altitude, où l'on avait trouvé l'arbre appartenant à un nouveau genre. Silman agita sa machette pour le montrer. Cet arbre paraissait assez ordinaire, mais j'essayai de le voir avec ses yeux. Il était plus grand que la plupart de ses voisins (peut-être pouvait-on le décrire comme « majestueux » ou « sculptural »), possédait une écorce lisse et rougeâtre et des feuilles simples alternes. Il appartenait aux Euphorbiacées, c'est-à-dire à la famille de l'euphorbe, dans laquelle se range la plante d'intérieur appelée « poinsettia ». Silman était impatient d'inventorier le maximum de ses caractéristiques, de sorte que, lorsqu'on aurait trouvé un nouveau taxinomiste pour remplacer celui qui était décédé, il pourrait lui envoyer toutes les pièces nécessaires. Accompagné de Farfan, il alla voir ce qu'il était possible de trouver. Ils revinrent avec des capsules dont les parois étaient aussi épaisses et dures que celles des noisettes, mais avec la forme élégante d'une fleur de lys. Elles étaient brun sombre à l'extérieur et couleur de sable à l'intérieur.

Ce soir-là, le soleil se coucha avant que nous ayons atteint la Parcelle 8, où nous devions camper. Nous avons donc continué à marcher dans le noir, puis dressé nos tentes et préparé notre dîner toujours dans le noir. Je me glissai dans mon sac de couchage aux alentours de 21 heures, mais quelques heures plus tard, je fus réveillée par de la lumière. Je supposai que quelqu'un était parti uriner, et me retournai donc dans mon sac. Le lendemain matin, Silman me dit qu'il était surpris que j'aie pu dormir malgré tout le remue-ménage. Six groupes de *cocaleros* avaient traversé bruyamment le campement au cours de la nuit. (Au Pérou, la vente de coca est légale, mais toutes les transactions doivent, en principe, se faire par le biais d'une agence gouvernementale, ENACO, une réglementation que les producteurs s'efforcent de contourner le plus possible.) Chacun des groupes avait trébuché sur la tente de Silman. Finalement, il en avait été tellement agacé qu'il avait invectivé les *cocaleros*, ce qui, fut-il obligé d'admettre, n'avait probablement pas été très judicieux.

Dans le domaine de l'écologie scientifique, il est difficile d'arriver à formuler des règles. Au nombre de celles, peu nombreuses, qui sont acceptées par tout le monde figure la « relation nombre d'espèces/surface » que l'on considère comme quasiment aussi importante pour cette discipline que le tableau périodique des éléments pour la chimie. Dans sa formulation la plus générale, la relation nombre d'espèces/surface paraît tellement simple qu'elle semble presque aller de soi. Plus est grande la surface que vous explorez, plus sera grand le nombre d'espèces que vous y trouverez. Cette corrélation avait été remarquée dès les années 1770 par Johann Reinhold Forster, un naturaliste qui accompagna le capitaine Cook dans son deuxième voyage (c'est au cours du premier que le navigateur avait heurté la Grande Barrière de corail). Dans les années 1920, elle fut codifiée mathématiquement par un botaniste suédois, Olof Arrhenius. (Il se trouve qu'Olof était le fils du chimiste Svante Arrhenius, qui, dans les années 1890, avait montré que le fait de brûler les combustibles fossiles conduirait au réchauffement de la planète.) Elle fut encore améliorée et précisée par les biologistes américains E.O. Wilson et son collègue Robert MacArthur dans les années 1960.

La corrélation entre le nombre d'espèces et la dimension de la surface n'est pas linéaire. En fait, il s'agit d'une courbe dont on peut prédire la forme. En général, on exprime la relation nombre d'espèces/surface par la formule : $S = cA^z$, où *S* est le nombre d'espèces, *A* la dimension de la surface et *c* et *z* des constantes qui dépendent de la région et du groupe taxinomique que l'on considère (ce ne sont donc pas des constantes dans le sens usuel du terme). Cette relation représente une loi, parce qu'elle est applicable quel que soit le genre de surface considérée. Que vous étudiiez un archipel, une forêt tropicale humide ou un parc naturel régional près de chez vous, vous trouverez que le nombre des espèces varie obstinément en fonction de la même équation $S = cA^z$*.

* Il est important de remarquer que *z* est toujours inférieur à 1 (et généralement compris entre 0,20 et 0,35). *[N.d.A.]*

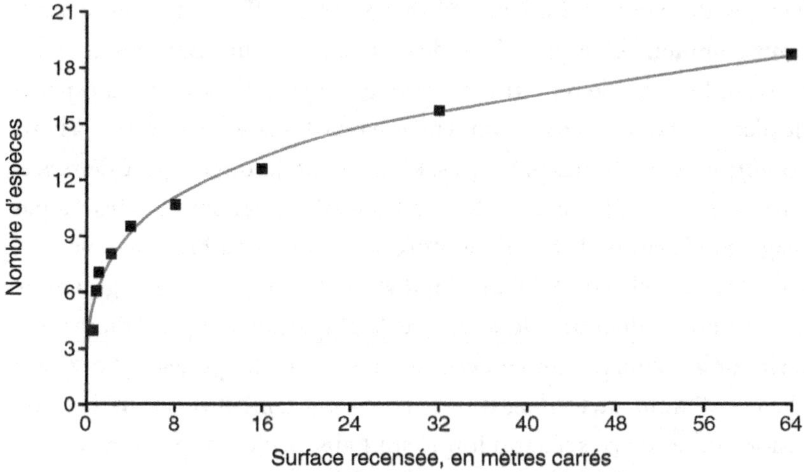

Diagramme typique de la relation nombre d'espèces/surface, montrant la forme de la courbe.

Si l'on doit réfléchir au sujet de l'extinction, la relation nombre d'espèces/surface a une importance cruciale. Il existe une façon (très simplifiée, bien sûr) de se représenter ce que l'homme est en train de faire subir à la planète : nous sommes en train de modifier partout la valeur de A. Considérez, par exemple, une prairie qui couvrait naguère une superficie de 1 000 kilomètres carrés. Supposons qu'elle ait été alors peuplée d'une centaine d'espèces d'oiseaux (ou de coléoptères, ou de serpents). Supposons encore que la moitié de cette prairie ait été éliminée (parce que convertie en terres agricoles ou en aires commerciales) : il serait possible de calculer, à l'aide de la relation nombre d'espèces/surface, la proportion d'espèces d'oiseaux (ou de coléoptères, ou de serpents) qui aurait été perdue. Très grossièrement, la réponse est : 10 %. (Ici, de nouveau, il est important de se rappeler que la relation n'est pas linéaire.) Puisqu'il faut beaucoup de temps avant que le système atteigne un nouvel équilibre, il ne faudrait pas s'attendre à ce que ces espèces disparaissent immédiatement ; mais on pourrait sûrement constater qu'elles seraient poussées dans cette direction.

En 2004, un groupe de scientifiques décida d'utiliser la relation nombre d'espèces/surface pour effectuer une première estimation basique des risques d'extinction dus au réchauffement de la planète. Pour commencer, les membres de cette équipe ont rassemblé les données sur les aires de répartition actuelles de plus d'un millier d'espèces de plantes et d'animaux. Ils ont ensuite relié les aires en question à leurs conditions climatiques présentes. Finalement, ils ont imaginé deux scénarios extrêmes. Dans l'un, toutes les espèces étaient censées ne pas réagir à l'élévation de la température, à l'instar des arbres du genre *Ilex* dans les parcelles de Silman. Tandis que la température augmentait, elles ne bougeaient pas, de sorte que, la plupart du temps, la dimension de la surface climatiquement convenable dont elles pouvaient disposer allait en diminuant, et, dans de nombreux cas, tendait vers zéro. Les prévisions tirées de ce scénario fondé sur l'absence de dispersion se révélèrent sombres. Dans le cas où le réchauffement resterait faible, l'équipe estima que 22 à 31 % des espèces seraient « promises à l'extinction » vers 2050. Si le réchauffement atteignait ce qui, à ce moment-là, paraissait le maximum probable (chiffre qui, maintenant, semble trop bas), 38 à 52 % des espèces seraient destinées à disparaître d'ici le milieu de ce siècle.

« Voici une autre façon d'exprimer la même chose », écrivit, à propos de ces résultats, Anthony Barnosky, un paléontologue de l'université de Californie à Berkeley. « Regardez autour de vous. Tuez la moitié de ce que vous voyez. Ou si vous vous sentez généreux, ne tuez qu'un quart de ce que vous voyez. C'est de cela que, semble-t-il, nous parlons dans les hypothèses évoquées[14]. »

Dans un second scénario plus optimiste, on supposait que les espèces étaient extrêmement mobiles. Dans ces conditions, lorsque la température augmentait, les organismes étaient capables de coloniser n'importe quelle aire présentant les conditions climatiques auxquelles ils étaient adaptés. Cependant, de nombreuses espèces se retrouvaient sans aucun lieu où aller. En effet, tandis que la planète se réchauffait, les conditions climatiques auxquelles elles étaient habituées n'existaient tout simplement plus. (Il est apparu que ces « conditions climatiques disparues » étaient majoritairement localisées dans les régions tropicales.) D'autres espèces voyaient leur aire de répartition diminuer parce que, pour rester en phase avec le climat, elles devaient migrer en altitude : or, en haut des montagnes, il y a moins de surface disponible qu'à leur base.

En étudiant ce scénario où toutes les espèces sont capables de migrer, l'équipe, conduite par Chris Thomas, biologiste à l'université d'York, trouva que, dans le cas du réchauffement le plus faible, 9 à 13 % des espèces étaient « promises à l'extinction » en 2050. Dans le cas du réchauffement le plus fort, les chiffres seraient de 21 à 32 %. En faisant la moyenne des deux scénarios, et en prenant une prévision de réchauffement intermédiaire, le groupe arriva à la conclusion que 24 % de toutes les espèces prendraient la direction de l'extinction.

Cette étude fit la couverture de la revue scientifique *Nature*[15]. Dans la presse « grand public », l'avalanche de chiffres fournie par les chercheurs se réduisit à un seul : « Le changement climatique pourrait conduire à l'extinction d'un million d'espèces dans le monde », annonça la BBC. Et *National Geographic* titra : « En 2050, le réchauffement aura condamné à mort un million d'espèces. »

Cette étude a depuis été critiquée pour de nombreuses raisons. Elle laisse de côté les interactions entre les organismes. Elle ne prend pas en compte la possibilité que les plantes et les animaux tolèrent une gamme de conditions climatiques plus large que ne le suggèrent celles prévalant dans leur aire de répartition actuelle. Elle envisage l'impact du changement climatique jusqu'à la date de 2050 seulement, alors que, même selon les prévisions les moins pessimistes, le réchauffement continuera bien au-delà de cette date. Elle applique la relation nombre d'espèces/surface à une série de conditions nouvelles, qui n'ont donc pas été évaluées.

Des études plus récentes ont donné des résultats divergeant, dans un sens comme dans l'autre, par rapport à ceux du papier publié dans *Nature*. Certaines ont conclu que le travail mené sous l'égide de Chris Thomas surestimait le nombre des extinctions qui pourraient vraisemblablement être causées par le changement climatique ; d'autres, qu'il les sous-estimait. Pour sa part, Thomas a admis que nombre des objections adressées à l'article de 2004 étaient peut-être fondées, mais il a souligné que toutes les estimations qui ont été proposées depuis cette date se situaient dans le même ordre de grandeur. Donc, remarqua-t-il, « c'est environ 10 % ou davantage d'espèces, et non pas 1 % ou 0,1 % », qui seront vraisemblablement exterminées à cause du changement climatique.

Dans un récent article, Thomas a suggéré qu'il serait utile de replacer ces chiffres dans le contexte des « phénomènes géologiques ». Il est « peu vraisemblable que le changement climatique, à lui seul, produise une extinction de masse aussi importante que l'une des cinq grandes », écrit-il. Cependant, il est « très vraisemblable que le changement climatique, par lui-même, puisse déterminer un niveau d'extinction équivalant plus ou moins à celui des extinctions légèrement "moins grandes" qui se sont produites dans le passé ».

« Les impacts potentiels du changement climatique induit par l'homme, conclut-il, soutiennent l'idée que nous sommes récemment entrés dans l'Anthropocène [16]. »

« Les Britanniques aiment bien tout baliser avec du plastique, me dit Silman. Nous, nous pensons que ce n'est pas très judicieux. » Nous en étions à notre troisième jour de marche sur le chemin et nous nous trouvions devant la Parcelle 8, où nous étions tombés sur un ruban de plastique bleu qui en marquait les limites. Silman soupçonnait que c'était là l'œuvre de ses collègues d'Oxford. Ce scientifique passe beaucoup de temps au Pérou (parfois plusieurs mois d'affilée), mais durant une grande partie de l'année, il en est absent, et toutes sortes de choses peuvent se produire sans qu'il en soit informé (et dont généralement il ne se soucie pas). Par exemple, au cours de notre périple, Silman trouva plusieurs paniers, confectionnés avec du grillage, qui avaient été suspendus dans les parcelles pour recueillir des graines. Manifestement, ils avaient été placés là à des fins de recherche, mais personne n'avait jugé bon de lui en parler, ni de lui en demander l'autorisation, de sorte qu'ils constituaient une sorte de piraterie scientifique. Je me représentai des scientifiques « voyous » en train de se faufiler dans la forêt tels des *cocaleros*.

Dans la Parcelle 8, Silman me présenta encore un arbre « réellement intéressant », *Alzatea verticillata*. Ce dernier sort de l'ordinaire, dans le sens où il constitue la seule espèce dans son genre, et, encore plus extraordinaire, la seule espèce dans sa famille. Il a des feuilles parcheminées, oblongues, d'un vert éclatant, et de petites fleurs blanches, qui, selon Silman, sentent le sucre brûlé lorsqu'elles éclosent. *Alzatea verticillata* peut atteindre une hauteur impressionnante, et à cette altitude particulière (environ 1 800 mètres), c'est l'arbre majoritaire dans la canopée de cette forêt. Il fait partie de ces espèces qui semblent être plantées là, immobiles.

Les parcelles de Silman fournissent elles aussi une réponse à l'article de Thomas, une réponse étayée par les faits plutôt que purement théorique. Les arbres sont évidemment beaucoup moins mobiles que, disons, les trogons (des oiseaux tropicaux très répandus dans le parc national de Manú), ou même les tiques. Pourtant, dans une forêt de nuages, les arbres structurent l'écosystème, tout comme les coraux structurent un récif. Certains types d'insectes dépendent de certains types d'arbres, et certaines sortes d'oiseaux dépendent de ces insectes, et ainsi de suite en remontant la chaîne alimentaire. L'inverse est également vrai : les animaux jouent un rôle crucial pour la survie de la forêt. Ce sont des pollinisateurs, et ils permettent la dispersion des graines ; qui plus est, les oiseaux empêchent les insectes de tout ravager. Les travaux de Silman suggèrent que le réchauffement climatique va, à tout le moins, restructurer les communautés écologiques. Des genres d'arbres différents vont répondre différemment au réchauffement, de sorte que les groupements actuels vont se défaire. D'autres vont se former. Dans le cadre de cette restructuration à l'échelle de la planète, certaines espèces vont prospérer. De nombreuses plantes peuvent, en fait, tirer avantage de taux plus élevés de gaz carbonique, puisqu'il leur sera plus facile d'obtenir le CO_2 dont elles ont besoin pour la photosynthèse. D'autres seront désavantagées, et finalement disparaîtront.

Silman se décrit comme un optimiste. Ce trait de caractère se reflète (ou, du moins, se reflétait) dans sa recherche. « Mon laboratoire a été un peu le laboratoire de l'espoir », me dit-il. Ce scientifique a soutenu publiquement l'idée qu'avec de meilleures mesures de surveillance et des réserves bien situées, on pourrait atténuer beaucoup des nombreuses menaces qui pèsent sur la biodiversité, comme l'exploitation forestière illégale, l'extraction des minerais ou le développement de grandes surfaces vouées à l'élevage.

« Même dans les régions tropicales, nous savons comment arrêter tout cela, a-t-il prévenu. Nous voyons se mettre en place de meilleures mesures de régulation. »

Cependant, dans un monde dont la température augmente rapidement, la question des réserves bien situées devient, sinon presque discutable, du moins extrêmement problématique. Contrairement à, disons, une entreprise d'exploitation forestière, on ne peut forcer le changement climatique à respecter les frontières. Il va affecter les conditions de vie dans le parc national de Manú tout aussi sûrement qu'il va les altérer à Cuzco ou à Lima. Et lorsque de nombreuses espèces commencent à migrer, une réserve, qui occupe un endroit fixe dans l'espace, ne peut contrecarrer les extinctions.

« On est en train de faire subir aux espèces une série de contraintes qualitativement différentes, m'expliqua Silman. Dans d'autres cas où l'homme avait perturbé la nature, on pouvait toujours envisager la possibilité de refuges spatiaux. Mais le climat, lui, affecte tout. » À l'instar de l'acidification des océans, il s'agit d'un phénomène planétaire ou, pour emprunter l'expression de Cuvier, d'une « révolution de la surface du globe ».

Cet après-midi-là, nous avons atteint une piste. Silman avait cueilli diverses plantes qui l'intéressaient et qu'il voulait rapporter à son laboratoire. Elles étaient sanglées sur son énorme sac à dos, de sorte qu'il ressemblait à un Johnny Appleseed* de la forêt de nuages. Il y avait du soleil,

* Surnom d'un célèbre pionnier et botaniste américain, John Chapman (1774-1825), qui introduisit et planta de nombreuses variétés de pommiers aux États-Unis (*appleseed* = pépins de pomme).

mais il avait plu récemment, et des groupes de papillons noirs, rouges ou bleus voletaient au-dessus des flaques. De temps à autre, un camion passait en grondant, chargé de troncs d'arbres. Les papillons n'étaient pas capables de se disperser assez rapidement, aussi la route était-elle jonchée d'ailes brisées.

Nous avons marché jusqu'à atteindre un ensemble de gîtes pour touristes. La zone dans laquelle nous étions entrés, me dit Silman, est célèbre chez les ornithologues, et rien qu'en marchant (péniblement) le long de la route, nous avons vu tout un assortiment multicolore d'espèces : des tangaras dorés, de la couleur des boutons-d'or ; des tangaras évêques, de la couleur des bleuets ; et des tangaras à cou bleu, avec leur capuchon d'un bleu turquoise éblouissant. Nous avons aperçu également un tangara à bec d'argent, au ventre rouge vif, ainsi qu'une volée de coqs de roche péruviens, bien connus pour leur plumage écarlate. Les mâles de cette dernière espèce ont la tête ornée d'une haute crête arrondie en forme de disque et lancent des cris d'appel grinçants donnant l'impression qu'ils sont fous.

À divers moments de l'histoire de la Terre, les types d'organismes que l'on rencontre aujourd'hui exclusivement sous les tropiques possédaient des aires de répartition bien plus étendues. Au milieu du Crétacé, par exemple, dans un intervalle de temps compris entre 120 et 90 millions d'années avant aujourd'hui, les arbres à pain prospéraient jusqu'au niveau du golfe d'Alaska, ce qui représente une latitude très septentrionale. Au début de l'Éocène, il y a 50 millions d'années, des palmiers poussaient en Antarctique et des crocodiles barbotaient dans les mers peu profondes autour de l'Angleterre. Il n'y a aucune raison théorique de supposer qu'un monde plus chaud présenterait une biodiversité bien moindre qu'un monde plus frais ; au contraire, plusieurs explications possibles du « gradient latitudinal de diversité » laissent supposer que, sur le long terme, un monde plus chaud abriterait une plus grande biodiversité. À court terme, cependant, c'est-à-dire sur une échelle de temps qui a un sens pour l'homme, les choses se présentent sous une tout autre tournure.

Pratiquement, toute espèce existant de nos jours peut être considérée comme adaptée au froid. Les tangaras dorés et les coqs de roche, sans parler des geais bleus, des cardinaux et des hirondelles de cheminée, ont tous survécu à la dernière glaciation de l'âge glaciaire. Ces espèces ou des espèces étroitement apparentées ont aussi survécu à la précédente glaciation, et encore à la précédente, et ainsi de suite, en remontant jusqu'à deux millions et demi d'années avant aujourd'hui. Au cours de la plus grande partie du Pléistocène, les températures étaient significativement plus basses que de nos jours (en raison du rythme du cycle orbital, les périodes glaciaires avaient tendance à durer plus longtemps que les interglaciaires), de sorte qu'un avantage évolutif échut aux organismes capables d'affronter des conditions hivernales. Pendant ce temps, au cours de ces deux millions et demi d'années, il n'y eut aucun avantage à être capable de faire face à plus de chaleur, car les températures n'ont jamais été plus élevées qu'elles ne le sont aujourd'hui. Si l'on considère que les oscillations thermiques qui se sont succédé durant tout le Pléistocène (les périodes glaciaires froides étant suivies de périodes interglaciaires plus chaudes) forment comme une série de montagnes russes dans le domaine des températures, nous nous trouvons aujourd'hui au sommet d'une de ces montagnes.

Pour retrouver des niveaux de gaz carbonique dans l'atmosphère (et donc, en fin de compte, des températures mondiales) plus élevés qu'aujourd'hui, il faut remonter très loin, peut-être jusqu'au milieu du Miocène, il y a 15 millions d'années[17]. Il est tout à fait possible que, vers la fin de ce siècle, le taux de gaz carbonique puisse atteindre un niveau qui n'a pas été vu depuis le temps des palmiers en Antarctique, c'est-à-dire depuis l'Éocène, il y a quelque 50 millions d'années. Actuellement, il est impossible de dire si les espèces possèdent encore les traits qui ont permis à leurs ancêtres de prospérer dans ce monde ancien plus chaud.

« Les plantes pourraient déployer toutes sortes de stratégies pour tolérer des températures plus élevées, m'exposa Silman. Elles pourraient fabriquer des protéines spéciales. Elles pourraient modifier leur métabolisme, des choses comme ça. Mais la tolérance thermique peut être coûteuse. Et nous n'avons pas vu, depuis des millions d'années, des températures comme celles que l'on prévoit. Alors la question est la suivante : les plantes et les animaux ont-ils retenu, durant cet énorme intervalle de temps, ces caractéristiques potentiellement coûteuses (sachant que, durant l'intervalle de temps en question, des radiations évolutives entières sont apparues puis ont disparu chez les mammifères) ? Si oui, nous pourrions avoir une agréable surprise. » Mais qu'en sera-t-il si la réponse est non ? Qu'en sera-t-il s'ils ont perdu ces caractéristiques coûteuses, parce que, pendant de nombreux millions d'années, elles n'ont procuré aucun avantage ?

« Si l'évolution fonctionne comme elle le fait habituellement, prévient Silman, alors, le phénomène d'extinction prévisible – on ne l'appelle pas extinction, on dit "attrition biotique", un bel euphémisme – va commencer à apparaître comme apocalyptique. »

Chapitre 9

Des îles sur la terre ferme

Eciton burchellii

La route nationale BR-174 quitte la ville de Manaus, dans l'État brésilien d'Amazonas, pour se diriger presque en ligne droite vers le nord, jusqu'à la frontière avec le Venezuela. Autrefois, elle était jonchée d'épaves de voitures qui avaient dérapé et glissé sur le bas-côté, mais depuis qu'elle a été goudronnée il y a une vingtaine d'années, il est devenu plus facile d'y circuler, et aujourd'hui, au lieu de carcasses brûlées, on y trouve de loin en loin un café offrant ses services aux voyageurs. Après une heure de route environ, les cafés disparaissent, et au bout d'une heure supplémentaire, une sortie s'ouvre sur une petite route locale, la ZF-3, qui se dirige vers l'est. Celle-ci n'est pas goudronnée, et, en raison de la couleur de la terre en Amazonas, elle donne l'impression d'une entaille orange vif balafrant le paysage. Si l'on suit la ZF-3 pendant encore trois quarts d'heure, on parvient à un portail de bois fermé par une longue chaîne. De l'autre côté du portail, on est accueilli par des vaches somnolentes. Au-delà des vaches, on aperçoit ce que l'on appelle la « Réserve 1202 ».

On pourrait comparer la « Réserve 1202 » à une île au centre de l'Amazonie. J'y parvins par une très chaude journée sans nuages, au beau milieu de la saison des pluies. Après avoir parcouru une quinzaine de mètres, le feuillage était si dense que, malgré le soleil au zénith, il y faisait sombre comme dans une cathédrale. D'un arbre voisin provint un cri perçant et aigu qui me fit penser au coup de sifflet d'un policier. On me dit qu'il s'agissait du cri d'appel d'un petit oiseau sans prétention, le piauhau hurleur. Il hurla de nouveau, puis se tut.

Contrairement à une île naturelle, la Réserve 1202 a la forme d'un carré presque parfait. Elle représente 10 hectares de forêt tropicale humide à l'état vierge, entourée d'une « mer » de broussailles. Vue d'avion, elle ressemble à un radeau vert flottant sur des vagues de brun.

La Réserve 1202 fait partie d'un archipel d'îles amazoniennes portant des noms d'hôpitaux : Réserve 1112, Réserve 1301, Réserve 2107. Certaines de ces réserves ont une superficie inférieure à 10 hectares ; d'autres sont nettement plus étendues. Mises bout à bout, elles représentent l'une des plus vastes expériences de longue durée dans le monde, nommée « étude de la dynamique biologique de fragments de forêt ». À peu près chaque mètre carré de ces parcelles a été étudié : par un botaniste qui a marqué les arbres ; par un ornithologue qui a bagué les oiseaux ; par un entomologiste qui a recensé les mouches drosophiles. Lorsque j'ai visité pour la première fois la Réserve 1202, je suis tombée sur un étudiant venu du Portugal, qui s'intéressait aux chauves-souris. À midi, il venait de se réveiller et était en train de manger des pâtes dans une cabane qui servait de « station de recherche avec cuisine ». Tandis que nous discutions, un cow-boy très maigre arriva à cheval, sa monture à peine moins efflanquée que lui. Il avait un fusil passé à l'épaule. Je n'arrivai pas à déterminer s'il était venu parce que, ayant entendu le bruit du camion qui m'avait conduite ici, il voulait protéger l'étudiant contre d'éventuels importuns, ou parce qu'il avait compris que des pâtes étaient sur le point d'être servies.

L'« étude de la dynamique biologique des fragments de forêt » est née d'une collaboration inattendue entre les éleveurs de bétail et les biologistes spécialistes de la conservation de la nature. Dès les années 1970, le gouvernement brésilien a encouragé les éleveurs à s'installer au nord de Manaus, une région alors largement inhabitée. Ce plan revenait à

Vue aérienne de fragments de forêt au nord de Manaus.

subventionner la déforestation : tout éleveur qui acceptait de déménager dans la forêt tropicale humide, d'y couper des arbres et de commencer à y élever des vaches recevait de l'argent de la part du gouvernement. Parallèlement, la loi brésilienne obligeait les propriétaires terriens à laisser intacte au moins la moitié de la forêt située sur leurs terres. La contradiction entre ces deux objectifs donna une idée à un biologiste américain, Tom Lovejoy. Et si l'on pouvait convaincre les éleveurs de laisser les scientifiques décider quels arbres couper et quels autres préserver ? « L'idée était simple, me confia Lovejoy. Je me demandais si l'on pouvait persuader les Brésiliens de les aider à organiser la moitié de leurs terres afin de mettre en place une expérimentation géante. » Dans ce cas, il deviendrait possible d'étudier de façon maîtrisée un processus anarchique qu'on retrouvait partout sous les tropiques et, de fait, partout dans le monde.

Lovejoy prit l'avion pour Manaus et présenta son plan aux autorités brésiliennes. Il fut plutôt surpris de constater que celles-ci l'adoptèrent.

L'étude dure maintenant depuis plus de trente ans, et n'a jamais connu d'interruption. Les étudiants ayant travaillé dans les réserves sont à présent tellement nombreux qu'un nouveau terme a été créé pour les désigner : les « fragmentologues [1] ». De son côté, l'« étude de la dynamique biologique des fragments de forêt » a été qualifiée de « plus importante expérimentation en écologie scientifique qui ait jamais été menée[2] ».

Actuellement, on comptabilise environ 130 millions de kilomètres carrés de terre ferme sur la planète non recouverte par de la glace : ce chiffre de référence est utilisé pour calculer l'impact des activités humaines. Selon une étude récente publiée par la Société géologique d'Amérique, l'homme a « complètement transformé » plus de la moitié de cette étendue de terre (*grosso modo*, 70 millions de kilomètres carrés), principalement en la convertissant en terres agricoles ou en pâturages, mais aussi en construisant des villes, des aires commerciales et de grandes retenues d'eau, ainsi qu'en exploitant les forêts, les mines et les carrières[3]. En ce qui concerne les 60 millions de kilomètres carrés restants, les trois cinquièmes environ sont couverts de forêts (comme le disent les auteurs, « naturelles, mais pas nécessairement vierges »), et le reliquat correspond à des régions de haute montagne, des déserts ou des toundras. Selon une autre étude récente, publiée par la Société d'écologie d'Amérique, ces chiffres, bien qu'impressionnants, sous-estiment l'impact de l'homme[4]. Les auteurs de cette seconde étude, Erle Ellis, de l'université du Maryland, et Navin Ramankutty, de l'université McGill, soutiennent que penser en termes de biomes, définis par le climat et la végétation (par exemple, la prairie des zones tempérées ou la forêt boréale), n'a plus de sens. Dès lors, ils considèrent que le monde est réparti en nouvelles grandes unités, qu'ils appellent des « anthromes ». Il y a un anthrome « urbain », qui s'étend sur 1,3 million de kilomètres carrés ; un anthrome des « terres agricoles irriguées » (2,5 millions de kilomètres carrés) et un anthrome des « forêts habitées » (11,5 millions de kilomètres carrés). Ellis et Ramankutty dénombrent en tout dix-huit « anthromes », qui, tous réunis, couvrent plus de 100 millions de kilomètres carrés. Ce recensement laisse à part quelque 30 millions de kilomètres carrés. Ces zones n'entrant pas dans la catégorie des « anthromes » sont largement inhabitées et correspondent à de vastes morceaux de l'Amazonie, à une grande partie de la Sibérie et du nord du Canada et à des portions importantes du Sahara, du désert de Gobi (en Mongolie) et du Grand Désert de Victoria (en Australie). Ellis et Ramankutty les appellent des « terres sauvages ».

Cependant, même dans l'Anthropocène, il n'est pas sûr que ces « terres sauvages » méritent une telle appellation. Les toundras sont parcourues par des pipelines, les forêts boréales par des réseaux de capteurs sismiques. Des ranchs, des plantations et des barrages hydroélectriques entament la forêt tropicale humide. Au Brésil, on parle de « squelettes de poisson » pour désigner un mode de déforestation qui débute par la construction d'une grande route principale (la colonne vertébrale, selon la métaphore du squelette) et qui conduit ensuite à la création de quantité de routes (quelquefois illégales), plus petites et perpendiculaires à la première (les côtes du « squelette »). De ce fait, la forêt est découpée en longues bandes étriquées. De nos jours, on a, à un degré ou à un autre, pénétré à la tronçonneuse dans tous les endroits sauvages, voire rasé plus ou moins complètement ces derniers. Voilà donc ce qui confère une telle importance à l'expérience de Lovejoy sur les fragments de forêt. Avec sa forme carrée, absolument inexistante dans la nature, la Réserve 1202 devient chaque jour davantage une incarnation métaphorique de la tournure « non naturelle » que le monde est en train de prendre.

La composition de l'équipe de chercheurs impliqués dans l'« étude de la dynamique biologique des fragments de forêt » est constamment redistribuée, de sorte que ceux qui travaillent sur ce sujet depuis des années ne sont jamais tout à fait sûrs de savoir avec qui ils devront collaborer quand ils se retrouveront sur le terrain. Un jour, je pris la route pour la Réserve 1202 en compagnie de Mario Cohn-Haft, un ornithologue américain qui avait d'abord participé à cette étude au milieu des années 1980 en tant que professeur stagiaire. Depuis, il avait épousé une Brésilienne, et occupait maintenant un poste à l'Institut national de recherches amazoniennes à Manaus. Il est grand, mais de carrure étroite, possède des cheveux gris clairsemés et des yeux bruns mélancoliques. Cohn-Haft réserve aux oiseaux la même affection et le même enthousiasme que Miles Silman aux arbres tropicaux. Je lui demandai combien d'espèces d'oiseaux amazoniennes il pouvait reconnaître d'après leurs cris d'appel, et il me regarda sans comprendre. Lorsque je reformulai la question, la réponse fut : « Toutes. » Officiellement, il existe environ 1 300 espèces d'oiseaux en Amazonie, mais selon Cohn-Haft, il y en a en réalité bien plus, parce que les ornithologues se sont beaucoup trop reposés sur des traits tels que la taille ou le plumage et n'ont pas prêté suffisamment attention aux cris. Des oiseaux qui paraissent plus ou moins identiques mais qui lancent des cris d'appel différents se révèlent souvent, me dit-il, génétiquement distincts. À l'époque de notre visite à la Réserve 1202, Cohn-Haft était sur le point de publier un article rapportant la découverte de plusieurs nouvelles espèces qu'il avait identifiées grâce à l'écoute soigneuse de leurs cris d'appel. L'une de ces dernières, un oiseau nocturne de la famille des ibijaux, possédait un cri d'appel triste et obsédant, que les habitants de la région attribuent quelquefois au Curupira, un personnage du folklore brésilien. Celui-ci est doté d'un visage de jeune garçon, d'une chevelure fournie et de pieds tournés vers l'arrière. Il s'attaque aux braconniers et à tous ceux qui prennent dans la forêt plus que ce dont ils ont besoin.

Dans la mesure où l'aube est le meilleur moment pour entendre les cris des oiseaux, avec Cohn-Haft nous nous sommes mis en route pour la Réserve 1202 alors qu'il faisait encore nuit, peu après quatre heures du matin. Notre premier arrêt fut pour une tour métallique, construite pour héberger une station météorologique. Depuis le sommet de cet édifice de 40 mètres de haut et fortement attaqué par la rouille, on disposait d'une vue panoramique sur la canopée de la forêt. Cohn-Haft avait apporté une puissante longue-vue, qu'il installa sur un trépied. Il avait aussi avec lui un iPod et un haut-parleur miniature qui tenaient dans sa poche. L'iPod contenait des centaines d'enregistrements de cris d'appel, et parfois, lorsqu'il entendait un oiseau qu'il n'arrivait pas à localiser, il diffusait son cri d'appel dans l'espoir que cela l'inciterait à se dévoiler.

« En fin de journée, on peut avoir entendu cent cinquante espèces d'oiseaux et en avoir aperçu seulement dix », me dit-il. De temps en temps, on apercevait un éclair de couleur sur le fond vert de la végétation, et de cette façon, je réussis à distinguer ce que Cohn-Haft reconnut successivement comme un pic à chevron d'or, un tityre gris et un touï para. Il dirigea la longue-vue sur une tache de bleu qui se révéla être le plus bel oiseau que j'aie jamais vu : un guit-guit saï, avec une poitrine bleu saphir, des pattes écarlates et une calotte d'un bleu-vert éclatant.

Tandis que le soleil s'élevait dans le ciel et que les cris d'appel devenaient moins fréquents, nous sommes repartis. Alors que la température était devenue comparable à celle d'une fournaise et que nous étions tous deux trempés de sueur, nous avons atteint le portail cadenassé par une chaîne qui marque l'entrée de la Réserve 1202. Cohn-Haft choisit l'un des chemins aménagés pour circuler dans ce fragment de forêt, et nous avons marché avec difficulté jusqu'en un point que le scientifique estimait être à peu près le centre du carré. Il s'arrêta pour écouter. On n'entendait pas grand-chose.

« Pour le moment, je n'entends que deux espèces d'oiseaux, m'annonça-t-il. L'un des cris d'appel semble dire : “Oups, louksse l'aïe k'réne*” et il s'agit d'un pigeon plombé. C'est une espèce courante dans les forêts primaires. L'autre fait quelque chose comme : “Tchoudeule, tchoudeule, piipe”. » Ce son ressemble à ceux qu'émet un flûtiste pendant ses exercices. « C'est un sourciroux mélodieux. Et c'est une espèce typique des forêts secondaires ou de la lisière des pâturages, que l'on n'entendrait donc pas normalement dans les forêts primaires. »

Cohn-Haft m'expliqua que, lorsqu'il avait travaillé pour la première fois à la Réserve 1202, il avait eu pour tâche de capturer et de baguer les oiseaux puis de les relâcher, un travail appelé, pour faire court, le « baguer-libérer ». Les oiseaux étaient attrapés dans des filets tendus dans la forêt,

* Cette transcription phonétique (non conventionnelle) essaye de rendre compte du cri d'appel en question qui, transcrit en anglais, donne une sorte de phrase : « *Whoops, looks like rain* », signifiant : « Houps ! On dirait qu'il pleut. »

s'élevant du sol sur une hauteur de 1,80 mètre. On avait commencé à les recenser avant que les fragments de forêt aient été délimités, puis on avait repris le recensement, de façon à pouvoir comparer les chiffres. Sur l'ensemble des réserves (il y en avait onze au total), Cohn-Haft et ses collègues avaient bagué près de 25 000 oiseaux[5].

« Le premier résultat, qui surprit tout le monde bien qu'il ne représente pas quelque chose de très important par rapport aux grands phénomènes en cours, fut de constater un effet du type du refuge, m'expliqua-t-il tandis que nous nous tenions à l'ombre. Lorsqu'on a rasé la forêt environnante, le taux de capture des oiseaux – simplement le nombre des individus que l'on capturait, et parfois aussi celui des espèces – a grimpé à peu près pendant toute la durée de la première année. » Apparemment, les oiseaux provenant des aires soumises à la déforestation cherchaient à se réfugier dans les fragments de forêt. Pourtant, progressivement, à mesure que le temps passait, le nombre aussi bien que la diversité des oiseaux ont commencé à diminuer. Sans que jamais cette diminution prenne fin.

« En d'autres termes, conclut Cohn-Haft, il n'y a pas eu établissement brutal d'un nouvel équilibre avec moins d'espèces. Il y a eu dégradation constante de la diversité au cours du temps. » Et ce qui valait pour les oiseaux valait aussi pour d'autres groupes zoologiques.

Intéressons-nous maintenant aux véritables îles (et non plus à celles qui désignent un habitat délimité par son isolement). Les îles tendent à être pauvres en espèces (pour employer les termes techniques, les scientifiques disent que, dans les îles, le peuplement en espèces est généralement « appauvri »). Ce phénomène se vérifie dans le cas des îles volcaniques situées en plein milieu des océans, mais aussi, très curieusement, dans le cas des îles dites « continentales » situées très près des côtes. Les chercheurs qui ont étudié ce type d'îles, lesquelles se forment à la suite de l'élévation du niveau de la mer, ont toujours constaté qu'elles présentent une moins grande diversité en espèces que les continents dont elles faisaient précédemment partie.

Pourquoi en est-il ainsi ? Pourquoi la diversité s'effondre-t-elle nécessairement en cas d'isolement ? Pour certaines espèces, la réponse est assez facile : la parcelle de territoire sur laquelle elles ont été repoussées ne leur offre pas d'habitat adéquat. Un grand félin qui requiert un terrain de chasse de 100 kilomètres carrés ne va, selon toute vraisemblance, pas survivre bien longtemps dans une aire qui n'en représente que 50. Une minuscule grenouille qui pond ses œufs dans une mare et trouve sa nourriture à flanc de coteau a besoin à la fois d'une mare et d'un flanc de coteau pour survivre.

Cependant, si l'absence de conditions adéquates dans l'habitat constituait le seul problème, les îles continentales devraient se stabiliser assez rapidement à un niveau inférieur de biodiversité. Or, ce n'est pas le cas. Elles continuent à subir une hémorragie d'espèces, processus qualifié, de façon surprenante, du nom positif de « relaxation ». Sur certaines îles continentales formées par l'élévation du niveau de la mer à la fin du Pléistocène, on a estimé que la relaxation avait pris plusieurs milliers d'années avant d'atteindre son terme ; sur d'autres îles, ce processus est peut-être encore en cours[6].

Les spécialistes d'écologie scientifique expliquent que le processus de relaxation est le fait du hasard. Les aires de dimensions restreintes abritent des populations réduites, et ces dernières sont très vulnérables aux événements aléatoires. Pour prendre un exemple extrême, supposons qu'une île abrite un seul couple reproducteur d'une espèce d'oiseau X. Une année donnée, le nid qu'ils auraient construit dans un arbre serait emporté par un ouragan. L'année suivante, tous les poussins se révéleraient être des mâles, et l'année d'après, la nichée serait totalement détruite par l'attaque d'un serpent. L'espèce X se dirigerait donc ici vers l'extinction locale. Si l'île abritait deux couples reproducteurs, le risque que tous deux subissent la même série de malchances fatales serait plus faible, et si elle abritait vingt paires, le risque serait encore plus faible. Pourtant, les risques faibles peuvent, sur le long terme, se révéler tout de même fatals. On peut se représenter cette hypothèse en se référant au jeu de pile ou face. Il est peu probable qu'on obtienne une série de dix « face » à la suite, lors des dix ou vingt ou cent premiers lancers de la pièce de monnaie. Cependant, si on jette celle-ci un nombre de fois suffisamment élevé, même une série peu probable finira vraisemblablement par se réaliser. Les lois des probabilités conduisent à des prédictions tellement certaines qu'il n'est guère besoin de rechercher les preuves empiriques des risques encourus par les populations de dimensions restreintes ; cependant, on dispose de telles preuves. Au cours des années 1950 et 1960, les ornithologues ont méticuleusement observé et noté le devenir de tous les couples d'oiseaux reproducteurs et de leurs nichées sur l'île de Bardsey, au large du pays de Galles, qu'il s'agisse d'espèces y nichant fréquemment, telles que le moineau domestique ou l'huîtrier-pie, ou d'espèces y nichant bien plus occasionnellement, telles que le grand gravelot ou le courlis cendré. Dans les années 1980, les données ainsi recueillies ont été analysées par Jared Diamond qui, à l'époque, travaillait comme ornithologue et étudiait plus particulièrement les oiseaux de Nouvelle-Guinée. Ce scientifique a ainsi mis en évidence la forme de la courbe reliant le risque pour une espèce de disparaître de l'île et le nombre de ses couples reproducteurs : cette courbe décroissait de façon exponentielle à mesure que le nombre de couples augmentait. Donc, écrivit-il, le facteur principal du risque d'extinction locale était « le faible niveau des effectifs de la population[7] ».

Bien entendu, on ne rencontre pas les populations de petite taille uniquement sur les îles. Une mare peut présenter une population réduite de grenouilles, un pré, un nombre limité de campagnols. Par ailleurs, dans le cours ordinaire de la vie des populations, des extinctions locales se produisent constamment. Cependant, quand une extinction de ce genre résulte d'une série de malchances, le terrain sera par la suite vraisemblablement recolonisé par les membres d'autres populations, étrangères et plus chanceuses. La particularité des îles (qui explique le phénomène de relaxation) est que la recolonisation y est très difficile et, en fait, le plus souvent impossible. (Si une île continentale possède une population relique de tigres, par exemple, et si cette population s'éteint soudainement, il est peu probable que de nouveaux tigres s'y rendent à la nage.) Il en va de même pour n'importe quelle aire résultant de la fragmentation d'un habitat. En fonction de la nature du terrain entourant l'aire en question, les espèces ne sont pas toutes capables d'effectuer sa recolonisation une fois qu'elle a perdu sa population. Les chercheurs réalisant l'« étude de la dynamique biologique des fragments de forêt » (« l'Étude ») ont observé par exemple que certains oiseaux, comme le manakin à tête blanche, franchissent facilement et régulièrement les zones défrichées pour l'aménagement des routes, tandis que d'autres, comme le fourmilier zébré, se montrent très réticents à agir de même[8]. En l'absence de recolonisation, les extinctions locales peuvent prendre une dimension régionale, puis, finalement, mondiale.

À quelque 16 kilomètres de la Réserve 1202, la piste s'arrête. Commence alors une étendue de forêt qui, selon les critères en vigueur de nos jours, peut être reconnue comme « vierge ». Les chercheurs de « l'Étude » y ont délimité des sections servant de parcelles de « contrôle », de façon à pouvoir comparer le cours des événements dans les fragments de forêt à ce qui se passe dans la forêt non fragmentée. Non loin de l'extrémité de la route se trouve un petit camp, baptisé Camp 41, où les scientifiques peuvent se restaurer, dormir ou essayer d'échapper à la pluie. Je m'y suis rendue un après-midi en compagnie de Cohn-Haft juste au moment où les cieux passaient à l'offensive. Nous avons couru à travers la forêt, mais en vain ; nous sommes arrivés trempés au Camp 41.

Plus tard, le déluge terminé et nos chaussettes essorées, nous avons quitté le camp pour nous enfoncer plus avant dans la forêt. Le ciel était encore couvert et, dans la lumière parcimonieuse, la verdure tout entière s'assombrissait et se parait de mystère. Je pensai au Curupira se cachant dans les arbres, les pieds tournés vers l'arrière.

E.O. Wilson, qui visita deux fois le site de « l'Étude », écrivit au retour de l'un de ses voyages : « La jungle grouille, mais d'une façon qui est le plus souvent inaccessible aux sens humains[9]. » Cohn-Haft me dit à peu près la même chose, bien que dans un langage moins académique : la forêt tropicale humide, déclara-t-il, « paraît bien plus attrayante à la télé ». D'abord, il me sembla que rien ne bougeait autour de nous, mais

Cohn-Haft me montra les signes révélateurs de la vie des insectes, et je commençai à distinguer la prodigieuse activité ayant cours dans « le petit monde d'en dessous », pour reprendre l'expression de Wilson. Un phasme en forme de brindille était suspendu à une feuille morte, agitant ses pattes fines. Une araignée était posée sur sa toile arrondie. Un tube de boue de forme phallique pointant sur le plancher de la forêt se révéla être la demeure d'une larve de cigale. Sur le tronc d'un arbre, ce qui paraissait être une énorme protubérance semblable au ventre d'une femme enceinte était en réalité un nid rempli de termites. Cohn-Haft reconnut une plante appelée « mélastome ». Il retourna l'une de ses feuilles et tapota son pétiole, qui était creux. Il en tomba une pluie de minuscules fourmis noires, d'allure fort agressive malgré leur petite taille. Ces fourmis, expliqua-t-il, protègent la plante des autres insectes en échange d'un hébergement gratuit.

Cohn-Haft est originaire d'une région assez proche de celle où j'habite. « Chez moi, je me considérais comme un naturaliste polyvalent », me dit-il. Il connaissait le nom de la plupart des arbres et des insectes qu'il pouvait rencontrer dans l'ouest de la Nouvelle-Angleterre, outre celui de la totalité des oiseaux. Mais, en Amazonie, cette polyvalence se révélait impossible : on y trouvait tout simplement beaucoup trop de variétés de plantes et d'animaux à distinguer. Dans les parcelles consacrées à « l'Étude », on avait reconnu quelque 1 400 espèces d'arbres, c'est-à-dire davantage que dans les parcelles de Silman, 1 600 kilomètres plus à l'ouest.

« On a affaire à des écosystèmes caractérisés par une mégabiodiversité, où chaque espèce individuelle est très, très spécialisée, m'exposa Cohn-Haft. Dans de tels écosystèmes, l'exacte précision avec laquelle on tire parti de son milieu est un énorme avantage. » Il avança sa propre théorie pour expliquer les raisons d'une telle biodiversité sous les tropiques : cette diversité tend selon lui à s'automultiplier. « Le corollaire naturel d'une grande diversité en espèces est une faible densité de population pour chacune d'entre elles : celle-ci favorise la formation de nouvelles espèces (par le biais de l'isolement dû à la distance) », expliqua-t-il. Mais ce phénomène constitue aussi, ajouta-t-il, un facteur de vulnérabilité, puisque de petites populations isolées sont beaucoup plus susceptibles de s'éteindre.

Le soleil commençait à décliner et, dans la forêt, le crépuscule tombait déjà. Tandis que nous retournions au Camp 41, nous avons rencontré une colonne de fourmis qui suivait son propre chemin à quelques mètres du nôtre. D'une couleur brun rougeâtre, elles se déplaçaient en ligne droite approximative par-dessus un immense tronc d'arbre couché sur le sol. Elles escaladaient ce tronc, puis en redescendaient. Je suivis la colonne aussi loin que je le pus dans les deux directions, mais elle semblait ne pas avoir de fin, pareille en cela aux défilés de l'Armée rouge. Cette colonne, m'éclaira Cohn-Haft, est formée par des fourmis légionnaires, appartenant à l'espèce *Eciton burchellii.*

Les fourmis légionnaires (il en existe des dizaines d'espèces sous les tropiques) diffèrent de la plupart des autres fourmis en ce qu'elles n'ont pas de demeure fixe. Elles passent leur temps soit à se déplacer, chassant des insectes, des araignées et, occasionnellement, de petits lézards, soit à camper dans des « bivouacs » temporaires. (Ces « bivouacs » sont formés par les fourmis regroupées autour de la reine en une boule prête à piquer.) Les fourmis légionnaires sont célèbres pour leur voracité ; une colonie peut consommer sur son chemin 30 000 proies par jour (principalement les larves d'autres insectes). Mais du fait même de leur rapacité, elles font vivre tout un ensemble d'autres espèces. Il existe une classe entière d'oiseaux spécialisés dans l'accompagnement de ces fourmis (dits « accompagnateurs obligatoires »). On les retrouve presque toujours autour de leurs colonies, dévorant les insectes que les fourmis obligent à fuir de leur litière de feuilles. D'autres oiseaux sont des accompagnateurs « opportunistes » des fourmis : on les voit picorer autour d'elles lorsqu'ils les rencontrent par hasard. Après les oiseaux accompagnateurs, on répertorie toutes sortes d'autres organismes eux aussi remarquables par « l'exacte précision avec laquelle ils tirent parti de leur milieu ». Il y a des papillons qui se nourrissent des fientes d'oiseaux, des mouches parasites qui déposent leurs jeunes sur les pattes des grillons et des blattes effarouchés par l'arrivée des fourmis légionnaires[10]. Plusieurs espèces d'acariens se font transporter par les fourmis elles-mêmes ; l'une d'entre elles s'attache à leurs pattes, une autre à leurs mandibules. Les naturalistes américains Carl et Marian Rettenmeyer, qui ont passé plus d'un demi-siècle à étudier *Eciton burchellii*, ont dressé une liste de plus de 300 espèces vivant en association avec cette fourmi[11].

Une fourmi légionnaire de l'espèce *Eciton burchellii*.

Cohn-Haft n'entendait plus aucun cri d'appel d'oiseau et il se faisait tard, aussi avons-nous pris le chemin du retour au camp. Nous avons décidé de revenir le lendemain au même endroit pour essayer de voir le cortège fourmis-oiseaux-papillons.

À la fin des années 1970, un entomologiste du nom de Terry Erwin travaillait au Panamá. On lui demanda combien, selon lui, on pouvait trouver d'espèces d'insectes dans un hectare de forêt tropicale. Jusqu'ici, Erwin avait consacré la plus grande part de son travail à inventorier les espèces de coléoptères. Il arrosait la cime des arbres d'insecticide, puis recueillait les insectes morts qui tombaient des feuilles en pluie crépitante.

Voulant déterminer combien d'espèces d'insectes vivaient globalement sous les tropiques, il essaya d'extrapoler à partir de sa propre expérience. Sur une unique espèce d'arbre, *Luehea seemannii*, il avait collecté des coléoptères appartenant à plus de 950 espèces. En supposant qu'environ un cinquième de ces coléoptères soient inféodés à *Luehea seemannii*, que d'autres coléoptères soient pareillement inféodés à d'autres arbres, que les coléoptères représentent environ 40 % de toutes les espèces d'insectes, et qu'il y ait environ 50 000 espèces d'arbres tropicaux, Erwin estima que les tropiques abritaient environ 30 millions d'espèces d'arthropodes[12], un chiffre énorme. (Outre les insectes, le groupe des arthropodes comprend les arachnides et les myriapodes.) Il fut, comme il le reconnut lui-même, « stupéfait » du résultat auquel il était parvenu.

Depuis, de nombreuses études ont été réalisées pour essayer d'affiner l'estimation d'Erwin. La plupart l'ont généralement revue à la baisse. (Entre autres choses, Erwin a probablement surestimé la proportion des insectes dépendant d'une seule et unique espèce de plante hôte.) Cependant, toutes ont conduit à des chiffres qui restaient malgré tout incroyablement élevés : de récentes estimations suggèrent qu'il existe au moins entre deux et sept millions d'espèces d'insectes tropicales[13], ce qui est beaucoup. Par comparaison, on relève seulement 10 000 espèces d'oiseaux environ dans le monde entier, et seulement 5 500 espèces de mammifères. Ainsi, pour chaque espèce dotée de poils et de glandes mammaires, on en dénombre, rien que sous les tropiques, au moins 300 dotées d'antennes et d'yeux composés.

La richesse de la faune d'insectes sous les tropiques signifie que toute perturbation environnementale dans ces régions se traduirait par un nombre très élevé de victimes potentielles. Examinons les calculs suivants. Il est bien connu que l'ampleur de la déforestation tropicale est difficile à mesurer ; supposons que l'on rase les forêts au rythme de 1 % par an. En recourant à la relation « nombre d'espèces/surface », $S = cA^z$, et en prenant une valeur de *z* égale à 0,25, on peut calculer que la disparition de 1 % de la surface de départ conduit à la perte, grossièrement, de 0,25 % du nombre original d'espèces. En supposant, de façon très minimale, qu'il existe deux millions d'espèces dans les forêts tropicales humides, cela signifie que disparaissent environ 5 000 espèces par an. Cela revient à, *grosso modo*, quatorze espèces par jour, ou une espèce toutes les cent minutes.

C'est exactement le calcul que réalisa E.O. Wilson, à la fin des années 1980, peu de temps après l'une de ses visites sur le site de « l'Étude ». Il a publié ses résultats dans *Scientific American*, et c'est sur leur base qu'il a déclaré que le taux d'extinction en cours était « 10 000 fois plus élevé qu'avant l'apparition de l'Homme, lorsque les extinctions survenaient naturellement ». Cela, nota-t-il en outre, conduisait à « réduire la diversité biologique à son taux le plus bas » depuis l'extinction de la fin du Crétacé, événement qui, remarqua-t-il, s'il n'avait pas été la pire des extinctions de masse dans l'histoire géologique, était « le mieux connu, car il mit fin à l'âge des dinosaures, établit l'hégémonie des mammifères et finalement, pour le meilleur et pour le pire, prépara l'apparition de l'Homme[14] ».

Comme ceux d'Erwin, les calculs de Wilson étaient stupéfiants. Ils étaient également faciles à comprendre, ou du moins à reproduire, et ils firent l'objet de beaucoup d'attention, pas seulement dans le cercle relativement restreint des biologistes spécialistes des tropiques, mais aussi dans les grands médias. « Il ne se passe guère de jour sans que l'on nous dise que la déforestation tropicale est en train de provoquer l'extinction d'une espèce par heure, ou même peut-être d'une espèce par minute[15] », se lamentèrent deux spécialistes britanniques d'écologie scientifique. Vingt-cinq ans plus tard, un consensus admet que les chiffres de Wilson (de même que ceux d'Erwin) ne concordent pas avec ce que l'on observe, constatation qui devrait inciter à la prudence les journalistes peut-être encore plus que les scientifiques eux-mêmes. Les raisons de cette discordance entre les calculs et les observations continuent à faire débat.

L'une des explications possibles est que l'extinction prend du temps. Les calculs de Wilson sont fondés sur la supposition que, dès qu'une parcelle de forêt est abattue, les espèces commencent à disparaître plus ou moins immédiatement. Cependant, le temps de « relaxation » complète d'une forêt peut être assez long, et même de petites populations reliques peuvent perdurer encore longtemps, en fonction des hasards de la survie. La différence entre le nombre des espèces condamnées à terme à la disparition due à quelque changement dans l'environnement et celui des espèces qui se sont réellement évanouies est souvent appelée la « dette d'extinction ». Cette expression insiste sur le fait qu'il existe un décalage dans le déroulement des événements, décalage identique à celui du paiement lors d'un achat à crédit.

Une autre explication possible est que l'habitat perdu du fait de la déforestation n'est en fait pas réellement perdu. Même les parcelles de forêt abattues pour fournir du bois de construction, ou celles brûlées pour l'aménagement des pâturages, peuvent repousser, et c'est d'ailleurs bel et bien le cas. Assez ironiquement, la zone située juste autour de celle consacrée à « l'Étude » en a fourni une belle illustration. Peu de temps après que Lovejoy eut convaincu les autorités brésiliennes de soutenir son plan, le pays connut l'épreuve d'une terrible crise de dette souveraine, de sorte qu'en 1990 le taux d'inflation atteignit 30 000 %. Le gouvernement annula les subventions promises aux éleveurs, et des milliers d'hectares furent ainsi laissés à l'abandon. Dans les zones déboisées autour de certains des fragments de « l'Étude », les arbres se mirent à repousser si vigoureusement que les parcelles carrées auraient été complètement submergées si Lovejoy n'avait pas obtenu qu'on les isole de nouveau en coupant et en brûlant la nouvelle végétation. Bien que la forêt primaire continue à décliner sous les tropiques, la forêt secondaire est en plein développement dans certaines régions.

Il existe encore une autre explication possible à la discordance entre les faits observés et les prédictions, c'est que l'homme ne fait pas preuve d'un sens aigu de l'observation. Puisque la majorité des espèces sous les tropiques sont des insectes ou d'autres invertébrés, la majorité des extinctions attendues les concernera également. Cependant, puisque nous ignorons, même à un million près, combien il existe d'espèces tropicales d'insectes, nous ne remarquerons vraisemblablement pas si 1 000, ou 2 000, ou même 10 000 espèces de ce type se sont évanouies. Selon un récent rapport de la Société zoologique de Londres, « on ne connaît le degré de menace d'extinction pesant sur les espèces d'invertébrés décrites à ce jour que pour moins de 1 % d'entre elles[16] », et la vaste majorité des invertébrés n'a probablement pas encore été décrite. Comme l'a dit Wilson, les invertébrés sont peut-être « les petites choses qui gouvernent le monde », mais il est facile de ne pas tenir compte des petites choses.

Lorsque Cohn-Haft et moi-même fûmes de retour au Camp 41, plusieurs autres personnes y étaient arrivées, dont la femme de Cohn-Haft, Rita Mesquita, une spécialiste d'écologie scientifique, et Tom Lovejoy, venu à Manaus pour participer à la réunion d'un groupe appelé la « Fondation pour la durabilité en Amazonas ». Âgé d'un peu plus de soixante-dix ans au moment de notre rencontre, Lovejoy est connu pour avoir lancé l'expression « diversité biologique » auprès du grand public, et également l'idée d'un « système d'échange de dette envers la nature ». Au fil des ans, il a travaillé pour le WWF, la Smithsonian Institution, la Fondation des Nations unies et la Banque mondiale, et c'est en grande partie grâce à ses efforts qu'environ la moitié de la forêt tropicale humide d'Amazonie est maintenant sous la protection de la loi, d'une manière ou d'une autre. Il est l'une des rares personnes à paraître aussi à l'aise dans la forêt que devant une commission d'enquête du Congrès des États-Unis. Il est constamment à la recherche de nouveaux moyens d'attirer l'attention et d'alerter l'opinion pour soutenir le projet de conservation de l'Amazonie et, alors que nous étions un peu désœuvrés ce soir-là, il me dit qu'il avait un jour fait venir Tom Cruise au Camp 41. L'acteur, me dit Lovejoy, avait semblé s'être bien amusé mais, malheureusement, n'avait jamais vraiment embrassé la cause.

À ce jour, plus de cinq cents articles de recherche et plusieurs livres scientifiques ont été écrits au sujet de l'« étude de la dynamique biologique des fragments de forêt ». Lorsque je demandai à Lovejoy de me résumer les conclusions de cette étude, il me répondit qu'il s'agissait d'être prudent si l'on voulait extrapoler d'une partie au tout. Par exemple, un travail récent a montré que les changements dans l'exploitation de la terre en Amazonie ont aussi un impact sur la circulation atmosphérique. Cela signifie que, en considérant les conséquences sur une assez grande échelle, la destruction de la forêt tropicale humide pourrait avoir pour effet non pas simplement la disparition de la forêt elle-même, mais aussi celle de la pluie.

« Supposez que l'on arrive, pour finir, à une forêt amazonienne morcelée en fragments de 100 hectares, m'invita Lovejoy. Je crois que l'étude a montré, fondamentalement, que cet état de fait entraînerait la perte de plus de la moitié de la faune et de la flore. Bien entendu, comme vous le savez, dans la réalité, les choses se révèlent toujours beaucoup plus compliquées. »

La plupart des résultats obtenus grâce à « l'Étude » ont effectivement mis en lumière divers degrés de perte en espèces. On peut trouver six espèces de primates sur l'ensemble de l'aire couverte par « l'Étude ». Trois d'entre elles (le singe-araignée noir, le capucin brun et le saki barbu) sont absentes des fragments de forêt. Des oiseaux tels que le grimpar à longue queue et l'anabate olivâtre, qui se déplacent en bandes dans lesquelles les deux espèces sont mêlées, ont presque disparu des petits fragments et ne se trouvent qu'en faible abondance dans les fragments plus grands. Les grenouilles qui se reproduisent dans les mares bourbeuses creusées par les pécaris se sont évanouies en même temps qu'eux. Beaucoup d'espèces, sensibles à des changements pourtant minimes des niveaux de lumière et de chaleur, ont vu leur nombre décliner à la lisière des fragments, même si le nombre des papillons aimant la lumière a augmenté.

Par ailleurs, bien que ce sujet soit quelque peu au-delà des visées de « l'Étude », il existe une synergie malencontreuse entre le phénomène de fragmentation et le réchauffement climatique mondial, tout comme il en existe une autre entre le réchauffement climatique mondial et l'acidification des océans ; entre le réchauffement de la planète et l'expansion des espèces invasives ; enfin entre l'expansion des espèces invasives et celle de la fragmentation. Une espèce qui a besoin de migrer pour faire face à l'élévation des températures, mais qui se retrouve piégée dans un fragment de forêt (même s'il est très grand) est une espèce qui vraisemblablement ne survivra pas. L'une des caractéristiques propres à l'Anthropocène est que le monde est en train de changer, dans le sens où il oblige les espèces à se déplacer ; une autre de ses caractéristiques est de changer le monde via la création de barrières (routes, zones défrichées, villes) qui empêchent justement les espèces de migrer.

« Le changement climatique est une nouvelle donnée importante qui vient s'ajouter à tous les problèmes que j'envisageais dans les années 1970 », me confia Lovejoy. Ce promoteur de la notion de diversité biologique a écrit que « face au changement climatique, même au changement climatique naturel, l'activité humaine a créé une course d'obstacles entravant la dispersion de la biodiversité », ce qui pourrait bien conduire à « l'une des plus grandes crises biotiques de tous les temps[17] ».

Cette nuit-là, tout le monde partit se coucher de bonne heure. Après ce qui me parut être quelques minutes, mais qui aurait aussi bien pu durer plusieurs heures, je fus réveillée par le plus extraordinaire des vacarmes. Le bruit semblait provenir de partout et de nulle part à la fois. De façon répétitive, il montait crescendo, puis retombait, et reprenait juste quand je commençais à me rendormir. Je reconnus le cri d'appel pour l'accouplement de quelque espèce de grenouille, aussi quittai-je mon hamac, me saisissant d'une lampe de poche pour examiner les environs. Je n'arrivai pas à localiser l'émetteur de ces coassements, mais je tombai sur un insecte porteur d'une zébrure bioluminescente, spécimen que j'aurais bien aimé ranger dans un flacon si j'en avais eu un à disposition. Le lendemain matin, Cohn-Haft signala un couple d'ostéocéphales taurins, liés en *amplexus*. Ces grenouilles étaient d'un brun orangé, avec une tête aplatie en forme de pelle. Le mâle, cramponné sur le dos de la femelle, était deux fois plus petit qu'elle. Je me rappelai avoir lu que les amphibiens, dans les basses terres de l'Amazonie, semblaient avoir échappé au chytride, jusqu'ici du moins. Cohn-Haft, qui, comme tout le monde, avait été empêché de dormir par le vacarme, décrivit le cri d'appel de cette grenouille comme « un gémissement prolongé, explosant en un rugissement, et s'achevant par une sorte de gloussement ».

Après plusieurs tasses de café, nous nous sommes mis en route dans le but d'observer le défilé des fourmis. Lovejoy avait prévu de venir avec nous, mais alors qu'il était en train d'enfiler une chemise à manches longues, une araignée qui y avait élu domicile le mordit à la main. Cet arachnide semblait relativement ordinaire, mais la morsure tournait au rouge vif et la main de Lovejoy était en train de s'engourdir. On décida que le scientifique devrait rester au camp.

« La méthode idéale est de laisser les fourmis vous encercler, expliqua Cohn-Haft tandis que nous marchions. Alors, il n'y a plus d'issue : c'est comme si vous étiez coincé dans une impasse. Les fourmis vont grimper sur vous et mordre vos vêtements. Vous serez alors au cœur de l'action. » Il entendit, au loin, un fourmilier à gorge rousse dont le cri d'appel oscillait entre le pépiement et le caquètement. Comme son nom le suggère, cet oiseau est un accompagnateur obligatoire des fourmis, aussi Cohn-Haft considéra-t-il ce cri comme un signe de bon augure. Cependant, quelques minutes plus tard, lorsque nous sommes parvenus à l'emplacement où nous avions vu la veille leur interminable colonne, nous n'avons plus décelé aucune trace de fourmis. Cohn-Haft entendit deux autres fourmiliers lancer leurs cris d'appel depuis les arbres : un fourmilier manikup, émettant une sorte de sifflement aigu, et un grimpar à menton blanc, gazouillant avec entrain. Ils semblaient eux aussi être à la recherche des fourmis.

« Ils sont aussi déconcertés que nous », constata Cohn-Haft. Il émit l'hypothèse que les fourmis avaient déplacé leur bivouac et qu'elles étaient maintenant entrées dans ce que l'on appelle leur phase sédentaire. Durant celle-ci, elles restent généralement dans un lieu fixe afin d'élever une nouvelle génération. Cette phase peut durer jusqu'à trois semaines, ce qui permet d'expliquer l'un des résultats les plus étonnants de « l'Étude » qui allait faire l'objet d'une prochaine publication : même les fragments de forêt assez vastes pour pourvoir aux besoins de colonies de fourmis légionnaires finissent par perdre leurs oiseaux fourmiliers. Les accompagnateurs obligatoires ont besoin de suivre les fourmis qui se déplacent pour se nourrir, et apparemment, dans les fragments, il n'y a tout simplement pas assez de colonies pour pouvoir garantir en permanence l'activité de l'une d'elles au moins. Voilà encore, me dit Cohn-Haft, une belle démonstration de la logique régissant la forêt humide tropicale.

Un fourmilier manikup (*Pithys albifrons*).

Les fourmiliers excellent tellement à « tirer parti de leur milieu » qu'ils sont sensibles à tout changement rendant plus difficile leur forme particulière d'exploitation de ce dernier.

« Quand on trouve quelque chose qui dépend de quelque chose d'autre, qui, à son tour, dépend de quelque chose d'autre, la série complète des interactions dépend de l'invariance des conditions », déclara-t-il. Je réfléchissais à ces paroles tandis que nous retournions péniblement au camp. S'il avait raison, alors, le défilé fourmis-oiseaux-papillons, dans son incroyable complexité, illustrait à quel point la stabilité avait pu régner en Amazonie. C'est seulement dans un endroit où les règles du jeu étaient restées fixes que l'évolution avait pu bénéficier de suffisamment de temps pour engendrer des papillons se nourrissant de fientes d'oiseaux, et qu'elle avait également pu engendrer des oiseaux accompagnateurs des colonnes de fourmis. Oui, j'étais déçue de n'avoir pas pu localiser les fourmis. Mais je ne pensais pas que je pouvais en faire grief aux oiseaux.

Chapitre 10

La Nouvelle Pangée

Myotis lucifugus

Le cœur de l'hiver est le meilleur moment pour recenser les chauves-souris. Celles-ci appartiennent à la catégorie des « vrais hibernants » : quand le mercure commence à chuter, elles recherchent un lieu où se poser, ou plutôt se suspendre, car, dans leur léthargie hivernale, elles se tiennent la tête en bas, agrippées à leur support par les doigts de pied. Dans le nord-est des États-Unis, les premières chauves-souris à entrer en hibernation sont généralement les vespertilions bruns. Fin octobre ou début novembre, elles se mettent en quête d'un endroit abrité, une grotte ou un puits de mine par exemple, dans lequel les conditions du milieu resteront *a priori* stables. D'autres espèces de chauves-souris les imitent bientôt : d'abord, les pipistrelles de l'Est, puis les sérotines brunes et les vespertilions pygmées. La température du corps d'une chauve-souris en hibernation passe de 30 ou 35 degrés centigrades environ à presque zéro. Son cœur ralentit, son système immunitaire cesse de fonctionner, et la chauve-souris, suspendue par les pieds, tombe dans un état proche de l'arrêt de vie. Compter les chauves-souris en hibernation exige d'avoir un cou solide, une bonne lampe frontale et une paire de chaussettes bien chaudes.

En mars 2007, un groupe de biologistes spécialistes des espèces sauvages travaillant à Albany, dans l'État de New York, entreprit de réaliser le recensement des chauves-souris dans une grotte située juste à l'ouest de la ville. C'était une mission de routine, tellement banale que le directeur du groupe, Al Hicks, était resté à son bureau. Dès que les biologistes arrivèrent à la grotte, ils l'appelèrent depuis leurs portables.

« Nom d'un chien ! Il y a des cadavres de chauves-souris partout », annoncèrent-ils à Al Hicks, qui travaille pour le Département de conservation de la nature de l'État de New York. Celui-ci leur demanda de ramener quelques spécimens morts au bureau, ainsi que de photographier toutes les chauves-souris vivantes qu'ils pourraient trouver. Lorsque Hicks examina les photos, il vit que les animaux donnaient l'impression d'avoir été plongés la tête la première dans du talc. Il n'avait jamais rencontré ce cas auparavant et il commença à adresser les photographies par e-mail à tous les spécialistes de chauves-souris qu'il connaissait. Aucun d'eux non plus n'avait jamais rien vu de semblable. Certains des confrères de Hicks dans d'autres États prirent les choses sur le mode de la blague. Ils se demandaient, plaisantèrent-ils, quelle sorte de poudre pouvaient bien « sniffer » les chauves-souris dans l'État de New York.

Le printemps arriva. Dans tout l'État de New York et la Nouvelle-Angleterre, les chauves-souris sortirent de leur léthargie et prirent leur envol. La poudre blanche demeura une énigme. « On s'est dit : "Bon, on espère qu'elle va disparaître", me raconta Hicks. C'était la même chose qu'avec l'administration Bush : comme s'il était impossible de l'éliminer. » Bien au contraire, elle continuait même à se répandre. L'hiver suivant, on trouva la même substance poudreuse blanche sur les chauves-souris dans trente-trois grottes de quatre États différents. Les chiroptères périssaient en masse. Dans certains hibernacles, les populations s'effondrèrent de plus de 90 %. Dans une grotte du Vermont, des milliers de cadavres étaient tombés du plafond et s'étaient entassés sur le sol, formant des sortes de congères.

L'hécatombe chez les chauves-souris continua l'hiver suivant, gagnant cinq États supplémentaires. Elle se poursuivit l'hiver d'après, touchant trois autres États, et, bien qu'en de nombreux endroits il ne reste à ce jour pratiquement plus de chauves-souris, le carnage continue de pro-

Un vespertilion brun (*Myotis lucifugus*)
affecté du syndrome du museau blanc.

gresser. On sait maintenant que la poudre blanche est un microchampignon tolérant le froid (autrement dit, en termes techniques, un organisme psychrophile) accidentellement introduit aux États-Unis, probablement en provenance d'Europe. Lorsqu'on l'a isolé pour la première fois, ce microchampignon appartenant au genre *Geomyces* n'avait pas de nom d'espèce. En raison de son effet sur les chauves-souris, il a été baptisé du nom de *Geomyces destructans*.

Sans l'aide de l'homme, il est difficile, voire impossible, pour la plupart des espèces de franchir de longues distances. Pour Darwin, il s'agissait là d'une donnée d'importance capitale. Sa théorie de la descendance avec modification demandait que chaque espèce fasse son apparition en un lieu d'origine unique. Pour se répandre, elle devait ramper, ou nager, ou courir, ou marcher, ou disperser ses graines au vent. Darwin pensait que, au fil du temps, sur des durées suffisamment longues, même un organisme sédentaire, par exemple un champignon, pouvait finir par être largement disséminé. Cependant, les entraves apportées à la dispersion conduisaient à d'intéressants résultats. Elles rendaient compte du fait que la vie était incroyablement variée, et qu'on pouvait, parallèlement, discerner des règles au sein de cette diversité. Les barrières imposées par les océans, par exemple, expliquaient pourquoi de vastes étendues d'Amérique du Sud, d'Afrique et d'Australie, « entièrement similaires » en termes de topographie et de climat, selon Darwin, étaient peuplées de faunes et de flores dissimilaires. Sur chaque continent, les organismes étaient apparus indépendamment par évolution, de sorte que l'isolement physique s'était traduit par une disparité biologique. De la même façon, la barrière représentée par la terre ferme expliquait pourquoi les poissons de l'est du Pacifique étaient différents de ceux de l'ouest des Caraïbes, alors que ces deux groupes étaient, comme l'écrivit Darwin, « seulement séparés par l'isthme de Panamá, étroit mais infranchissable ». À une échelle plus locale, les espèces observées sur l'un des flancs d'une montagne ou sur l'une des rives d'une grande rivière étaient souvent différentes de celles trouvées de l'autre côté, bien qu'elles fussent généralement apparentées (ce qui était évidemment lourd de sens). Ainsi, par exemple, remarqua Darwin, « les plaines bordant le détroit de Magellan sont habitées par une espèce particulière de nandou, tandis que, plus au nord, les plaines de la Plata le sont par une autre espèce appartenant au même genre, et non par une vraie autruche ou par un émeu, comme ceux que l'on trouve en Afrique ou en Australie ».

Les entraves imposées à la dispersion intéressaient également Darwin, mais pour une autre raison, dont il était, cette fois-ci, plus difficile de rendre compte. Comme il l'avait vu de ses propres yeux, même des îles volcaniques perdues dans l'océan, comme les Galápagos, fourmillaient de vie. En fait, l'archipel était habité par nombre des plus merveilleux organismes du monde. Si sa théorie de l'évolution était juste, ces derniers devaient être les descendants de pionniers colonisateurs. Comment ceux-ci étaient-ils originellement arrivés ici ? Dans le cas des Galápagos, une étendue océanique ininterrompue de 800 kilomètres les séparait de la côte d'Amérique du Sud. Darwin fut tellement contrarié par ce problème qu'il passa plus d'un an à essayer de reproduire dans le jardin de sa maison du Kent des conditions identiques à celles qu'on pourrait rencontrer au cours de la traversée d'un océan. Il recueillit des graines et les plongea dans des bacs d'eau salée. Tous les deux jours, il en ressortait quelques-unes des bacs et les plantait. Il apparut que ce travail lui demandait beaucoup de temps, car, comme il l'écrivit à un ami, « j'ai constaté qu'il faut changer l'eau un jour sur deux, étant donné qu'elle se met à sentir horriblement mauvais[1] ». Il estima pourtant que les résultats étaient prometteurs : les graines d'orge étaient encore capables de germer après quatre semaines d'immersion, celles de cresson après six semaines, ces dernières ayant « libéré une surprenante quantité de substance poisseuse[2] ». En supposant qu'un courant océanique atteigne la vitesse d'un mile par heure environ (soit 1,6 kilomètre-heure), une graine pouvait être emportée en six semaines à plus de 1 600 kilomètres. Et en ce qui concernait un animal ? Là, les expériences de Darwin prirent une tournure encore plus baroque. Il préleva les pattes d'un canard mort et les suspendit dans un aquarium contenant de grandes quantités de jeunes coquillages d'eau douce. Après les avoir laissées tremper dans l'eau pendant un certain temps, il les en sortit et demanda à ses enfants de compter le nombre de jeunes coquillages qui y étaient attachés. Darwin constata que ces minuscules mollusques pouvaient survivre hors de l'eau jusqu'à vingt heures, durée qui pourrait permettre à un canard (muni de ses pattes !) de parcourir en vol 900 à 1 100 kilomètres[3], calcula-t-il. Ce n'était donc pas par hasard, observa-t-il, si de nombreuses îles perdues dans l'océan ne comptent aucun mammifère indigène, mis à part les chauves-souris qui, elles, peuvent voler[4].

Les idées de Darwin sur ce qu'il appelait la « distribution géographique » avaient de profondes implications, dont certaines ne seraient reconnues que des décennies après sa mort. À la fin du XIXe siècle, les paléontologues commencèrent à identifier de nombreuses et curieuses correspondances entre des fossiles collectés sur différents continents. *Mesosaurus*, par exemple, est un reptile d'allure svelte, doté de dents pointant vers l'extérieur, qui vivait au Permien. On trouve ses restes fossiles à la fois en Afrique et en Amérique du Sud, c'est-à-dire de part et d'autre de l'océan Atlantique. *Glossopteris* est une fougère dont les feuilles sont en forme de langue, qui date également du Permien. Ses restes fossiles figurent en Afrique, en Amérique du Sud et en Australie. Puisqu'il était difficilement concevable qu'un grand reptile ait pu franchir l'Atlantique, et une plante, à la fois l'Atlantique et le Pacifique, on invoqua l'existence de vastes ponts de terre s'étendant sur plusieurs milliers de kilomètres. Pourquoi ces ponts chevauchant les océans avaient-ils disparu et où étaient-ils passés ? Personne ne le savait. Ils avaient vraisemblablement sombré au fond des mers. Au début du XXe siècle, le météorologue allemand Alfred Wegener avança une théorie plus intéressante.

« Les socles continentaux doivent s'être déplacés l'un par rapport à l'autre, envisagea-t-il. L'Amérique du Sud doit avoir été contiguë à l'Afrique au point de constituer avec elle un bloc continental unique. Ce bloc s'est scindé [...] en deux parties qui se sont écartées dans le cours des temps comme dérivent les tronçons d'un glaçon se brisant dans l'eau.[5] » À une époque, spécula Wegener, tous les continents existant aujourd'hui devaient former un supercontinent géant, la Pangée. La théorie de Wegener sur la « dérive des continents », dont on se moqua très généralement de son vivant, a été, bien entendu, confirmée dans une grande mesure par la découverte de la tectonique des plaques.

L'une des caractéristiques marquantes de l'Anthropocène est la perturbation majeure qu'il introduit dans les règles de la distribution géographique. Si les autoroutes, les zones défrichées et les cultures de soja déterminent la formation d'îles terrestres là où il n'en existait aucune auparavant, le commerce mondial et les voyages sur toute la planète provoquent l'inverse : ils privent même les îles les plus isolées de l'océan de leur statut de terre isolée. Le processus de redistribution des faunes et des flores mondiales qui avait lentement commencé, le long des routes empruntées par les premières migrations humaines, s'est accéléré au cours des dernières décennies au point que, dans certaines parties du monde, les plantes non indigènes sont plus nombreuses que les plantes indigènes.

On estime que, dans le cours de n'importe quelle période de vingt-quatre heures, 10 000 espèces sont déplacées à la surface du globe, simplement parce qu'elles se retrouvent dans l'eau de mer employée comme ballast dans le fond des grands navires[6]. Ainsi, un seul superpétrolier (ou d'ailleurs un avion à réaction transportant des passagers) peut défaire des millions d'années de séparation géographique. Anthony Ricciardi, spécialiste des espèces invasives à l'université McGill de Montréal, a qualifié le brassage actuel des biotes à la surface de la planète de « phénomène d'invasion de masse[7] ». Cela représente, a-t-il écrit, un événement « sans précédent » dans l'histoire de la planète.

Il se trouve que j'habite non loin d'Albany, relativement près de la grotte où l'on a découvert les premières piles de cadavres de chauves-souris. Lorsque j'appris ce qui était en train de se passer, la maladie (appelée « syndrome du museau blanc ») s'était répandue déjà loin, c'est-à-dire jusque dans l'ouest de la Virginie, et avait tué environ un million de chauves-souris. J'appelai Al Hicks et il suggéra, puisque nous étions de nouveau en pleine saison du recensement, que j'accompagne l'équipe qui allait réaliser le prochain dénombrement. Par un matin froid et couvert, nous nous sommes retrouvés sur un parking, non loin de son bureau. À partir de là, nous avons roulé quasiment plein nord, en direction des monts Adirondacks.

Environ deux heures plus tard, nous sommes arrivés au pied du massif montagneux, près du lac Champlain. Au XIXe siècle, puis pendant la Seconde Guerre mondiale, les monts Adirondacks constituèrent un lieu majeur d'extraction du minerai de fer, l'on y creusa de profondes mines dans les montagnes. Lorsque les filons furent épuisés, les puits furent abandonnés par les hommes et colonisés par les chauves-souris. Pour procéder au recensement, nous allions pénétrer dans le filon d'une exploitation autrefois appelée la « mine de Barton Hill ». L'entrée se trouvait à mi-hauteur sur le flanc de la montagne, lequel était couvert de plus d'un mètre de neige. Au départ du chemin, plus d'une dizaine de personnes attendaient, tapant des pieds pour se réchauffer. La plupart travaillaient pour l'État de New York, comme Hicks, mais il y avait également deux biologistes de l'Office fédéral américain de la pêche et des animaux sauvages, ainsi qu'un romancier local qui cherchait à se documenter en vue de la rédaction d'un livre : il espérait bien introduire dans celui-ci une intrigue secondaire tournant autour du syndrome du museau blanc.

Tout le monde chaussa des raquettes, excepté le romancier qui, semblait-il, n'avait pas eu vent de la nécessité de s'en munir. La neige était verglacée et l'on avançait lentement, de sorte qu'il fallut une demi-heure pour parcourir peut-être 800 mètres. Tandis que nous nous étions arrêtés, attendant que le romancier nous rattrape (il rencontrait quelques problèmes avec des congères d'un mètre de hauteur), la conversation porta sur les éventuels dangers auxquels nous pourrions être confrontés en pénétrant dans une mine abandonnée. Parmi ceux-ci : le risque de se faire écraser par des chutes de pierres, empoisonner par des émanations de gaz ou tout simplement de tomber dans un puits de 30 mètres de profondeur. Après une autre demi-heure de marche, nous avons atteint l'entrée de la mine : elle consistait essentiellement en une large ouverture au flanc de la montagne. Les pierres sur le devant de l'entrée étaient entièrement blanchies par des fientes d'oiseaux, et la neige était couverte d'empreintes de pattes. À l'évidence, les grands corbeaux et les coyotes avaient découvert qu'à cet endroit on pouvait facilement pourvoir à sa nourriture.

« Ah, zut », s'exclama Hicks. Les chauves-souris voletaient, entrant et sortant de la mine, et certaines rampaient sur la neige. Hicks en attrapa une : elle était tellement endormie qu'il réussit à la saisir du premier coup. Il la tint entre le pouce et l'index, lui cassa net le cou et la mit dans un sac d'emballage sous vide. « Le recensement ne durera pas longtemps aujourd'hui », annonça-t-il.

Nous avons laissé nos raquettes, enfilé nos casques et fixé nos lampes frontales, avant de pénétrer en file indienne dans la mine, le long d'un tunnel en pente. Des poutres brisées jonchaient le sol, et les chauves-souris affluaient en volant vers nous dans l'obscurité. Hicks conseilla à tout le monde de rester vigilant. « En certains endroits, si on fait un pas en avant, on ne peut plus revenir en arrière », prévint-il. Le tunnel serpentait, débouchant parfois dans des espaces aussi vastes que des salles de concert, d'où partaient des tunnels latéraux. Certains de ces espaces avaient reçu des noms ; en arrivant dans une galerie lugubre, appelée « passage Don Thomas », nous nous sommes séparés en plusieurs groupes pour commencer le recensement. La méthode consistait à photographier autant de chauves-souris que possible. (Ultérieurement, de retour à Albany, quelqu'un, assis devant l'écran d'un ordinateur, se mettrait en devoir de dénombrer toutes les chauves-souris visibles sur les photos.) Je suivis Hicks, qui transportait un énorme appareil photo, ainsi que l'un des biologistes de l'Office fédéral de la pêche et des animaux sauvages, muni d'un pointeur laser. Les chauves-souris sont des animaux extrêmement sociaux et, dans la mine, elles étaient suspendues au plafond en groupes denses. La plupart étaient des vespertilions bruns (*Myotis lucifugus*, des « lucis », dans le jargon des recenseurs de chauves-souris). Ce sont les chauves-souris les plus répandues dans le nord-est des États-Unis, et ce sont elles que l'on a le plus de chances de voir voleter de-ci de-là les nuits d'été. Comme leur nom vernaculaire en anglais l'indique (*little brown bats*, les « petites brunes »), elles sont petites (environ 12 centimètres de long, pour un poids de 5 grammes) et brunes, leur fourrure étant plus claire sur le ventre. (Le poète Randall Jarrell les décrit en disant qu'elles sont « couleur café-crème[8] »). Suspendues au plafond, les ailes repliées, elles ressemblent à des pompons légèrement humides. Il y avait aussi des vespertilions pygmées (*Myotis leibii*), reconnaissables à leur face très noire, et des chauves-souris de l'Indiana (*Myotis sodalis*) qui, avant même l'apparition de la maladie du museau blanc, étaient classées comme espèce en danger d'extinction. En avançant, nous dérangions sans cesse les chauves-souris qui piaillaient et bougeaient dans un léger bruit, comme des enfants à demi ensommeillés.

En dépit de sa dénomination, le syndrome du museau blanc ne se limite pas au museau des chauves-souris ; à mesure que nous descendions plus profondément dans la mine, les membres de l'expédition continuaient de trouver des chauves-souris dont les ailes et les oreilles étaient parsemées de taches blanches. Plusieurs d'entre elles furent sacrifiées, entre le pouce et l'index, à des fins d'étude. On notait le sexe de chacune des chauves-souris ainsi tuées (les mâles sont reconnaissables à leur minuscule pénis) et on les mettait dans des sacs d'emballage sous vide.

Aujourd'hui encore, on ne comprend pas parfaitement comment *Geomyces destructans* tue les chauves-souris. On sait, cependant, que les chauves-souris atteintes sortent souvent de leur léthargie pour se mettre à voler en plein milieu de la journée. On a formulé l'hypothèse suivante : le champignon, qui, très littéralement, dévore la peau de son hôte, irrite la chauve-souris au point de provoquer son réveil. Il provoque l'épuisement des réserves de graisse censées permettre à l'animal de passer l'hiver. Criant famine, les chauves-souris sortent à l'air libre pour rechercher des insectes qui, à ce moment de l'année, sont bien sûr introuvables. On a aussi suggéré que le champignon entraînait une perte d'eau à travers la peau des chauves-souris[9]. La déshydratation les pousserait à se réveiller pour trouver de l'eau. Là encore, leurs réserves en énergie s'épuiseraient, les chauves-souris maigriraient beaucoup, et finalement seraient condamnées à mourir.

Nous étions entrés dans la mine de Barton Hill aux environs d'une heure de l'après-midi. Vers sept heures du soir, nous étions presque de retour à notre point de départ, c'est-à-dire au bas de la montagne, mais cette fois à l'intérieur. Nous sommes parvenus au niveau d'un énorme treuil rouillé, qui, du temps où la mine fonctionnait, servait à hisser le minerai à la surface. Au-delà de cet appareil, le chemin disparaissait dans une mare dont l'eau était noire comme celle du Styx. Il était impossible d'aller plus loin, aussi avons-nous dû entamer un long retour.

On compare parfois le processus de dissémination des espèces à la surface de la Terre à la roulette russe. Tout comme dans ce jeu de hasard, deux sortes de résultats très différents peuvent survenir lorsqu'un nouvel organisme parvient en un lieu donné. Le premier, qui pourrait être appelé « le coup de la loge vide du barillet », consiste en ce qu'il ne se passe rien. Soit que le climat ne lui convienne pas, soit qu'il ne puisse pas trouver suffisamment de nourriture, soit qu'il soit lui-même victime d'un prédateur, soit pour toutes sortes d'autres raisons, le nouvel arrivant ne survit pas (ou, du moins, ne réussit pas à se reproduire). La plupart des introductions potentielles ne laissent pas de trace (en fait, elles passent même complètement inaperçues), de sorte qu'il est difficile d'obtenir des chiffres précis ; il est presque certain, cependant, que la vaste majorité des envahisseurs potentiels ne réussissent pas à prendre pied dans leur nouveau milieu.

Dans le cas de l'autre résultat, non seulement l'organisme nouvellement introduit survit, mais il donne naissance à une première génération qui, à son tour, survit et donne naissance à une deuxième génération. Chez les biologistes spécialistes des invasions d'espèces, on appelle ce phénomène le « stade de l'établissement » de l'espèce introduite. Là encore, il est impossible de décrire sa fréquence avec certitude. De nombreuses espèces introduites restent probablement confinées dans le lieu de leur introduction, ou alors elles sont tellement inoffensives qu'elles passent inaperçues. Mais (et c'est là que l'on peut reprendre la comparaison avec la roulette russe) un certain nombre d'espèces réussissent à accomplir la troisième étape dans le processus d'envahissement, celle de l'« expansion ». En 1916, on découvrit une dizaine d'étranges coléoptères dans une pépinière près de Riverton, dans le New Jersey[10]. L'année suivante, les insectes, désormais nommés *Popillia japonica* ou, plus communément, « scarabées japonais », s'étaient dispersés dans toutes les directions : on les retrouvait sur une aire de 7 kilomètres carrés. Un an plus tard, l'aire occupée était de 18 kilomètres carrés, et l'année d'après, de 124 kilomètres carrés. Le coléoptère continua à étendre son territoire selon une progression géométrique, l'élargissant en cercles concentriques successifs d'année en année. Au bout de vingt ans, il avait colonisé la surface s'étendant du Connecticut jusqu'au Maryland. (Il s'est depuis répandu jusqu'en Alabama, plus loin au sud, et jusque dans le Montana, plus loin à l'ouest.) Roy Van Driesche, un spécialiste des espèces invasives à l'université du Massachusetts, a estimé que sur cent introductions potentielles, entre cinq et quinze réussissent à s'établir[11]. Une d'entre elles se révélera être la « balle dans la loge du barillet ».

Les biologistes débattent de la question de savoir pourquoi certaines espèces sont capables de proliférer de façon exponentielle. L'une des possibilités serait que pour ces espèces, de même que pour les escrocs, il existe des avantages à rester toujours en mouvement. Une espèce transportée en un lieu nouveau, particulièrement sur un nouveau continent, est débarrassée de nombre de ses concurrents et prédateurs. On qualifie de « libération par rapport aux ennemis » ce nouveau statut qui permet soudainement à une espèce de se retrouver hors d'atteinte de ses adversaires : il s'agit bien d'un véritable bond libérateur de son histoire évolutive. De nombreux organismes semblent avoir bénéficié de cet effet de « libération par rapport à leurs ennemis », par exemple la salicaire commune, une plante arrivée d'Europe dans le nord-est des États-Unis au début du XIXe siècle. Dans son habitat d'origine, elle a toutes sortes d'ennemis spécialisés, comme la galéruque de la salicaire, la galéruque dorée, le charançon des racines de la salicaire et le charançon des fleurs de la salicaire. Tous ces coléoptères étaient absents d'Amérique du Nord lorsque la plante y est arrivée, ce qui permet de comprendre pourquoi elle a été capable d'envahir des zones marécageuses s'étendant de la Virginie-Occidentale jusqu'à l'État de Washington. On a récemment introduit aux États-Unis certains de ces prédateurs spécialisés, dans le but de limiter son expansion. Ce type de stratégie, que l'on pourrait qualifier d'« introduction d'une espèce invasive pour contrecarrer une espèce invasive », a donné lieu à des résultats contradictoires. Dans certains cas, cette introduction fut une réussite parfaite ; dans d'autres, une catastrophe écologique supplémentaire. On peut citer pour exemple l'escargot carnivore *Euglandina rosea,* introduit à Hawaï à la fin des années 1950. On avait importé cet escargot, originaire d'Amérique centrale, afin qu'il prenne pour proie une espèce précédemment introduite, l'escargot géant africain *Achatina fulica,* devenu nuisible pour l'agriculture. *Euglandina rosea* ne toucha pratiquement pas à *Achatina fulica,* et s'en prit au contraire aux petits escargots indigènes colorés d'Hawaï. Sur plus de 700 espèces d'escargots endémiques qui peuplaient autrefois l'archipel hawaïen, 90 % environ sont maintenant éteintes, et celles qui restent sont en fort déclin[12].

Le corollaire du fait d'être délivré de ses anciens ennemis est de profiter de nouveaux organismes qui ne vous ont encore jamais rencontré. Il en existe un exemple particulièrement célèbre (et affreux) : celui du serpent arboricole brun, long et mince, *Boiga irregularis*. Ce serpent est originaire de Papouasie-Nouvelle-Guinée et du nord de l'Australie, et il arriva dans l'île de Guam dans les années 1940, probablement dans une cargaison militaire. Le seul serpent indigène de l'île était un petit organisme aveugle de la taille d'un ver. La faune de Guam n'était donc pas du tout préparée à faire face à l'introduction de *Boiga irregularis* et à son comportement alimentaire vorace. Le serpent se répandit en détruisant la plupart des espèces d'oiseaux indigènes, telles que le gobe-mouches de Guam, qui a été vu pour la dernière fois en 1984 ; le râle de Guam, qui ne survit aujourd'hui que grâce à un programme de reproduction en captivité ; la colombe des Mariannes, qui n'existe plus sur Guam (mais persiste sur quelques autres îles plus petites). Avant l'arrivée du serpent, on dénombrait trois espèces de mammifères indigènes sur Guam, des chauves-souris ; aujourd'hui, il n'en reste qu'une seule : la roussette des îles Mariannes, considérée comme étant en très grand danger d'extinction. Pendant ce temps, le serpent arboricole, bénéficiant de l'effet de « libération par rapport à ses ennemis », s'est multiplié de manière folle : au pic de ce que l'on a parfois appelé son « explosion », la densité de population atteignit jusqu'à cent serpents à l'hectare. La dévastation réalisée par ce reptile a été si complète qu'il s'est pratiquement retrouvé à court d'animaux indigènes à manger. De nos jours, il se nourrit principalement d'autres intrus, tels que le scinque sombre à quatre doigts, une sorte de lézard introduit sur l'île de Guam à partir de la Papouasie-Nouvelle-Guinée. Le journaliste scientifique David Quammen met en garde les commentateurs : s'il est facile de diaboliser le serpent arboricole brun, il n'est pourtant pas « méchant » : il est simplement amoral et s'est retrouvé dans un lieu où il n'aurait pas dû être. Ce que *Boiga irregularis* a fait sur l'île de Guam, remarque cet auteur, « est précisément ce qu'*Homo sapiens* a fait sur l'ensemble de la planète : se développer de façon extravagante au détriment des autres espèces[13] ».

La situation concernant l'introduction de pathogènes est quasiment similaire. On décrit souvent les relations sur la longue durée entre ces derniers et leurs hôtes en termes militaires : ces partenaires sont étroitement liés par une « course évolutive aux armements », dans laquelle chacun, s'il veut survivre, doit empêcher l'autre de prendre trop d'avance. Lorsqu'un pathogène totalement nouveau apparaît, c'est comme si l'on introduisait une arme à feu dans un combat qui se serait jusqu'ici déroulé au couteau. N'ayant jamais rencontré auparavant ce microchampignon (ou cette bactérie, ou ce virus), le nouvel hôte est dépourvu de défenses contre lui. Ces « interactions de type nouveau », comme on les qualifie, peuvent être terriblement mortelles. Au XIXe siècle, le châtaignier américain était l'arbre à feuilles caduques dominant dans les forêts de l'est des États-Unis. Dans le Connecticut, par exemple, il représentait près de la moitié du bois sur pied[14]. (Cet arbre, qui peut donner des rejets à partir de ses racines, prospérait même lorsqu'on l'exploitait abondamment. « Non seulement le berceau des bébés était souvent taillé dans le châtaignier, a écrit un spécialiste des maladies des plantes, George Hepting, mais le cercueil des vieillards également[15]. ») Par la suite, à peu près au tournant du siècle, *Cryphonectria parasitica*, le champignon responsable du chancre du châtaignier, fut importé aux États-Unis, probablement depuis le Japon. Les châtaigniers asiatiques, ayant coévolué avec *Cryphonectria parasitica*, étaient parfaitement capables de supporter ce champignon, mais pour l'espèce américaine, il se révéla mortel à presque 100 %. Dans les années 1950, le champignon avait pratiquement exterminé tous les châtaigniers aux États-Unis, soit quatre milliards d'arbres environ. Plusieurs espèces de papillons nocturnes qui dépendaient de cet arbre disparurent avec lui. C'est vraisemblablement le caractère également « nouveau » du chytride infectant les amphibiens qui explique sa capacité élevée à les tuer. On comprend ainsi pourquoi les grenouilles dorées du Panamá ont brusquement disparu du « ruisseau aux mille grenouilles », et pourquoi les amphibiens en général sont la classe d'organismes la plus menacée de la planète.

Avant même qu'on ait identifié la cause du syndrome du museau blanc, Al Hicks et ses collègues avaient soupçonné une espèce introduite. Quel que fût l'agent tuant les chauves-souris, celles-ci n'avaient vraisemblablement jamais été en contact avec lui auparavant, au vu de leur taux de mortalité très élevé. Pendant ce temps, l'épidémie se répandait depuis le nord de l'État de New York en décrivant une série classique de cercles concentriques, comme ceux d'une cible de tir. Cette progression incitait à penser que l'agent létal avait frappé initialement non loin d'Albany. Lorsque l'hécatombe commença à faire parler d'elle dans les organes d'information nationaux, un spéléologue envoya à Hicks quelques photographies qu'il avait prises à 60 kilomètres à l'ouest de cette ville. Ces clichés dataient de 2006, soit une année entière avant que les collègues de Hicks l'appellent, paniqués, et l'on y voyait des chauves-souris présentant des signes manifestes du syndrome du museau blanc. Le spéléologue avait pris ses photos dans une grotte reliée aux « cavernes de Howe », lesquelles constituent une attraction touristique bien connue, puisqu'elles proposent, entre autres choses, des visites au moyen de torches électriques et des traversées en bateau de lacs souterrains.

« Il est intéressant de noter que la première trace que nous ayons de ce phénomène, ce sont des photographies provenant d'une grotte ouverte au public à des fins commerciales dans l'État de New York, laquelle reçoit environ 200 000 visiteurs par an », me signala Hicks.

Les espèces introduites sont maintenant présentes dans de très nombreux environnements, au point qu'il est vraisemblable que si vous jetez un coup d'œil par votre fenêtre, vous en apercevrez quelques-unes. Depuis mon bureau, face à mon ordinateur, dans l'ouest du Massachusetts, j'aperçois de l'herbe, que quelqu'un a plantée un jour, et qui n'est absolument pas indigène à la Nouvelle-Angleterre. (Presque toutes les herbes des pelouses américaines proviennent d'autres parties du monde, y compris l'« herbe bleue du Kentucky ».) Puisque ma pelouse n'est pas particulièrement bien entretenue, j'aperçois aussi quantité de pissenlits, originaires d'Europe et qui se sont répandus à peu près partout ; de l'alliaire officinale, également originaire d'Europe ; et du grand plantain, une plante invasive elle aussi venue d'Europe. (Le grand plantain – *Plantago major* – semble être arrivé avec les tout premiers colons blancs. Il révélait leur présence avec une telle fiabilité que les Amérindiens le qualifiaient de « trace des pas de l'homme blanc ».) Si je sors, je vois aussi sur ma pelouse un rosier multiflore, une plante invasive munie d'épines, originaire d'Asie ; de la carotte sauvage, encore une espèce originaire d'Europe ; de la bardane, venue elle aussi d'Europe ; du célastre orbiculaire, dont le nom en anglais (*oriental bittersweet*, autrement dit « douce-amère orientale ») indique l'origine. Selon une étude réalisée sur les spécimens conservés dans les herbiers du Massachusetts, près d'un tiers de toutes les espèces de plantes présentes dans cet État sont des « nouvelles venues acclimatées[16] ». Si je creuse la terre de quelques centimètres, je vais trouver des vers de terre qui sont, eux aussi, des nouveaux venus. Avant l'arrivée des Européens, la Nouvelle-Angleterre n'avait pas de vers de terre en propre ; les vers de la région avaient tous été anéantis par la dernière glaciation, et même après les dix mille ans de relative chaleur qui avaient suivi, les vers indigènes d'Amérique du Nord n'avaient pas encore recolonisé cette région. Les vers de terre se nourrissent de la litière de feuilles mortes, et, de cette façon, modifient considérablement la composition du sol dans les forêts. (Bien qu'ils soient fortement appréciés des jardiniers, une récente recherche a établi un lien entre leur introduction et le déclin de salamandres indigènes dans le nord-est des États-Unis[17].) Tandis que j'écris ces lignes, il semble que plusieurs nouvelles espèces invasives potentiellement désastreuses sont en train de se répandre dans le Massachusetts. Elles comprennent, outre *Geomyces destructans* : le capricorne asiatique, un coléoptère importé de Chine qui attaque diverses espèces d'arbres à feuilles caduques pour se nourrir ; l'agrile du frêne, un coléoptère provenant également d'Asie, dont les larves creusent des galeries dans les frênes et, ce faisant, les tuent ; et la moule zébrée, une espèce d'eau douce importée d'Europe de l'Est, qui a la fâcheuse habitude de s'attacher à n'importe quelle surface disponible et de tout dévorer dans la colonne d'eau.

« Arrêtez les auto-stoppeurs aquatiques, implore un panneau posté près d'un lac pas très loin de chez moi. Nettoyez tous les équipements de loisir. » Ce panneau est orné de l'image d'un bateau entièrement recouvert de moules zébrées, comme si quelqu'un s'en était servi par erreur, au lieu d'utiliser de la peinture.

Lecteur, où que vous soyez en train de lire ces lignes, le scénario est à peu près sûrement le même dans votre région, et il en va ainsi non seulement dans d'autres parties des États-Unis, mais aussi dans le monde entier. DAISIE, une base de données sur les espèces invasives en Europe, en recense plus de 12 000. Les autres bases de données dans le monde (APASD pour la région Asie-Pacifique ; FISNA pour les forêts en Afrique ; IBIS pour les îles dans le monde, et NEMESIS pour les mers et les estuaires aux États-Unis) en dénombrent des milliers d'autres. En Australie, le problème est tellement aigu qu'on enrôle les enfants dès l'école maternelle pour aider à stopper la progression des espèces invasives. Le conseil municipal de Townsville, au nord de Brisbane, exhorte les enfants à pratiquer « régulièrement la chasse » au crapaud-buffle, qui a volontairement été introduit dans les années 1930, mais avec un résultat désastreux, pour s'attaquer aux coléoptères parasites de la canne à sucre. (Le crapaud-buffle sécrète une substance toxique, et certaines espèces indigènes qui ne se méfient pas, comme le chat marsupial du Nord, le mangent et meurent.) Pour tuer les crapauds sans les faire souffrir, le conseil municipal demande aux enfants de les « mettre au réfrigérateur pendant douze heures pour les refroidir », puis de les placer « dans un congélateur pendant encore douze heures[18] ». Une récente étude sur les personnes se rendant en Antarctique a mis en évidence que, durant une seule saison d'été, les touristes et les chercheurs transportent avec eux plus de 70 000 graines en provenance des autres continents[19]. Déjà, une espèce de plante, *Poa annua*, venue d'Europe, s'est établie en Antarctique ; puisque cette dernière région ne possède que deux espèces de plantes indigènes, cela signifie qu'un tiers de ses plantes sont maintenant invasives.

Du point de vue des biotes de la planète, les voyages transcontinentaux représentent un phénomène radicalement nouveau, et, parallèlement, la répétition de quelque chose de très ancien. La dérive des continents, que Wegener avait déduite d'après l'observation des fossiles, se trouve maintenant inversée (encore une autre façon dont l'homme fait tourner l'histoire géologique à l'envers et à grande vitesse). Représentez-vous cela comme une version perfectionnée de la tectonique des plaques, sans les plaques. En faisant passer des espèces asiatiques en Amérique du Nord, des espèces nord-américaines en Australie, des espèces australiennes en Afrique, et des espèces européennes en Antarctique, nous sommes réellement en train de réassembler le monde en un unique et énorme supercontinent, que les biologistes désignent parfois du nom de « Nouvelle Pangée ».

On pense que la grotte d'Éole, située sur le flanc boisé d'une colline à Dorset, dans l'État du Vermont, est le plus grand hibernacle de chauves-souris de la Nouvelle-Angleterre. On estime que, avant l'arrivée du syndrome du museau blanc, près de 300 000 chauves-souris y passaient l'hiver, certaines venant de très loin, comme de l'Ontario ou de Rhode Island. Quelques semaines après m'être rendue avec Hicks dans la mine de Barton Hill, celui-ci m'invita à l'accompagner pour visiter la grotte d'Éole. Cette sortie était organisée par l'Office de la pêche et des animaux sauvages du Vermont, et, au pied de la colline, au lieu de chausser des raquettes, nous nous sommes tous entassés dans des autoneiges. La piste zigzaguait en montant la pente, décrivant une série de longs lacets. La température (il faisait – 4 °C environ) était bien trop basse pour que les chauves-souris fussent actives, mais lorsque nous nous sommes garés près de l'entrée de la grotte, j'en aperçus qui voletaient de-ci, de-là. Le supérieur hiérarchique de tous les fonctionnaires de l'Office du Vermont présents à cette sortie, Scott Darling, annonça qu'avant d'aller plus loin nous devions tous enfiler des gants de latex et une combinaison isolante en Tyvek. Cela me parut un peu paranoïaque (une précaution qui aurait bien pu trouver sa place dans le livre du romancier) ; cependant, j'allais bientôt comprendre les raisons de cette recommandation.

La grotte d'Éole a été créée par la circulation souterraine de l'eau pendant des milliers d'années. Pour interdire au public d'y pénétrer, l'organisation Nature Conservancy, la propriétaire de la grotte, a barré l'entrée avec une série de longues, larges et robustes lames de fer disposées horizontalement, en ménageant un certain espacement entre elles. Avec une clé, on peut retirer l'une de ces lames, afin de créer un étroit passage par lequel il devient possible de se glisser à quatre pattes. En dépit du froid, une odeur nauséabonde s'échappait de l'intérieur, à mi-chemin entre celles d'un élevage de gibier et d'une décharge d'ordures. Le chemin empierré menant à l'entrée était couvert de glace et il était difficile d'y poser le pied. Lorsque ce fut mon tour, je parvins à me faufiler entre les lames et glissai immédiatement sur quelque chose de mou, d'humide et froid. Tandis que je me relevais, je me rendis compte qu'il s'agissait d'un empilement de chauves-souris mortes.

La première cavité, à l'entrée de la grotte, appelée le « hall au guano », mesure sur le devant peut-être 9 mètres de large et 6 mètres de haut. Vers l'arrière, elle se rétrécit et amorce une descente. Les tunnels qui en partent ne sont accessibles qu'aux spéléologues, et les tunnels qui leur sont reliés ne le sont qu'aux chauves-souris. Tandis que je scrutais cette cavité, j'avais l'impression d'observer l'intérieur d'un gosier géant. Le spectacle, dans l'obscurité, était oppressant. De longs glaçons pendaient du plafond, tandis que d'autres s'élevaient du plancher, tels de gros polypes. Le sol était jonché de chauves-souris mortes ; dans certains des glaçons, je remarquai des chauves-souris congelées. On pouvait voir des chiroptères en pleine léthargie pendus au plafond et d'autres, complètement réveillés, qui prenaient leur envol ou qui voletaient autour de nous, ou parfois droit sur nous.

On ne sait pas très bien pourquoi dans certaines grottes s'entassent les cadavres de chauves-souris, tandis que, dans d'autres, ils sont dévorés ou disparaissent. Hicks émit l'hypothèse que les conditions dans la grotte d'Éole sont tellement rigoureuses que les chauves-souris ne réussissent même pas à sortir de la caverne avant de tomber raides mortes. Darling et lui-même avaient envisagé de dénombrer ces chiroptères dans le hall au guano, mais ce projet fut rapidement abandonné en faveur de la simple collecte de spécimens. Darling expliqua que ceux-ci seraient envoyés au Muséum américain d'histoire naturelle, afin de conserver au moins une trace des centaines de milliers de lucis, de vespertilions nordiques et de pipistrelles de l'Est qui avaient jadis passé l'hiver dans la grotte d'Éole. « C'est peut-être l'une des dernières fois que l'on peut faire cette collecte », constata-t-il. Contrairement à une mine, creusée il y a quelques siècles, tout au plus, la grotte d'Éole, souligna-t-il, existait depuis des millénaires. Il était vraisemblable que les chauves-souris y avaient hiberné, génération après génération, depuis que l'entrée de la caverne s'était ouverte à la fin du dernier âge glaciaire.

« C'est cela qui rend les choses ici tellement tragiques : on voit disparaître un comportement qui avait été mis en place par l'évolution », dit Darling. Hicks et lui-même commencèrent à ramasser les chauves-souris mortes sur le sol. Ils rejetaient celles dont l'état de décomposition était trop avancé et plaçaient celles qui étaient plus ou moins intactes dans des sacs de plastique de 2 litres, après avoir déterminé leur sexe. J'apportai mon aide en portant le sac destiné aux femelles. Il fut bientôt plein, et l'on dut en ouvrir un autre. Lorsque la collecte des spécimens approcha les cinq cents, Darling décida qu'il était temps de partir. Hicks resta un peu plus longtemps. Il avait apporté son énorme appareil photo et dit qu'il voulait prendre davantage de clichés. Après que nous avions déambulé pendant plusieurs heures dans la grotte en y faisant d'involontaires glissades, le désolant spectacle avait pris une tournure encore un peu plus macabre : nombre des cadavres avaient été écrasés et du sang s'en échappait. Tandis que je me frayais un chemin en direction de la sortie, Hicks me cria : « Au nom du ciel, évitez de marcher sur les chauves-souris ! » Il me fallut un moment avant de comprendre qu'il plaisantait.

Il est difficile de dire à quel moment exact la réalisation de la Nouvelle Pangée a commencé. Si l'on considère l'homme comme une espèce invasive (le journaliste scientifique Alan Burdick a dit d'*Homo sapiens* qu'il pourrait être considéré comme l'espèce invasive ayant connu la plus grande réussite dans toute l'histoire des êtres vivants), alors elle a débuté il y a environ cent vingt mille ans, lorsque l'homme moderne a migré pour la première fois hors d'Afrique[20]. Lorsqu'il s'est introduit en Amérique du Nord, il y a environ treize mille ans, ses chiens domestiqués traversèrent avec lui l'isthme qui occupait alors l'emplacement du détroit de Behring[21]. Les Polynésiens qui s'installèrent à Hawaï il y a environ mille cinq cents ans étaient escortés non seulement par des rats, mais aussi par des poux, des puces et des porcs. La « découverte » du Nouveau Monde a marqué le début d'un vaste processus de « troc biologique » (que l'on appelle « l'échange colombien »), qui a précipité la réalisation de la Nouvelle Pangée à un niveau tout à fait supérieur. Au moment même où Darwin élaborait les principes de la distribution géographique, ceux-ci étaient délibérément sapés par des organisations appelées « sociétés d'acclimatation ». C'est ainsi que, en 1859, l'année précise de la parution de *L'Origine des espèces*, un membre d'une société d'acclimatation basée à Melbourne relâchait les premiers lapins en Australie. Depuis, ils s'y reproduisent, disons, comme des lapins. En 1890, un groupe new-yorkais qui s'était fixé pour mission « d'introduire et d'acclimater les variétés étrangères des règnes animal et végétal qui pourraient se révéler utiles ou intéressantes » importa aux États-Unis des étourneaux d'Europe[22]. (On dit que le chef de ce groupe voulait importer aux États-Unis tous les oiseaux mentionnés dans l'œuvre de Shakespeare.) Une centaine de ces étourneaux relâchés dans Central Park se sont multipliés pour atteindre, aujourd'hui, l'effectif de deux cents millions d'individus.

De nos jours encore, les Américains importent souvent délibérément des « variétés étrangères » dont ils pensent qu'elles peuvent « se révéler utiles ou intéressantes ». Les catalogues des jardineries sont remplis de plantes non indigènes, et ceux d'aquariophilie de poissons également non indigènes. Selon l'article consacré aux animaux de compagnie dans l'*Encyclopedia of Biological Invasions*, on introduit chaque année aux États-Unis plus d'espèces non indigènes de mammifères, d'oiseaux, d'amphibiens, de tortues, de lézards et de serpents que le pays ne possède d'espèces indigènes de ces différentes catégories[23]. Pendant ce temps, tandis que les échanges commerciaux mondiaux se sont accrus tant en vitesse qu'en volume, le nombre des importations accidentelles a augmenté également. Des espèces incapables de survivre à la traversée d'un océan dans le fond d'un canoé ou dans la cale d'un baleinier peuvent facilement supporter le même voyage dans le compartiment à ballast d'un cargo moderne, dans la soute d'un avion ou dans la valise d'un touriste. Une étude récente portant sur les espèces non indigènes présentes dans les eaux des côtes de l'Amérique du Nord a mis en évidence que « le taux des importations attestées s'est accru exponentiellement durant les deux cents dernières années[24] ». Elle a attribué cette accélération du rythme aux quantités croissantes de biens transportés ainsi qu'à la vitesse accrue avec laquelle ceux-ci voyagent. Le Centre de recherche sur les espèces invasives, basé à l'université de Californie à Riverside, estime que cet État acquiert actuellement une nouvelle espèce invasive tous les soixante jours. C'est un rythme lent comparé à celui d'Hawaï, où on recense chaque mois une nouvelle espèce invasive supplémentaire. (À titre de comparaison, il vaut la peine de remarquer que, avant l'arrivée de l'homme dans cet archipel, les espèces invasives réussissaient, semble-t-il, à s'y établir au rythme d'environ une tous les dix mille ans[25].)

Toutes ces introductions ont pour conséquence immédiate l'augmentation de ce que l'on pourrait appeler la diversité locale. Choisissez n'importe quel endroit sur la planète : l'Australie, la péninsule antarctique ou un parc naturel de votre région, et il y a de fortes chances que, au cours des quelques derniers siècles, le nombre des espèces pouvant y être recensées se soit accru. Dans l'archipel d'Hawaï, de nombreuses catégories d'organismes n'étaient pas du tout représentées avant l'arrivée de l'homme : non seulement les rongeurs, mais aussi les amphibiens, les reptiles terrestres et les ongulés. Ces îles n'avaient pas non plus de fourmis, de pucerons ni de moustiques. En ce sens, l'homme a considérablement enrichi la faune d'Hawaï. Cependant, cet archipel possédait, à l'époque pré-humaine, des milliers d'espèces qui n'existaient nulle part ailleurs sur la planète, et nombre de ces espèces endémiques sont maintenant éteintes ou en voie d'extinction. Outre plusieurs centaines d'espèces d'escargots terrestres, les disparitions comprennent des dizaines d'espèces d'oiseaux et plus d'une centaine d'espèces de fougères et de plantes à fleurs. Pour les mêmes raisons que la diversité locale s'est, en règle générale, accrue, la diversité à l'échelle du globe (le nombre total d'espèces différentes que l'on peut trouver dans le monde entier) s'est effondrée.

On dit souvent que l'étude des espèces invasives a commencé avec Charles Elton, un biologiste britannique qui a publié son ouvrage majeur, *The Ecology of Invasions by Animals and Plants*, en 1958. Pour expliquer les conséquences apparemment paradoxales du transfert des espèces de région à région, cet auteur a recouru à une comparaison : celle d'une série de réservoirs en verre. Imaginez que chacun de ces derniers est empli d'une solution différente de composés chimiques. Imaginez ensuite que l'on relie tous les réservoirs les uns aux autres au moyen de longs tubes de faible diamètre. Si on laissait ouverts seulement une minute par jour les robinets qui contrôlent le flux circulant dans chacun des tubes, les solutions commenceraient à diffuser lentement. Les composés chimiques se recombineraient. Il s'en formerait de nouveaux, tandis que d'autres, originellement présents, disparaîtraient. « Cela pourrait prendre un long moment avant que tout le système parvienne à l'équilibre », écrivit Elton. À la fin, cependant, tous les réservoirs contiendraient la même solution. La diversité aurait été éliminée, ce qui est exactement ce à quoi on doit également s'attendre lorsqu'on met en contact des plantes et des animaux longtemps isolés les uns des autres.

« Si l'on se projette suffisamment loin dans l'avenir, l'état final du monde biologique ne sera pas plus complexe, mais plus simple, et plus pauvre[26] », écrivit Elton.

Depuis l'époque du biologiste britannique, les spécialistes d'écologie scientifique ont essayé de quantifier les conséquences d'une homogénéisation totale planétaire par le biais d'une « expérience par la pensée ». Celle-ci consiste à imaginer la coalescence de toutes les terres émergées en un seul mégacontinent. On utilise alors la « relation nombre d'espèces/surface » pour chiffrer la diversité qu'abriterait ce dernier. La différence entre le chiffre ainsi obtenu et la mesure de la diversité telle qu'elle existe actuellement dans le monde représente la perte qu'impliquerait la complète interconnexion de toutes les terres émergées. Dans le cas des mammifères terrestres, la différence est de 66 %, ce qui revient à dire qu'un monde dans lequel il n'y aurait plus qu'un seul continent ne contiendrait plus, semble-t-il, qu'un tiers des espèces de mammifères existant actuellement[27]. Pour les oiseaux vivant sur les continents, la différence est d'un peu moins de 50 % : autrement dit, cela signifie qu'un monde constitué d'un seul continent contiendrait moitié moins d'espèces d'oiseaux qu'aujourd'hui.

Si nous regardons plus avant dans l'avenir que ne l'avait imaginé Elton (des millions d'années plus loin), le monde biologique redeviendra, selon toute vraisemblance, plus complexe. En faisant l'hypothèse que les voyages et les échanges commerciaux mondiaux prendront fin un jour, la Nouvelle Pangée commencera, de façon figurée, à se disloquer. Les continents seront de nouveau séparés et les îles, ré-isolées : de nouvelles espèces apparaîtront et opéreront des radiations évolutives à partir des espèces invasives ayant été précédemment dispersées dans le monde entier. Hawaï verra peut-être surgir des rats géants et l'Australie, des lapins géants.

L'hiver suivant ma visite de la grotte d'Éole avec Al Hicks et Scott Darling, j'y retournai avec un autre groupe de biologistes spécialistes des animaux sauvages. Le spectacle dans la grotte était, cette fois-ci, très différent, mais non moins macabre. Au cours de l'année écoulée, les cadavres sanglants de chauves-souris entassés s'étaient presque complètement décomposés et il ne restait plus qu'un tapis de menus ossements, chacun des os n'étant pas plus gros qu'une aiguille de pin.

Ryan Smith, de l'Office de la pêche et des animaux sauvages du Vermont, et Susi von Oettingen, de l'Office américain de la pêche et des animaux sauvages, étaient, cette fois-ci, chargés de réaliser le recensement. Ils commencèrent par un groupe de chauves-souris suspendues dans la partie la plus large du « hall au guano ». En les observant de plus près, Smith remarqua que la plupart des animaux de ce groupe étaient déjà morts, leurs minuscules pieds étant restés accrochés au rocher en raison de la rigidité cadavérique. Il crut cependant voir quelques chauves-souris vivantes parmi les cadavres. Il en cria le nombre à Oettingen qui avait apporté un crayon et des fiches.

« Deux lucis », dit Smith. « Deux lucis », répéta Oettingen en écrivant. Smith pénétra plus profondément dans la grotte. Oettingen m'appela, désignant une fissure dans la paroi rocheuse. Apparemment, il y avait eu à un moment des dizaines de chauves-souris hibernant à l'intérieur de cette cavité. À présent, on ne distinguait plus qu'une couche de boue noire, parsemée d'os de la taille de cure-dents. La scientifique se rappela avoir vu, lors d'une précédente visite de la grotte, une chauve-souris vivante essayant de pousser du museau un groupe de ses congénères mortes. « Cela m'a tout simplement brisé le cœur », se souvint-elle.

Le comportement social des chauves-souris s'est révélé être une véritable aubaine pour *Geomyces destructans*. En hiver, lorsque ces chiroptères se rassemblent en groupe, les individus infectés transmettent le champignon à ceux qui ne le sont pas. Ceux qui réussissent à survivre jusqu'au printemps se dispersent ensuite, transportant avec eux le micro-organisme pathogène. De cette façon, *Geomyces destructans* passe de chauve-souris en chauve-souris et de grotte en grotte.

Il fallut à Smith et Oettingen seulement vingt minutes environ pour faire le recensement du « hall au guano » pratiquement vide. Quand ils eurent terminé, Oettingen parvint au décompte suivant, d'après ce qu'elle avait noté sur ses fiches : 88 lucis, 1 vespertilion nordique, 3 pipistrelles de l'Est et 20 chauves-souris d'espèce indéterminée. Au total, on dénombrait 112 chiroptères. Cela représentait à peu près le trentième de ce que l'on comptait autrefois dans ce hall lors d'une année typique. « Avec une mortalité d'un tel niveau, les chauves-souris ne peuvent tout simplement pas perdurer », me dit Oettingen, tandis que nous nous tortillions pour passer dans l'ouverture entre les lames de fer. Elle rappela que les lucis se reproduisent très lentement (les femelles n'ont qu'un petit par an), de sorte que, même si certaines chauves-souris se révélaient finalement résistantes au syndrome du museau blanc, il semblait difficile que les populations puissent repartir à la hausse.

Après cet hiver-là (l'hiver 2010), on a repéré *Geomyces destructans* en Europe, où il paraît être très répandu. Ce continent possède ses propres espèces de chauves-souris, par exemple le grand murin, présent depuis la Turquie jusqu'en Hollande. Ce chiroptère véhicule le microchampignon responsable du syndrome du museau blanc, mais il ne semble pas en être affecté, ce qui suggère que l'agent pathogène et cette chauve-souris ont évolué ici en tandem.

Pendant ce temps, la situation reste sombre en Nouvelle-Angleterre. Je suis retournée à la grotte d'Éole pour le recensement de l'hiver 2011. Il n'a été trouvé que trente-cinq chauves-souris vivantes dans le hall au guano. J'y suis encore retournée en 2012. Après avoir escaladé la pente jusqu'à l'entrée de la grotte, le biologiste que j'accompagnais estima que ce serait une erreur d'y pénétrer : les risques associés au fait de déranger les chauves-souris pouvant être encore en vie dépassaient les bénéfices tirés de leur recensement. Je gravis de nouveau le chemin à l'hiver 2013. À cette date, selon l'Office fédéral américain de la pêche et des animaux sauvages, le syndrome du museau blanc s'était répandu dans vingt-deux États des États-Unis et dans cinq provinces du Canada, et avait tué plus de six millions de chauves-souris. Bien que la température fût en dessous de zéro, une chauve-souris voleta dans ma direction tandis que je me tenais devant les lames de fer. Je dénombrai dix chauves-souris, accrochées à la paroi rocheuse autour de l'entrée. La plupart d'entre elles paraissaient desséchées, à l'instar de petites momies. L'Office de la pêche et des animaux sauvages du Vermont avait installé des panneaux sur deux arbres non loin de l'entrée d'Éole. L'un disait : « Cette grotte est fermée jusqu'à nouvel ordre. » L'autre annonçait que les contrevenants pouvaient encourir une amende « allant jusqu'à 1 000 dollars par chauve-souris ». (Il n'était pas précisé si cette mise en garde concernait les animaux vivants ou bien ceux, beaucoup plus nombreux, qui étaient déjà morts.)

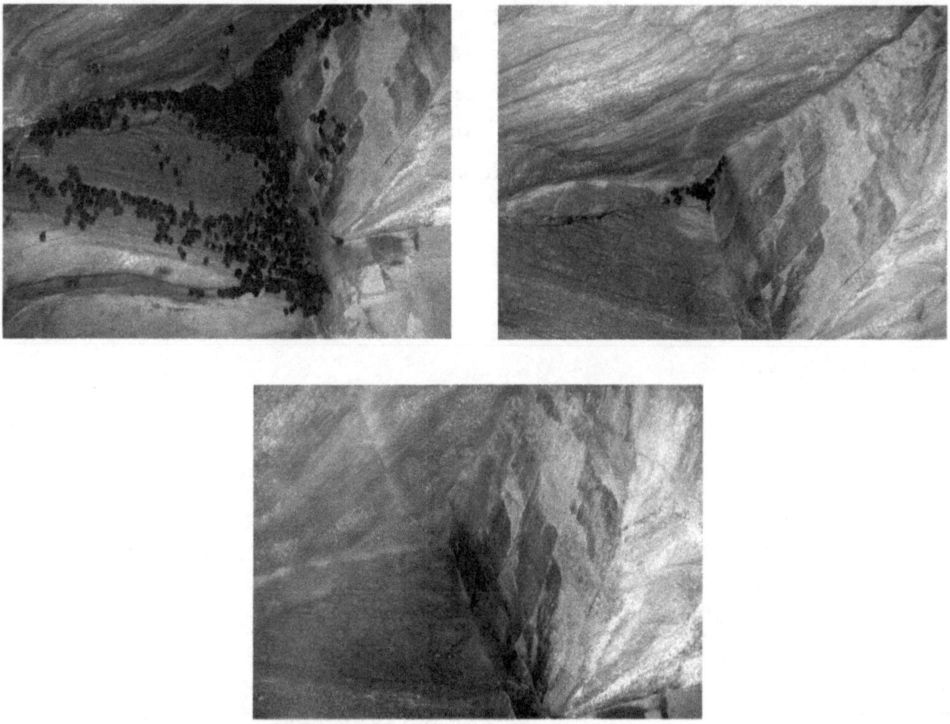

Trois photographies successives du même recoin du hall au guano.
De gauche à droite : hiver 2009, avec des chauves-souris en train d'hiberner ;
hiver 2010, avec moins de chauves-souris ;
et hiver 2011, sans plus aucune chauve-souris.

Il y a peu de temps, j'ai appelé Scott Darling pour obtenir un compte rendu récent sur la situation. Il m'a dit que le vespertilion brun, jadis présent quasiment partout dans le Vermont, était maintenant officiellement déclaré « espèce en danger d'extinction » dans cet État. Il en allait de même pour le vespertilion nordique et la pipistrelle de l'Est. « J'emploie souvent le terme "désespéré", lâcha-t-il. Nous sommes dans une situation désespérée. »

« Soit dit en passant, ajouta-t-il, j'ai lu l'autre jour une information selon laquelle une organisation appelée "Centre d'études écologiques du Vermont" a créé un site Internet du même nom. Les gens sont invités à prendre des photos de tous les organismes, quels qu'ils soient, présents dans le Vermont, et à les faire enregistrer sur ce site. Si j'avais lu cela il y a quelques années, j'aurais éclaté de rire. J'aurais dit : "Il y a des gens qui enverront la photo d'un pin ?" Aujourd'hui, après ce qui est arrivé au vespertilion brun, j'aurais aimé tout simplement qu'ils aient pris cette initiative plus tôt. »

Chapitre 11

Le rhinocéros passe une échographie

Dicerorhinus sumatrensis

La première vision que j'eus de Suci fut celle de son prodigieux arrière-train. Il mesurait environ un mètre de large et était parsemé de poils rudes et rougeâtres. Sa peau d'un brun rouge avait la texture d'un linoléum granuleux. Suci, un rhinocéros femelle de Sumatra, vit au zoo de Cincinnati où elle est née en 2004. L'après-midi où je lui rendis visite, plusieurs autres personnes se pressaient autour de son impressionnante croupe. Elles tapotaient celle-ci affectueusement, aussi me suis-je approchée pour les imiter. J'eus l'impression de caresser un tronc d'arbre.

Le docteur Terri Roth, directrice du Centre pour la conservation et l'étude des animaux sauvages en danger d'extinction au sein du zoo, venait d'arriver dans la stalle du rhinocéros, vêtue d'une combinaison d'intervention chirurgicale. Elle était grande et mince, ses longs cheveux bruns attachés en chignon. Elle enfila un gant de plastique transparent qui recouvrit son bras presque jusqu'à l'épaule. L'un des soigneurs de Suci enveloppa la queue de l'animal dans ce qui ressemblait à du film étirable et la maintint sur le côté. Un autre soigneur empoigna un seau et se posta devant son museau. Il m'était difficile de voir par-dessus le derrière de Suci, mais quelqu'un me dit qu'il lui donnait des morceaux de pomme.

Je pouvais d'ailleurs l'entendre mastiquer ceux-ci bruyamment et sans discontinuer. Pendant que l'on distrayait ainsi l'attention du rhinocéros, Roth enfila un second gant par-dessus le premier et empoigna un objet qui ressemblait à une télécommande pour jeux vidéo. Elle introduisit ensuite le bras dans l'anus de l'animal.

Des cinq espèces de rhinocéros qui existent encore, celle de Sumatra (*Dicerorhinus sumatrensis*) est la plus petite et la plus ancienne. Le genre *Dicerorhinus* est apparu il y a quelque 20 millions d'années, ce qui signifie que la lignée à laquelle appartient le rhinocéros de Sumatra remonte au Miocène, et n'a pratiquement pas changé depuis. Les analyses génétiques ont montré que l'espèce de Sumatra est le parent actuellement vivant le plus proche du rhinocéros laineux dont l'aire de répartition, pendant le dernier âge glaciaire, s'étendait de l'Écosse à la Corée du Sud[1]. E.O. Wilson, qui passa une soirée au zoo de Cincinnati avec la mère de Suci, et en garde une touffe de ses poils sur son bureau, a comparé le rhinocéros de Sumatra à un « fossile vivant[2] ».

Les membres de cette espèce sont des animaux solitaires et craintifs qui, dans la nature, recherchent les fourrés denses. Ils possèdent deux cornes (une grande au bout du museau et une plus petite, derrière) et une lèvre supérieure qui pointe comme un doigt et leur permet de saisir des feuilles et des branches. Déterminer le moment où ces animaux sont prêts à s'accoupler constitue, pour l'observateur humain du moins, une tâche très difficile. Les femelles présentent une ovulation dite « induite » : elle ne survient que lorsqu'elles sentent la présence d'un partenaire potentiel aux alentours. Dans le cas de Suci, le mâle disponible le plus proche se trouvait à 16 000 kilomètres : voilà précisément la raison pour laquelle le docteur Roth venait à l'instant même d'enfoncer un bras dans le rectum de l'animal.

Environ une semaine plus tôt, Suci avait reçu une injection d'hormone destinée à stimuler ses ovaires. Quelques jours après cette intervention, Roth avait essayé de pratiquer une insémination artificielle, procédure qui consistait à passer un long tube très mince à travers le col de l'utérus de la femelle, puis à faire transiter par celui-ci du sperme décongelé. Selon les notes que la biologiste avait prises à ce moment-là, Suci s'était « très bien comportée » pendant tout le temps de l'insémination. Le moment était venu de pratiquer une échographie pour observer les résultats. Des images montrant des taches noires et blanches apparurent sur l'écran d'un ordinateur installé à la hauteur du coude de Roth. Celle-ci reconnut la vessie du rhinocéros, qui se présentait sous la forme d'une bulle noire, puis continua son exploration. Elle espérait que l'ovule qu'elle avait vu dans l'ovaire droit de Suci le jour de l'insémination avait été libéré. Si tel avait été le cas, la femelle rhinocéros avait désormais des chances d'être pleine. Malheureusement, l'ovule n'avait absolument pas bougé de l'endroit où Roth l'avait vu la dernière fois, un cercle noir dans un nuage de gris.

« Suci n'a pas ovulé », annonça Roth à la demi-douzaine de soigneurs qui s'étaient rassemblés pour l'aider. Au moment où elle parlait, son bras avait entièrement disparu à l'intérieur du rhinocéros. Tout le groupe poussa un soupir de lamentation. « Oh, non ! » s'exclama quelqu'un. Roth retira son bras et se défit de ses gants. Bien qu'elle fût visiblement déçue par ce résultat, elle ne semblait manifester aucune surprise.

Le rhinocéros de Sumatra évoluait jadis depuis les contreforts de l'Himalaya, dans ce qui est maintenant le Bhoutan et le nord-est de l'Inde, jusqu'au sud, au Myanmar, en Thaïlande, au Cambodge, en Malaisie péninsulaire et dans les îles de Bornéo et Sumatra. Au XIXe siècle, il était encore assez répandu pour être considéré comme un « nuisible » pour l'agriculture. À mesure que les forêts de l'Asie du Sud-Est furent déboisées, l'habitat du rhinocéros rétrécit et se fragmenta. Au début des années 1980, sa population avait été réduite à seulement quelques centaines d'animaux, la plupart se concentrant dans des réserves sur l'île de Sumatra, et le reste en Malaisie. Cette espèce semblait se diriger inexorablement vers l'extinction lorsque, en 1984, un groupe de biologistes spécialistes de la conservation se réunit à Singapour pour essayer de mettre au point un plan de sauvetage. Ce plan prévoyait, entre autres, un programme de reproduction en captivité pour parer à l'extinction totale de l'espèce. Quarante rhinocéros furent capturés, dont sept furent envoyés à des zoos aux États-Unis.

Le programme de reproduction en captivité fut d'abord un désastre. En moins de trois semaines, cinq rhinocéros hébergés dans un centre d'élevage en Malaisie péninsulaire succombèrent à la trypanosomiase, une maladie due à un parasite transporté par les mouches. Dix animaux avaient été capturés dans le Sabah, l'un des deux États de la Malaisie orientale, situé à l'extrémité est de Bornéo. Deux d'entre eux moururent des suites des blessures infligées durant leur capture. Un troisième fut tué par le tétanos. Un quatrième périt pour des raisons inconnues, et, à la fin de la décennie, aucun des rhinocéros restants n'avait engendré de descendance. Aux États-Unis, le taux de mortalité fut même plus élevé. Les zoos nourrissaient les animaux avec du foin, mais on s'aperçut plus tard que le rhinocéros de Sumatra est incapable d'assimiler ce type de nourriture : il a besoin de feuillages et de branchages frais. Le temps que l'on comprenne cette donnée biologique, seuls trois des sept animaux qui avaient été envoyés aux États-Unis, chacun dans une ville différente, étaient encore en vie. En 1995, la revue *Conservation Biology* publia un article sur ce programme de reproduction en captivité. Il était intitulé : « Comment aider une espèce à s'éteindre ».

Cette même année, dans une ultime tentative, le zoo du Bronx à New York et celui de Los Angeles envoyèrent leurs rhinocéros restants (deux femelles) au zoo de Cincinnati, qui possédait le seul mâle survivant, Ipuh. Roth fut embauchée, avec pour mission d'examiner ce que l'on pouvait entreprendre avec ces animaux. Dans la mesure où ils sont solitaires, on ne pouvait pas les garder dans le même enclos. Dès lors, bien sûr, à moins de les mettre en contact, ils ne pouvaient pas s'accoupler. Roth se lança dans l'étude de la physiologie du rhinocéros, recueillant des échantillons de leur sang, analysant leur urine et mesurant leur taux d'hormones. Plus elle en apprenait au sujet de ses protégés, plus les difficultés s'amoncelaient.

« C'est une espèce très compliquée », m'expliqua-t-elle lorsque nous fûmes de retour à son bureau, dont les étagères étaient ornées d'une multitude de rhinocéros en bois, en argile et en peluche. Il apparut que

Rapunzel, la femelle venant du Bronx, était trop âgée pour pouvoir se reproduire. Emi, celle de Los Angeles, avait l'âge adéquat, mais semblait ne jamais ovuler, une énigme que Roth mit presque un an à résoudre. Une fois qu'elle eut compris le problème (à savoir que la femelle avait besoin de sentir un mâle dans les parages), elle organisa de brèves « rencontres », soigneusement surveillées, entre Emi et Ipuh. Après quelques mois de batifolages, Emi fut pleine. Mais sa gestation tourna court. Une deuxième gestation se solda par un deuxième échec. Ce cycle se répéta cinq fois, pour un total de cinq fausses couches. Emi et Ipuh furent également tous deux atteints de problèmes oculaires, dus au fait, comme le comprit Roth, qu'ils passaient trop de temps au soleil. (Dans la nature, les rhinocéros de Sumatra vivent dans l'ombre de la canopée.) Le zoo de Cincinnati investit un demi-million de dollars dans la réalisation d'auvents faits sur mesure.

Suci au zoo de Cincinnati.

Emi fut de nouveau pleine à l'automne 2000. Cette fois-ci, Roth décida de lui administrer une supplémentation en hormone sous forme liquide : la femelle rhinocéros l'ingéra en avalant des tranches de pain trempées dans de la progestérone. Finalement, après une gestation de seize mois, Emi donna naissance à Andalas, un mâle. Il fut suivi par Suci (nom signifiant « sacré » en indonésien) et par un autre mâle, Harapan. En 2007, Andalas fut renvoyé à Sumatra, dans un centre d'élevage en captivité, situé dans le parc national de Way Kambas. En 2012, il a engendré un petit mâle appelé Andatu : c'est le petit-fils d'Emi et d'Ipuh.

Les trois rhinocéros nés en captivité à Cincinnati et le quatrième né à Way Kambas ne compensent évidemment pas les nombreux animaux morts au cours du programme de sauvetage. Ils se sont cependant révélés être à peu près les seuls rhinocéros de Sumatra à être nés au cours des trois dernières décennies. Depuis le milieu des années 1980, le nombre de ces animaux dans la nature a décliné fortement, au point qu'on pense à présent qu'il en reste moins de cent dans le monde. L'ironie de l'histoire est que l'homme, responsable de cette baisse drastique d'effectifs, est le seul à présent à pouvoir sauver l'espèce par des efforts héroïques. Si *Dicerorhinus sumatrensis* a un avenir, c'est grâce à Roth et à une poignée d'autres personnes comme elle qui savent pratiquer une échographie en enfonçant leur bras dans le rectum d'un rhinocéros.

Ce qui est vrai de *Dicerorhinus sumatrensis* l'est aussi de tous les rhinocéros, à un degré ou à un autre. Celui de Java, dont l'aire de répartition couvrait jadis la plus grande partie de l'Asie du Sud-Est, figure aujourd'hui parmi les animaux les plus rares de la planète, ses effectifs étant probablement inférieurs à cinquante individus. Tous se trouvent dans une unique réserve à Java. (Le dernier spécimen connu à avoir vécu à un autre endroit, c'est-à-dire au Vietnam, a été tué par un braconnier au cours de l'hiver 2010.) Le rhinocéros d'Inde, le plus grand des cinq espèces et qui semble être vêtu d'un manteau plein de plis, comme dans le conte de Rudyard Kipling, possède de maigres effectifs, de l'ordre de 3 000 individus, la plupart vivant dans quatre parcs naturels de l'État d'Assam. Il y a cent ans, en Afrique, la population de rhinocéros noirs approchait le million ; elle se réduit aujourd'hui à 5 000 animaux environ. Le rhinocéros blanc, lui aussi originaire d'Afrique, est la seule espèce de ce genre zoologique qui n'appartienne pas à une catégorie menacée. Il a été chassé jusqu'à frôler l'extermination au XIXe siècle, puis a opéré un remarquable rétablissement au XXe et, aujourd'hui, il est de nouveau soumis à la pression du braconnage, dans la mesure où les cornes de rhinocéros peuvent se vendre au marché noir à plus de 20 000 dollars la livre. (La corne de rhinocéros, constituée de kératine, comme nos ongles, est utilisée depuis longtemps en médecine chinoise traditionnelle. Ces dernières années, elle est devenue encore plus recherchée : passée au rang de drogue la plus chère dans des clubs de l'Asie du Sud-Est, la corne en poudre est « sniffée » à la façon de la cocaïne[3].)

Bien entendu, les rhinocéros ne sont pas les seuls dans ce cas. Nous ressentons tous un attachement profond, presque mystique, pour les grands mammifères « charismatiques » même lorsqu'ils sont enfermés derrière des barreaux : c'est la raison pour laquelle les zoos consacrent autant d'argent et de moyens à montrer des rhinocéros, des pandas et des gorilles. (Wilson a décrit la soirée qu'il a passée à Cincinnati en compagnie d'Emi comme « l'un des moments les plus mémorables de sa vie ».) Cependant, dans presque tous les lieux où ils ne sont pas parqués, ces grands mammifères charismatiques connaissent une existence difficile. Sur les huit espèces d'ours existant dans le monde, six sont classées soit comme « vulnérables » à l'extinction, soit comme « en danger d'extinction ». Les éléphants d'Asie ont décliné de 50 % sur les trois dernières générations. Les éléphants d'Afrique sont mieux lotis, mais, à l'instar des rhinocéros, ils sont de plus en plus menacés par le braconnage. (Selon une étude récente, la population des éléphants de forêt en Afrique, que beaucoup considèrent comme une espèce distincte des éléphants de savane, a chuté de plus de 60 % depuis seulement dix ans[4].) La plupart des grands félins (lions, tigres, guépards, jaguars) sont en déclin. D'ici un siècle, les pandas, les tigres et les rhinocéros pourraient bien ne plus exister que dans les zoos, ou bien, comme l'a dit Tom Lovejoy, dans des aires naturelles tellement petites et sévèrement gardées qu'on pourrait les qualifier de « quasi-zoos[5] ».

Le lendemain de l'échographie de Suci, je vins de nouveau lui rendre visite. C'était un froid matin d'hiver, de sorte que la femelle était maintenue enfermée dans ce que l'on appelle, par euphémisme, son « écurie » (en fait, il s'agit d'un bâtiment de faible hauteur, construit au moyen de parpaings, et comprenant plusieurs stalles ressemblant à des cellules de prison). Quand j'arrivai, aux alentours de sept heures et demie du matin, Suci était en train de déjeuner de feuilles de ficus dans l'une des stalles. Le soigneur en chef, Paul Reinhart, me dit que chaque jour elle ingurgite en moyenne 50 kilos de feuilles de ficus, acheminées spécialement par avion depuis San Diego en Californie. (Au total, ce ravitaillement par avion coûte près de 100 000 dollars par an.) Elle consomme aussi l'équivalent de plusieurs corbeilles de fruits : ce matin-là, il s'agissait de pommes, de raisin et de bananes. Suci mangeait avec ce qui me semblait être une détermination farouche. Une fois qu'elle en eut fini avec les feuilles de ficus, elle s'attaqua aux branches. Celles-ci mesuraient plusieurs centimètres d'épaisseur, mais elle les croqua avec facilité, comme elle l'aurait fait d'un bretzel.

Reinhart m'expliqua que Suci avait hérité à parts égales du caractère de sa mère, morte en 2009, et de celui de son père, qui vit encore au zoo de Cincinnati. « S'il y avait une bêtise à faire, Emi était toujours la première sur les rangs, se rappela-t-il. Suci, elle, est très joueuse. Mais elle est aussi plus entêtée, comme son père. » Un autre soigneur passa près de nous, poussant une grosse brouette pleine de fumier rouge-brun fumant (c'était la production de Suci et d'Ipuh durant la nuit dernière).

Suci est tellement habituée à être entourée (certains lui donnent des friandises, d'autres encore introduisent leur bras dans son rectum...) que Reinhart, parti accomplir ailleurs d'autres tâches, me laissa passer un moment avec elle. Tandis que je caressais ses flancs poilus, j'eus l'impression d'être en compagnie d'un très grand chien (en fait, les rhinocéros sont plus étroitement apparentés aux chevaux). Je ne dirais pas qu'elle manifesta beaucoup d'enthousiasme à mon égard, mais elle me parut réellement affectueuse, et lorsque je fixai ses yeux très noirs, j'aurais juré y discerner une lueur attestant qu'elle comprenait et prenait en compte nos différences en tant qu'espèces distinctes. Malgré tout, je me souvins de la mise en garde de l'un des responsables du zoo : si Suci décidait soudainement de secouer brutalement son énorme tête, elle pouvait aisément me casser un bras. Vint ensuite le moment pour le rhinocéros de se faire peser. On avait disposé quelques morceaux de bananes devant le plateau d'une balance installée sur le plancher de la stalle voisine. Lorsque Suci s'y traîna lourdement pour engloutir les fruits, l'index de la balance indiqua 685 kilos.

Si certains animaux atteignent de très grandes tailles, c'est pour trois raisons. À la naissance, Suci pesait 31 kilos. Si elle était née à Sumatra, elle aurait pu, à ce moment-là, être dévorée par un tigre (bien que cet animal, à Sumatra, soit lui aussi de nos jours en danger critique d'extinction). Elle aurait probablement été protégée par sa mère, car les rhinocéros adultes n'ont pas de prédateurs naturels. Il en va de même des autres animaux que l'on appelle les mégaherbivores : les éléphants ou les hippopotames adultes sont tellement gros qu'aucun animal n'ose les attaquer. Les ours et les grands félins sont également à l'abri de la prédation.

Du point de vue de l'évolution, le fait d'être surdimensionné confère donc de réels avantages. En effet, à différents moments de son histoire, la Terre a regorgé d'organismes colossaux. Vers la fin du Crétacé, par exemple, *Tyrannosaurus* n'était qu'un groupe de dinosaures énormes parmi d'autres. On trouvait également le genre *Saltasaurus,* dont les membres pesaient environ 7 tonnes ; *Therizinosaurus,* dont les spécimens les plus grands dépassaient les 10 mètres de long ; et *Saurolophus,* dont les individus étaient probablement plus grands encore.

Beaucoup plus récemment, vers la fin du dernier âge glaciaire, des animaux géants peuplaient pratiquement toutes les régions du monde. Outre les rhinocéros laineux et les ours des cavernes, il y avait en Europe des aurochs, des élans géants et des hyènes surdimensionnées. Les monstres d'Amérique du Nord comprenaient les mastodontes, les mammouths et *Camelops,* un gros cousin du chameau moderne. Ce continent abritait aussi des castors de la taille des grizzlys d'aujourd'hui, *Smilodon,* un genre de grands félins aux dents de sabre, et *Megalonyx jeffersonii,* un paresseux terrestre géant qui pesait près d'une tonne. L'Amérique du Sud avait ses propres paresseux géants : *Toxodon,* un genre de mammifère dont le corps ressemblait à celui du rhinocéros et la tête à celle de l'hippopotame, et les glyptodontes, apparentés au tatou, qui, dans certains cas, pouvaient atteindre à l'âge adulte la taille d'une Fiat 500. C'est en Australie que l'on pouvait trouver la mégafaune la plus variée et la plus étrange. Elle comprenait : des diprotodons, un groupe de lourds marsupiaux dont le nom vernaculaire est « wombats rhinocéros » ; *Thylacoleo carnifex*, un carnivore de la taille d'un tigre que l'on appelle le lion marsupial ; enfin le kangourou géant à museau court, qui atteignait 3 mètres de haut.

Même des îles relativement petites possédaient leurs grosses bêtes : on trouvait à Chypre un éléphant et un hippopotame nains. Madagascar abritait trois espèces d'hippopotames pygmées, une famille d'oiseaux énormes, incapables de voler (des « oiseaux-éléphants »), et plusieurs espèces de lémurs géants. La mégafaune de la Nouvelle-Zélande était remarquable en ce qu'elle était exclusivement aviaire. Le paléontologue australien Tim Flannery l'a décrite comme une sorte d'« expérience par la pensée » qui se serait réellement incarnée : « Elle nous montre à quoi aurait pu ressembler le monde si les mammifères avaient disparu en même temps que les dinosaures, il y a 65 millions d'années, laissant la planète en héritage aux seuls oiseaux[6]. » En Nouvelle-Zélande, différentes espèces de moas sont apparus par évolution pour investir les niches écologiques occupées ailleurs par des herbivores à quatre pattes comme les rhinocéros ou les cervidés. Les plus grands des moas, le moa géant de l'île du Nord et le moa géant de l'île du Sud, atteignaient à l'âge adulte près de 3,50 mètres de haut. Fait assez incongru, les femelles étaient presque deux fois plus grandes que les mâles, et l'on pense que la tâche de la couvaison incombait à ces derniers[7]. La Nouvelle-Zélande abritait aussi un énorme rapace, l'aigle de Haast, qui chassait les moas et dont l'envergure était de plus de 2,50 mètres.

Qu'est-il arrivé à tous ces animaux « brobdingnagiens[*] » ? Cuvier, qui fut le premier à remarquer leur disparition, pensait qu'ils avaient été anéantis lors de la catastrophe la plus récente, une « révolution de

* « Brobdingnag » est le pays des géants dans le deuxième volet des *Voyages de Gulliver* de Jonathan Swift.

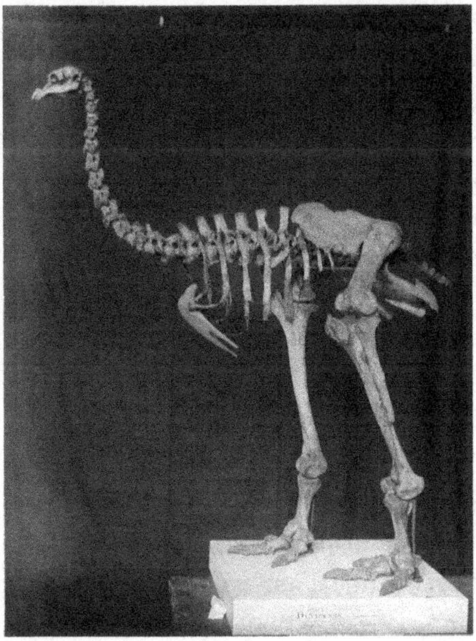

Les plus grands moas atteignaient presque 3,50 mètres de haut à l'âge adulte.

la surface du globe » qui avait eu lieu juste avant le début de l'histoire attestée. Lorsque les naturalistes ultérieurs rejetèrent le catastrophisme de Cuvier, ils se trouvèrent confrontés à une énigme. Pourquoi tant de grands animaux avaient-ils réellement disparu en un laps de temps relativement court ?

« Nous vivons dans un monde zoologiquement appauvri, duquel toutes les formes les plus énormes, les plus féroces et les plus étranges ont récemment disparu, a observé Alfred Russel Wallace. Et il ne fait pas de doute que, du fait de leur disparition, le monde nous est bien plus clément. Cependant, cette soudaine extinction de si nombreux mammifères, pas en un seul lieu, mais sur plus de la moitié des terres émergées à la surface du globe, est certainement un fait extraordinaire sur lequel on ne s'est pas suffisamment penché[8]. »

Le zoo de Cincinnati est situé à environ quarante minutes en voiture de Big Bone Lick, le marais où Longueuil recueillit la molaire du mastodonte qui allait inspirer à Cuvier sa théorie de l'extinction. Transformé aujourd'hui en parc naturel de l'État du Kentucky, ce site s'autoproclame « le lieu de naissance de la paléontologie des vertébrés en Amérique », et affiche un poème sur son site Internet pour célébrer sa place dans l'Histoire :

À Big Bone Lick, les premiers explorateurs
Trouvèrent des squelettes d'éléphants, dirent-ils,
Des côtes de mammouths laineux, des défenses.
Ces os semblaient des débris issus d'un formidable rêve,
Un cimetière d'un Âge d'Or[9].

Un après-midi où je rendais visite à Suci, je décidai d'aller voir le parc. Bien sûr, la région n'est plus, et depuis longtemps, cette contrée inexplorée qu'avait connue Longueuil, et les banlieues résidentielles de Cincinnati la grignotent petit à petit. En roulant, je longeai les zones commerciales habituelles, puis une nouvelle zone d'aménagement. Les habitations étaient tellement récentes que certaines étaient encore en cours de construction. Juste après la « Pépinière du mammouth laineux », je tournai pour entrer dans le parc. « Chasse interdite », signalait le premier panneau. D'autres indiquaient un terrain de camping, un lac, un magasin de souvenirs, un parcours de minigolf, un musée et un troupeau de bisons.

Au cours du XVIIIe siècle, et jusqu'au début du XIXe, on ignore combien de tonnes de spécimens furent extraites du marécage de Big Bone Lick : des fémurs de mastodontes, des défenses de mammouths, des crânes de paresseux géants terrestres. Certains furent envoyés à Paris et à Londres, d'autres à New York et à Philadelphie. D'autres encore furent perdus. (Une cargaison entière disparut lorsqu'un navire de commerce colonial fut attaqué par des Amérindiens Kickapous, et une autre fit naufrage sur le Mississippi.) Thomas Jefferson exposa fièrement des ossements provenant de Big Bone Lick dans un muséum qu'il avait fait spécialement installer à la Maison-Blanche. Lyell ne manqua pas de visiter le marais lors d'un voyage aux États-Unis en 1842 et, sur place, il s'acheta les dents d'un bébé mastodonte[10].

Le site de Big Bone Lick a été tellement fouillé par les collectionneurs qu'il n'y reste pratiquement aucun gros os. Le musée paléontologique du parc ne contient qu'une seule salle, en grande partie vide. Sur l'un des murs, une peinture représente un troupeau de mammouths qui, l'air mélancolique, marchent d'un pas lourd à travers la toundra, tandis que, sur le mur opposé, quelques vitrines exposent une poignée de défenses brisées et de vertèbres de paresseux terrestres. La boutique de cadeaux adjacente est presque aussi vaste que le muséum lui-même. On y vend des objets de pacotille, des bonbons et des T-shirts ornés du slogan : « Je ne suis pas gros – j'ai juste de gros os. » Une blonde accueillante tenait la caisse du magasin lorsque j'y entrai. Selon elle, la plupart des gens ne se rendaient pas compte de « l'importance de ce parc » ; ils venaient juste pour le lac et le minigolf, qui, malheureusement, était fermé en hiver. Me tendant un plan topographique du site, elle me conseilla vivement de suivre, lorsque je ressortirais, le chemin balisé de panneaux explicatifs. Je lui demandai si, par hasard, elle ne pourrait pas me servir de guide. Non, elle était trop occupée. Il me sembla pourtant que nous étions les deux seules personnes présentes dans le parc.

Je sortis et commençai à suivre le chemin. Juste derrière le muséum, je tombai sur un mastodonte grandeur nature en plastique. Il avait la tête baissée, comme s'il se préparait à charger. Non loin de là, un paresseux terrestre en plastique de 3 mètres de haut se tenait sur ses pattes arrière dans une position menaçante, tandis qu'un mammouth semblait s'enfoncer dans une fondrière, en proie à la terreur. Un bison en plastique, représenté mort et à demi décomposé, un vautour en plastique et des os en plastique éparpillés complétaient le macabre spectacle.

Plus loin, j'arrivai au ruisseau de Big Bone Lick recouvert de glace, en dessous de laquelle l'eau s'écoulait tranquillement en bouillonnant. Une voie secondaire par rapport au chemin principal conduisait à un pont en bois construit au-dessus d'une partie du marais. L'eau, ici, n'était pas recouverte de glace. Une odeur sulfureuse s'en dégageait, et l'on voyait à sa surface une couche d'un blanc crayeux. Un panneau sur le pont indiquait que, durant l'Ordovicien, un océan recouvrait la région. C'était le sel accumulé sur cet ancien fond marin qui avait attiré les animaux en quête d'eau à Big Bone Lick et, bien souvent, ils y avaient péri. Un deuxième panneau faisait observer que parmi les restes fossiles trouvés sur ce site figuraient « ceux d'au moins huit espèces qui s'éteignirent il y a environ dix mille ans ». En poursuivant ma marche le long du chemin, je rencontrai encore d'autres panneaux. Ceux-ci avançaient une explication (en réalité, deux explications différentes) pour rendre compte du mystère de la disparition de la mégafaune. L'un d'eux proposait la thèse suivante : « Le passage d'une forêt de conifères à une forêt d'arbres à feuilles caduques, ou peut-être le réchauffement climatique qui provoqua ce changement, fut à l'origine de la disparition, à l'échelle du continent, des animaux qui fréquentaient jadis Big Bone Lick. » Un autre attribuait la responsabilité de cette disparition à une autre cause. « Dans les mille ans qui suivirent l'arrivée de l'homme, les grands mammifères s'éteignirent, disait-il. Il semble vraisemblable que les paléo-Indiens jouèrent un certain rôle dans cette disparition. »

Dès les années 1840, les deux types d'explication de l'extinction de la mégafaune avaient été proposés. Lyell figura parmi ceux qui privilégièrent la première thèse, autrement dit celle, comme il l'a exprimé, de « la grande modification du climat[11] » qui s'était produite lors de l'âge glaciaire. Darwin, à son habitude, se rangea du côté de Lyell, bien que, dans ce cas précis, avec quelque réticence. « Je ne comprends pas bien la relation entre l'âge glaciaire et l'extinction des grands mammifères[12] », écrivit-il. Wallace, pour sa part, fut initialement en faveur, lui aussi, du rôle apparent du climat. « Quelque cause physique a dû être à l'origine de ce grand changement[13], observa-t-il en 1876. Cette cause est représentée par le grand et récent changement physique connu sous le nom d'"âge glaciaire". » Puis il se ravisa. « Ayant examiné de nouveau le problème dans sa totalité, remarqua-t-il dans son dernier livre, *The World of Life*, je suis convaincu que [...] l'extinction de tant de grands mammifères a été si rapide qu'elle a dû réellement être le fait de l'homme. » Tout cela, dit-il, était vraiment « très évident[14] ».

Diprotodon optatum, le plus grand marsupial qui ait jamais existé.

Depuis Lyell, le débat sur ce sujet a vu s'opérer de nombreux changements d'avis, et il est clair que les enseignements qu'on peut en tirer dépassent de loin la paléobiologie. Si le changement climatique a été à l'origine de la disparition de la mégafaune, nous avons une raison supplémentaire de nous inquiéter de la hausse de température que l'homme est en train d'imposer à la planète. Si, à l'inverse, l'homme est responsable de cette extinction (et il semble de plus en plus probable que c'est bel et bien le cas), la conclusion que l'on peut en tirer pour notre monde actuel est presque plus dramatique. Elle prouverait que le phénomène d'extinction en cours a commencé il y a bien longtemps, dès le milieu du dernier âge glaciaire. Elle signifierait que l'homme a été un prédateur, et qu'il a exercé, pratiquement dès le début, ce que l'on appelle la « surchasse ».

Plusieurs types d'arguments plaident en faveur du facteur humain (et donc, en réalité, en défaveur de l'homme). La chronologie des événements est l'un d'entre eux. Il est désormais clair que l'extinction de la mégafaune ne s'est pas produite en une seule fois, comme le pensaient Lyell et Wallace. En réalité, elle s'est déroulée en plusieurs phases. Il y a environ quarante mille ans, la première a emporté les géants d'Australie.

Quelque vingt-cinq mille ans plus tard, une seconde phase a frappé l'Amérique du Nord et l'Amérique du Sud. Les lémuriens géants, les hippopotames nains et les oiseaux éléphants de Madagascar survécurent jusqu'au Moyen Âge. Les moas de Nouvelle-Zélande, jusqu'à la Renaissance.

Il est difficile de comprendre comment une telle séquence pourrait cadrer avec un seul et unique épisode de changement climatique. D'un autre côté, la séquence des différentes phases d'extinction et celle des colonisations de nouveaux territoires par l'homme s'accordent presque exactement. Les données archéologiques montrent que les êtres humains ont atteint d'abord l'Australie, il y a environ cinquante mille ans. C'est seulement beaucoup plus tard qu'ils parvinrent en Amérique, et encore des milliers d'années après qu'ils rejoignirent Madagascar et la Nouvelle-Zélande.

« Lorsqu'on compare d'un œil critique la chronologie des extinctions et celle des migrations humaines », a écrit Paul Martin, de l'université d'Arizona, dans « La surchasse préhistorique », un article qui a fait date sur ce sujet, « il apparaît que l'arrivée de l'homme est la seule explication raisonnable[15] » de la disparition de la mégafaune.

Dans la même veine, Jared Diamond a observé : « Pour ma part, je vois mal pourquoi les géants d'Australie auraient survécu à d'innombrables sécheresses au cours de leurs dizaines de millions d'années d'histoire australienne, puis auraient curieusement choisi de succomber au moment précis (tout au moins sur une échelle de millions d'années) de l'arrivée des premiers humains[16]. »

Outre la chronologie, il existe de fortes preuves, de nature physique, qui incriminent l'homme. Les excréments constituent certaines d'entre elles.

Les mégaherbivores produisent des quantités énormes d'excréments, comme le savent tous ceux qui ont passé quelque temps derrière un rhinocéros. Ces matières fécales fournissent sa subsistance à un champignon appelé *Sporormiella*. Les spores de ce dernier sont tout à fait minuscules (presque invisibles à l'œil nu), mais capables de perdurer très longtemps. On peut encore les reconnaître au sein de sédiments enfouis des dizaines de milliers d'années sous terre. De grandes quantités de spores indiquent la présence de grandes quantités d'herbivores ayant mastiqué et déféqué sur de longues périodes ; peu ou pas de spores révèlent l'absence de ces animaux.

Il y a quelques années, une équipe de chercheurs a analysé une « carotte » sédimentaire prélevée sur un site appelé le « cratère de Lynch » dans le nord-est de l'Australie. Ils ont constaté une grande abondance des spores de *Sporormiella* il y a cinquante mille ans dans cette région. Assez soudainement, il y a environ quarante et un mille ans, leur fréquence a diminué pour atteindre pratiquement zéro[17]. Après cet effondrement, la végétation a commencé à être la proie d'incendies (comme l'attestent de minuscules particules de charbon). La couverture végétale de la région a ensuite changé, passant des types de plantes caractéristiques d'une forêt tropicale humide à des types de plantes plus adaptées à la sécheresse, comme l'acacia.

Si le changement climatique avait été le moteur de l'extinction de la mégafaune, le changement de végétation aurait dû précéder la chute de fréquence de *Sporormiella* : la couverture végétale aurait d'abord changé, puis les animaux qui dépendaient du type originel de végétation auraient disparu. Mais c'est précisément l'inverse qui s'est produit. L'équipe a conclu que la seule explication s'accordant aux données était la « surchasse ». La fréquence des spores de *Sporormiella* a chuté avant le changement de la couverture végétale, car c'est la mort de la mégafaune qui a été la cause du changement de végétation. À partir du moment où il n'y a plus eu de grands herbivores pour se nourrir des arbres de la forêt, ceux-ci, facilement inflammables, se sont multipliés : les incendies sont devenus plus fréquents et plus intenses. La végétation a ainsi produit des espèces plus résistantes au feu.

Chris Johnson, spécialiste d'écologie scientifique à l'université de Tasmanie, et l'un des chefs de file de l'étude sur la « carotte sédimentaire », m'a expliqué au téléphone, depuis son bureau à Hobart, que l'extinction de la mégafaune en Australie « n'avait pas pu être provoquée par un changement climatique. Je crois qu'on peut affirmer cela de façon catégorique ».

Les preuves concernant la Nouvelle-Zélande sont encore plus claires. Quand les Maoris atteignirent cet archipel, à peu près à l'époque où vivait Dante, ils trouvèrent neuf espèces de moas répartis sur l'île du Nord et l'île du Sud. Lorsque arrivèrent les colons européens, au début du XIXe siècle, on ne trouvait plus un seul de ces oiseaux. Il restait seulement d'énormes tas d'os de moas, ainsi que les ruines de grands fours en plein air : les vestiges des grands barbecues auxquels furent livrés ces gros oiseaux. Une étude récente a conclu que les moas ont probablement été éliminés en quelques décennies. Une phrase en maori survit, qui fait indirectement référence à ce massacre : « *Kua ngaro i te ngaro o te moa.* » Autrement dit : « Disparu, comme a disparu le moa. »

Ceux des chercheurs qui persistent à croire que le changement climatique a provoqué la mort de la mégafaune prétendent que les affirmations de Martin, Diamond et Johnson ne sont pas rationnelles. Selon eux, rien concernant cette question n'a été prouvé « de façon catégorique » (ou autrement), et toutes les hypothèses formulées ci-dessus représentent des simplifications outrancières. La chronologie des extinctions n'est pas aussi nette : celles-ci ne sont pas corrélées de façon étroite aux migrations humaines, et, par ailleurs, corrélation n'est pas causalité. De manière peut-être plus profonde, ils doutent de la thèse même selon laquelle l'homme préhistorique possédait de redoutables capacités prédatrices. Comment de petits groupes d'hommes à la technologie primitive auraient-ils été capables d'exterminer de si nombreux animaux, grands, forts, et dans certains cas, féroces, cela sur de vastes étendues telles que l'Australie ou l'Amérique du Nord ?

John Alroy, un paléobiologiste américain qui travaille maintenant à l'université Macquarie, en Australie, a beaucoup réfléchi à ce problème, qu'il considère être de nature mathématique. « Un très grand mammifère est à la limite du danger en ce qui concerne sa vitesse de reproduction, m'exposa-t-il. La durée de la gestation chez l'éléphant, par exemple, est de vingt-deux mois. Il n'y a pas de jumeaux chez cet animal, et il ne commence pas à se reproduire avant un âge compris entre treize et dix-neuf ans. Ces caractéristiques font peser de très, très grosses contraintes sur sa rapidité à se reproduire, même lorsque aucun problème n'existe par ailleurs. La raison pour laquelle ce type d'animal existe et peut survivre est que, dès qu'il atteint une certaine taille, il échappe à la prédation. Du point de vue de la reproduction, sa taille représente un inconvénient certain, mais en matière d'évitement de la prédation, elle constitue un immense avantage. Cependant, cet avantage disparaît complètement avec l'apparition de l'homme. En effet, peu importe à l'être humain qu'un animal soit de grande taille, rien ne l'empêche de tuer pour manger. » Il s'agit là d'un exemple supplémentaire montrant comment un *modus vivendi*, fonctionnel pendant des millions d'années, peut soudainement ne plus convenir. Tout comme les graptolites en forme de V, ou les ammonites, ou les dinosaures, les grands mammifères de la mégafaune n'étaient pas mal adaptés : les « règles du jeu de la survie » ont tout simplement changé lorsque l'homme est apparu.

Alroy a utilisé des simulations par ordinateur pour mettre à l'épreuve l'hypothèse de la « surchasse »[18]. Il lui est apparu que l'homme avait pu exterminer la mégafaune sans se donner beaucoup de mal. « S'il disposait d'une seule espèce qui lui procurait ce que l'on pourrait appeler une ressource alimentaire durable, alors il a pu laisser d'autres espèces s'éteindre sans que cela le conduise à la famine », fit-il remarquer. Par exemple, en Amérique du Nord, le cerf de Virginie possède un taux de reproduction relativement élevé et, par conséquent, sa population est probablement restée abondante au moment même où celle du mammouth s'effondrait : « Le mammouth est devenu une viande de luxe, quelque chose dont on peut se régaler une fois de temps en temps, à l'instar d'une grosse truffe. »

Lorsque Alroy procéda aux simulations concernant l'Amérique du Nord, il découvrit que même une très petite population initiale d'êtres humains (une centaine d'individus environ) pouvait, au cours d'un millénaire ou deux, se multiplier suffisamment pour être rendue responsable de pratiquement toutes les extinctions attestées, même dans l'hypothèse où ils n'étaient pas de très bons chasseurs. Il leur suffisait d'abattre un mammouth ou un paresseux terrestre géant de temps en temps, quand ils en avaient l'occasion, et de continuer ainsi pendant plusieurs siècles. Ce rythme aurait suffi à ce que des populations appartenant à des espèces qui se reproduisaient lentement soient d'abord poussées au déclin, et finalement à l'extinction totale. Lorsque Chris Johnson pratiqua des simulations semblables pour l'Australie, il obtint des résultats analogues : si chaque groupe de dix chasseurs avait abattu seulement un diprotodon par an, tous les animaux de cette espèce auraient disparu en moins de sept cents ans environ, à l'intérieur d'un cercle de plusieurs centaines de kilomètres. (Puisque l'homme a probablement pénétré dans les différentes parties de l'Australie à des moments différents, l'extinction a probablement mis quelques milliers d'années à se réaliser sur la totalité de l'île-continent.) Du point de vue de l'histoire de la Terre, plusieurs centaines ou même plusieurs milliers d'années sont des durées insignifiantes. Du point de vue de l'homme, cependant, ces dernières paraissent immenses. Le déclin de la mégafaune a été très lent pour les êtres humains, et ceux qui y ont participé n'en ont probablement pas eu conscience. Ils n'auraient eu aucun moyen de savoir que, des siècles plus tôt, les mammouths et les diprotodons avaient été bien plus répandus. Alroy a décrit l'extinction de la mégafaune comme « une catastrophe écologique réalisée en un instant géologique, mais trop progressive pour être perçue par ceux qui en étaient responsables ». Cela démontre, a-t-il écrit, que « l'homme est capable de mener à l'extinction pratiquement n'importe quelle espèce de grand mammifère, même si, en parallèle, il peut se donner beaucoup de mal pour éviter justement que cette extinction se produise[19] ».

On dit généralement que l'Anthropocène a commencé avec la révolution industrielle, ou peut-être même plus tard, lorsque la population a vu sa croissance exploser après la Seconde Guerre mondiale. Selon ce dernier point de vue, c'est grâce à l'introduction de technologies modernes (les turbines, les chemins de fer, les tronçonneuses) que l'homme est devenu capable de modifier le monde. Cependant, l'extinction de la mégafaune suggère une autre interprétation. Avant l'apparition de l'homme, le fait d'être grand et lent à se reproduire constituait une stratégie garantissant de grands succès, et des organismes de taille démesurée dominaient la planète. En un laps de temps équivalant à un instant dans l'histoire géologique, cette stratégie est devenue caduque. Elle l'est restée aujourd'hui, et c'est pourquoi les éléphants, les ours et les grands félins font face à de sérieuses difficultés, c'est pourquoi également Suci est l'un des derniers rhinocéros de Sumatra au monde*. Cependant, l'élimination de la mégafaune ne s'est pas limitée à l'élimination de la mégafaune. En Australie au moins, elle a déclenché une cascade de conséquences écologiques, lesquelles ont transformé l'environnement. Bien qu'il soit plaisant d'imaginer un temps où l'homme aurait vécu en harmonie avec la nature, il n'est pas certain qu'il ait jamais existé.

* Suci est décédée prématurément, à l'âge de dix ans, le 31 mars 2014, d'une maladie génétique dont sa mère était déjà morte.

Chapitre 12

Le gène de la folie

Homo neanderthalensis

La vallée de Neander, en allemand « das Neandertal », se situe à environ 30 kilomètres au nord de Cologne, dans un méandre de la Düssel, un tranquille affluent du Rhin. Pendant la plus grande partie de son existence, cette vallée a été bordée par des falaises calcaires, et c'est dans une grotte s'ouvrant sur la paroi de l'une d'entre elles qu'on a pour la première fois découvert, en 1856, les os d'un type d'homme ancien qu'on allait appeler « néandertalien ». De nos jours, la vallée est une sorte de parc à thème paléolithique. Outre le « musée de Neanderthal », un édifice remarquablement moderne doté de murs de verre de couleur vert bouteille, on trouve des cafés vendant de la bière de marque « Neanderthal », des jardins ornés d'arbrisseaux semblables à ceux qui s'épanouissaient à l'ère glaciaire et des chemins de randonnée menant au site de la découverte originelle, bien que les ossements, la grotte et même les falaises n'existent plus. (Le calcaire a été exploité et acheminé, sous forme de blocs, vers les chantiers de construction.) Juste après l'entrée du musée se dresse la statue d'un néandertalien âgé qui sourit d'un air bienveillant en s'appuyant sur un bâton. À ses côtés est installée l'une des attractions les plus appréciées du musée : une cabine appelée « station de morphing ». Pour 3 euros, on peut obtenir une photo fidèle de son profil, ainsi qu'une autre, celle-là modifiée, sur laquelle le menton est effacé, le front aplati et l'arrière de la tête fortement renflé. Les enfants adorent se voir, et plus encore voir leurs frères ou sœurs, ainsi transformés en néandertaliens grâce au « morphing ». Ils en hurlent de rire.

Depuis la découverte initiale dans la vallée de Neander, des os de néandertaliens ont été trouvés partout en Europe et au Moyen-Orient. On en a découvert au nord (au pays de Galles, par exemple), au sud (en Israël) et à l'est (dans le Caucase). On a aussi déterré d'innombrables outils néandertaliens. Parmi eux figurent des pointes de pierre, qui étaient à l'origine probablement montées sur des lances, ainsi que des bifaces en forme d'amande et des grattoirs au fil tranchant. Ces derniers outils (bifaces et grattoirs) étaient utilisés pour couper la viande, tailler le bois, et vraisemblablement aussi pour préparer les peaux. Les néandertaliens ont occupé l'Europe pendant au moins une centaine de milliers d'années. Ce fut une époque majoritairement froide, à un point très prononcé sur de longues périodes (la Scandinavie était à l'époque recouverte de glaciers). On pense, bien qu'on ne puisse pas l'établir avec certitude, que les néandertaliens construisaient des abris pour se protéger et confectionnaient ce qui leur tenait lieu de vêtements. Environ trente mille ans avant notre ère, ils ont disparu.

De nombreuses théories ont été avancées pour expliquer cette disparition. On invoque souvent le changement climatique, parfois sous la forme d'une instabilité générale ayant conduit à ce que l'on appelle, dans le milieu des géologues, le « dernier maximum glaciaire », et parfois sous la forme d'un « hiver provoqué par une éruption volcanique » (il y aurait eu, dans ce cas, une immense éruption non loin d'Ischia, au large de Naples, dans la région volcanique appelée les « champs Phlégréens »). On invoque aussi des maladies, ou encore la simple malchance. Cependant, dans les dernières décennies, il est devenu de plus en plus clair que les néandertaliens ont connu le même sort que le mégathérium, le mastodonte américain, et que de nombreux autres membres malheureux de la mégafaune. En d'autres termes, comme me l'a dit un chercheur, « leur malchance, ce fut nous ».

L'homme moderne est apparu en Europe il y a environ quarante mille ans, et les découvertes archéologiques démontrent sans ambiguïté que, dès lors qu'il s'installait dans une région habitée par des néandertaliens, ceux-ci disparaissaient. Peut-être les néandertaliens ont-ils été la cible d'attaques répétées de la part des hommes modernes, peut-être encore ont-ils été surclassés par ces derniers dans la compétition darwinienne pour la survie. D'une façon ou d'une autre, leur déclin obéit au modèle habituel, avec néanmoins une importante (et troublante) différence. Avant que les hommes modernes anéantissent les néandertaliens, ils eurent avec eux des rapports sexuels. De cette interaction découle le fait que la plupart des êtres humains actuels sont un petit peu néandertaliens (à hauteur de 4 %, au maximum). Un T-shirt vendu sur un stand voisin de la « station de morphing » proclame bien haut cet héritage. « *Ich bin stolz, ein Neanderthaler zu sein* », y est-il écrit en lettres capitales (c'est-à-dire : « Je suis fier d'être un néandertalien »). Cet article vestimentaire m'a tellement plu que j'en ai acheté un pour mon mari. Je me suis récemment aperçue qu'il ne le portait pas souvent.

Le département d'anthropologie évolutionniste de l'Institut Max-Planck est situé dans la ville de Leipzig, à environ 500 kilomètres à l'est de la vallée de Neander. L'Institut est logé dans un immeuble flambant neuf dont la forme évoque un peu celle d'une banane, et il tranche nettement sur son voisinage qui porte encore la marque du passé est-allemand de la ville. On trouve au nord des immeubles d'habitation de style soviétique, et, au sud, un énorme pavillon doté d'une flèche dorée, qu'on appelait autrefois le « pavillon soviétique » (désormais vide). Le foyer de l'Institut abrite une cafétéria et une exposition consacrée aux grands singes. Sur un écran de télévision, on voit évoluer en direct les orangs-outangs du zoo de Leipzig.

Svante Pääbo dirige le département de génétique évolutionniste de l'Institut. Il est grand et dégingandé, avec un visage allongé, un menton étroit et des sourcils touffus, qu'il soulève souvent pour accentuer quelque trait d'humour ironique. Dans son bureau, deux effigies retiennent l'attention. La première est un portrait de Pääbo lui-même, plus grand que lui, qui lui fut offert par ses étudiants à l'occasion de son cinquantième anniversaire. (Chaque étudiant a peint un morceau du portrait. Le résultat global offre une surprenante ressemblance avec l'original, si ce n'est que les couleurs sont mal assorties, et donnent, de ce fait, l'impression que le scientifique souffre d'une maladie de la peau.) La seconde est un néandertalien, représenté sous la forme d'un squelette grandeur nature accroché sur un support, de sorte que ses pieds se balancent au-dessus du sol.

On surnomme quelquefois Pääbo, qui est suédois, le « fondateur de la paléogénétique ». Il a, en effet, plus ou moins inventé l'étude de l'ADN ancien. Ses premiers travaux, effectués alors qu'il était en troisième cycle, ont consisté à extraire des informations génétiques de la chair de momies égyptiennes. (Il voulait savoir qui, parmi les pharaons, était apparenté à qui.) Plus tard, il s'intéressa aux tigres de Tasmanie et aux paresseux géants terrestres. Il a extrait de l'ADN d'os de mammouths et de moas. Toutes ces études étaient à l'époque révolutionnaires ; mais elles peuvent toutes être considérées comme une simple préparation à l'étude actuelle de Pääbo, extraordinairement plus ambitieuse : la séquence de la totalité du génome néandertalien.

Pääbo a annoncé son projet en 2006, juste au moment du cent cinquantième anniversaire de la découverte du premier néandertalien. On avait déjà alors publié une version complète du génome humain, de même que des versions complètes des génomes du chimpanzé, de la souris et du rat. Mais l'homme, le chimpanzé, la souris et le rat sont, bien entendu, des organismes vivant actuellement. Séquencer le génome d'un organisme disparu est d'un tout autre ordre de difficulté. Lorsqu'il meurt, un être vivant voit son matériel génétique se briser, de sorte qu'au lieu de longues chaînes d'ADN ne subsistent, dans le meilleur des cas, que quelques fragments. Essayer de comprendre comment tous les fragments se combinent les uns aux autres reviendrait à tenter de reconstituer un annuaire à partir de pages qui auraient été passées dans une machine à déchiqueter le papier, jetées avec les déchets de la veille, avant de pourrir dans une décharge.

Lorsque cette étude sera achevée, on pourra mettre côte à côte le génome de l'homme moderne et celui des néandertaliens et observer, paire de bases après paire de bases, à quel endroit ils divergent exactement. Les néandertaliens étaient extrêmement semblables aux êtres humains d'aujourd'hui ; ils furent probablement nos apparentés les plus proches. Cependant, ils n'étaient manifestement pas des hommes modernes. Quelque part dans notre ADN doit figurer une mutation cruciale, ou, plus probablement, des mutations cruciales, qui nous distinguent d'eux (des mutations qui ont fait de nous ces êtres capables d'exterminer leurs plus proches parents, puis de déterrer leurs ossements et de reconstituer leur génome).

« Je veux savoir ce qui a été modifié chez l'homme complètement moderne par rapport aux néandertaliens, et ce qui fait la différence entre eux et nous, m'a confié Pääbo. Qu'est-ce qui nous a rendus capables d'édifier ces sociétés gigantesques, de nous répandre sur tout le globe et de développer cette technologie dont personne ne peut douter qu'elle est propre à l'homme ? Il doit y avoir une base génétique à cela, et celle-ci se dissimule dans ces longues listes de paires de bases. »

Les ossements de la vallée de Neander furent découverts par des ouvriers de la carrière qui les prirent pour des détritus. Il est vraisemblable qu'ils auraient été jetés si le propriétaire de l'exploitation n'avait eu vent de la trouvaille et insisté pour que l'on récupère ces restes (une calotte crânienne, une clavicule, quatre os des bras, deux fémurs, des morceaux de cinq côtes et la moitié d'un bassin). Croyant qu'il s'agissait d'os d'un ours des cavernes, il les passa à un maître d'école local, Johann Carl Fuhlrott, « chasseur de fossiles » à ses heures perdues. Fuhlrott se rendit compte qu'il avait affaire à quelque chose d'à la fois plus étrange et plus familier qu'un ours. Il déclara que ces restes étaient les vestiges « d'un membre primitif de notre race ».

À peu près au même moment, Darwin publia son *Origine des espèces*, et la question des ossements occupa rapidement une place centrale dans le débat sur l'origine de l'homme. Les adversaires de l'évolution rejetèrent les déclarations de Fuhlrott. Ces os, dirent-ils, avaient appartenu à une personne ordinaire. Une hypothèse voulait qu'il s'agît de ceux d'un cosaque égaré dans la région lors des mouvements de troupes ayant suivi la fin des guerres napoléoniennes. La raison pour laquelle ces os avaient l'air étranges (les fémurs découverts à Neandertal sont nettement arqués) tenait au fait que le cosaque avait passé trop de temps sur son cheval. Une autre hypothèse avançait que ces restes étaient ceux d'un homme atteint de rachitisme : il avait tellement souffert de cette maladie qu'il avait dû constamment plisser son front, d'où ses arcades sourcilières proéminentes. (On ne s'est jamais vraiment posé la question de savoir pourquoi un homme rachitique et souffrant sans répit aurait entrepris d'escalader une falaise et de pénétrer dans une grotte.)

Au cours des décennies suivantes, on découvrit encore davantage d'os semblables à ceux de la vallée de Neander (plus épais que ceux de l'homme moderne, avec des crânes de forme étrange). On ne pouvait manifestement pas continuer d'expliquer toutes ces découvertes par des histoires de cosaques en déplacement ou de spéléologues rachitiques. Cependant, les évolutionnistes eux aussi s'avouaient perplexes. Le crâne des néandertaliens avait une très grande capacité, plus grande, en moyenne, que celle de l'homme moderne. Ce constat le rendait difficile à situer dans une perspective évolutionniste, qui reliait progressivement de grands singes à petits cerveaux à des contemporains de l'époque victorienne, dotés pour leur part de gros cerveaux. Dans *La Filiation de l'homme*, qui parut en 1871, Darwin ne fait que brièvement allusion aux néandertaliens. « Il faut cependant admettre que certains crânes d'une très haute antiquité, comme celui, fameux, de Neanderthal, sont bien développés et spacieux[1] », note-t-il dans cet ouvrage.

Un néandertalien, tel qu'on se le représentait en 1909.

Semblables à nous mais néanmoins différents, les néandertaliens représentent pour l'homme un faire-valoir évident, et beaucoup d'écrits depuis *La Filiation de l'homme* reflètent la difficulté à rendre compte de cette étrange parenté. En 1908, un squelette presque complet fut découvert dans une grotte près de La Chapelle-aux-Saints, en Corrèze. Il fut remis entre les mains d'un paléontologue du Muséum national d'histoire naturelle de Paris, Marcellin Boule. Celui-ci, dans une série de monographies, inventa une interprétation « repoussoir » des néandertaliens : leurs jambes fléchies et leur dos voûté indiquaient leur bestialité[2]. Les os des néandertaliens, écrivit Boule, « présentaient de nombreux caractères primitifs ou simiens[3] », tandis que la forme de leur crâne indiquait « la prédominance des fonctions purement végétatives ou bestiales sur les fonctions cérébrales ». La capacité d'invention, les « préoccupations d'ordre esthétique ou d'ordre moral » et l'aptitude à la pensée abstraite étaient, selon Boule, manifestement au-delà des possibilités de ces êtres au front fuyant. Nombre des contemporains du paléontologue français lurent ses conclusions et les reprirent à leur compte. Par exemple, sir Grafton Elliot Smith, un anthropologue britannique, décrivit les néandertaliens comme des êtres marchant « à demi courbés » avec des « jambes de forme particulièrement disgracieuse ». (Smith affirma aussi que la « laideur » des néandertaliens était « accentuée par une toison de longs poils rudes sur la plus grande partie du corps » bien qu'il n'y eût aucune preuve matérielle qu'ils fussent velus – et on n'en a toujours pas aujourd'hui.)

Dans les années 1950, deux anatomistes américain et britannique, William Straus et Alexander Cave, décidèrent de réexaminer le squelette de La Chapelle-aux-Saints. On venait de voir, durant la Seconde Guerre mondiale (sans parler même de la Première), de quelle bestialité pouvaient faire preuve les plus modernes des hommes modernes, de sorte qu'il paraissait opportun de réévaluer les néandertaliens. Ce que Boule avait pris comme la posture naturelle des néandertaliens fut attribué par les deux anatomistes aux effets d'une arthrite. Les néandertaliens ne marchaient pas le dos courbé et les genoux fléchis. En fait, rasé de frais et vêtu d'un costume neuf, écrivirent les deux scientifiques, un néandertalien ne se ferait pas plus remarquer dans le métro new-yorkais « que certains des autres habitants de cette ville[4] ». Des études scientifiques plus récentes tendent à soutenir l'idée que les néandertaliens, quand bien même ils ne passeraient peut-être pas incognito dans le métro de New York, se tiendraient en revanche parfaitement droits et auraient une démarche que nous reconnaîtrions comme plus ou moins semblable à la nôtre.

Dans les années 1960, un archéologue américain, Ralph Solecki, découvrit les restes de plusieurs néandertaliens dans une grotte du nord de l'Irak. L'un d'eux, appelé Shanidar I et surnommé « Nandy », avait été victime d'une grave blessure à la tête qui l'avait probablement laissé au moins partiellement aveugle. Ses lésions avaient guéri, ce qui laisse penser qu'il avait été soigné par les autres membres de son groupe social. Un autre, appelé Shanidar IV, avait apparemment été inhumé, et les résultats des analyses du sol de la tombe convainquirent Solecki qu'il avait été enterré avec des fleurs. Selon lui, on détenait là la preuve d'une profonde spiritualité chez les néandertaliens.

Un néandertalien rasé de frais et portant un costume neuf.

« Nous sommes soudainement amenés à nous rendre compte que la pensée universelle et l'amour de la beauté sont des attributs qui dépassent les limites de notre propre espèce[5] », écrivit-il. Certaines des conclusions de Solecki ont, depuis, été mises en doute : il semble plus vraisemblable que les fleurs ont été apportées dans la grotte par des rongeurs fouisseurs que par les parents éplorés du défunt. Néanmoins, ses idées ont eu une grande influence et ce sont les quasi-humains émouvants de Solecki qui sont représentés dans la vallée de Neander. Au fil des dioramas du musée, les néandertaliens vivent dans des tipis, portent des sortes de pantalons de cuir moulants et observent d'un air contemplatif le paysage glaciaire qui leur fait face. « L'homme de Neandertal n'était pas une sorte de Rambo préhistorique, proclame l'une des légendes des dioramas. C'était un être intelligent. »

On compare souvent l'ADN à un « texte », comparaison appropriée à condition d'admettre que le « texte » peut aussi contenir des suites de lettres n'ayant aucun sens. L'ADN est formé de molécules, les nucléotides, soudées les unes aux autres pour former une échelle : la célèbre double hélice. Chaque nucléotide contient l'une ou l'autre des bases, au nombre de quatre, appelées adénine, thymine, cytosine et guanine, que l'on désigne par leur initiale, A, T, G et C, de sorte qu'un fragment du génome humain peut être représenté par la suite de lettres ACCTCCTCTAATGTCA. (En fait, il s'agit d'une séquence réelle, figurant dans le chromosome 10 ; la séquence comparable chez l'éléphant est ACCTCCCCTAATGTCA.) Le génome humain est long de trois milliards de bases (de paires de bases, en réalité). Pour autant qu'on le sache, la plupart codent pour rien.

Le processus qui transforme les longs brins d'ADN d'un organisme en fragments (le « texte » devenant alors bientôt comparable à un tas de confettis) commence quasiment immédiatement après sa mort. Une bonne partie de la destruction intervient dans les premières heures, sous l'action d'enzymes figurant dans les propres cellules de l'organisme en question. Après quelque temps ne subsistent plus que de petits morceaux, et après un temps plus long encore (la longueur semble dépendre des conditions présidant à la décomposition), les petits morceaux eux aussi finissent par se désintégrer. Une fois ce processus achevé, même le plus obstiné des paléogénéticiens ne dispose plus d'aucun matériel sur lequel travailler. « Dans le permafrost, on pourrait peut-être remonter jusqu'à cinq cent mille ans avant aujourd'hui, me dit Pääbo. Mais à coup sûr, on resterait en dessous du million d'années. » Il y a cinq cent mille ans, les dinosaures avaient disparu depuis environ 65 millions d'années, de sorte que la fiction *Jurassic Park* n'est, malheureusement, rien d'autre que cela : une fiction. D'un autre côté, il y a cinq cent mille ans, l'homme moderne n'existait pas encore.

Pour sa recherche sur le génome des néandertaliens, Pääbo s'est arrangé pour obtenir vingt et un os de cet homme préhistorique trouvés dans une grotte de Croatie. (Pour pouvoir extraire de l'ADN, Pääbo, ou n'importe quel autre paléogénéticien, est obligé de découper des fragments d'os, puis de les dissoudre, une procédure à laquelle, pour d'assez évidentes raisons, les muséums ou les collectionneurs de fossiles hésitent à consentir.) Seulement trois de ces os ont livré de l'ADN de néandertalien. Pour compliquer le problème, cet ADN était noyé dans d'énormes quantités d'ADN provenant des microbes qui avaient festoyé sur les os durant les trente mille dernières années : cela signifiait que la plus grande partie du travail de séquençage n'allait servir à rien. « Il y a eu des moments de désespoir, se souvient Pääbo. On n'avait pas plutôt résolu une difficulté qu'une autre se présentait. » « Ce furent des montagnes russes émotionnelles », se rappelle Ed Green, un spécialiste d'ingénierie biomoléculaire de l'université de Californie à Santa Cruz, qui a participé à cette recherche pendant plusieurs années.

Ce travail avait finalement donné des résultats exploitables (essentiellement de longues listes de A, T, G et C) lorsque l'un des membres de l'équipe de Pääbo, David Reich, un généticien de la faculté de médecine de Harvard, remarqua quelque chose d'étrange. Les séquences néandertaliennes étaient, comme prévu, très semblables aux séquences de l'homme moderne. Elles étaient cependant plus semblables à celles de certains êtres humains qu'à d'autres. Nommément, les Européens et les Asiatiques avaient plus de séquences d'ADN en commun avec les Néandertaliens que n'en avaient les Africains. « Nous avons essayé d'interpréter ce résultat comme un artefact dont il ne fallait pas tenir compte, m'a confié Reich. Nous pensions : "Il doit y avoir une erreur." »

Depuis vingt-cinq ans environ, l'étude de l'évolution humaine est dominée par la théorie que la presse nomme « la sortie hors de l'Afrique » ; les scientifiques la désignent par l'hypothèse de « l'origine unique et récente » ou du « remplacement ». Selon cette théorie, tous les hommes modernes descendent d'une seule petite population qui vivait en Afrique il y a approximativement deux cent mille ans. Vers cent vingt mille ans avant aujourd'hui, un sous-groupe au sein de cette population a migré au Moyen-Orient, et, à partir de là, de nouveaux sous-groupes se sont aventurés vers le nord-ouest en Europe, vers l'est en Asie, et plus encore à l'est, en Australie. Tandis qu'ils migraient vers le nord et vers l'est, les hommes modernes ont rencontré des néandertaliens et d'autres hommes dits « archaïques », qui habitaient déjà ces régions. Les premiers ont « remplacé » les seconds, une manière élégante de dire qu'ils les ont conduits à l'extinction. Sur la base de cette théorie invoquant des migrations et des remplacements de population, l'apparentement entre les néandertaliens et les êtres humains d'aujourd'hui devrait être de même degré pour tous ces derniers, où qu'ils vivent à la surface de la Terre.

De nombreux membres de l'équipe de Pääbo soupçonnèrent que le plus grand degré d'apparentement des néandertaliens avec les Européens et les Asiatiques d'aujourd'hui relevait d'un artefact, à savoir d'une contamination par l'ADN des chercheurs. En effet, à différents moments, les échantillons d'ADN de néandertaliens avaient été manipulés par des scientifiques européens ou d'origine asiatique : peut-être l'ADN de ces personnes s'était-il retrouvé involontairement mélangé à l'ADN néandertalien. On effectua plusieurs tests afin de mettre à l'épreuve cette hypothèse. Tous les résultats furent négatifs. « Nous avons continué à trouver un apparentement plus grand des néandertaliens avec les Européens et les Asiatiques d'aujourd'hui, et plus nous accumulions de données, plus ce résultat devenait hautement significatif sur le plan statistique », explique Reich. Petit à petit, les autres membres de l'équipe ont commencé à se rallier à ce point de vue. Dans un article publié dans *Science* en mai 2010, ils lancèrent la thèse de ce que Pääbo a appelé « le remplacement imparfait[6] ». (Ultérieurement, un vote désigna cet article comme le plus remarquable publié par la revue cette année-là, et l'équipe reçut un prix de 25 000 dollars.) Avant que les hommes modernes ne « remplacent » les néandertaliens, ils eurent avec eux des rapports sexuels. Ces liaisons ont donné naissance à des enfants, qui ont participé au peuplement de l'Europe, de l'Asie et du Nouveau Monde.

L'hypothèse du « remplacement imparfait » (en supposant, pour le moment, qu'elle soit exacte) fournit l'une des preuves les plus solides de l'étroite proximité des néandertaliens et des hommes modernes. Ces deux sortes d'êtres humains différents ont pu tomber amoureux, ou pas ; quoi qu'il en soit, ils ont fait l'amour. Leurs enfants « hybrides » ont peut-être été considérés, ou pas, comme des monstres ; quoi qu'il en soit, des parents se sont occupés d'eux (peut-être les néandertaliens assumèrent-ils ce rôle en premier, à moins que ce ne fût les hommes modernes). Certains de ces hybrides ont survécu et ont eu des enfants à leur tour, qui, eux aussi, ont eu des enfants, et ainsi de suite, jusqu'à nos jours. Aujourd'hui encore, au moins trente mille ans après les faits, ceux-ci ont laissé une trace visible : tous les non-Africains, depuis les Papous de la Nouvelle-Guinée jusqu'aux Français et aux Han de Chine, présentent entre 1 et 4 % d'ADN néandertalien dans leur patrimoine génétique.

L'un des mots anglais favoris de Pääbo est : « cool ». M'expliquant son état d'esprit lorsqu'il s'est finalement rendu à l'idée que les néandertaliens ont transmis certains de leurs gènes aux hommes modernes, il m'a dit : « J'ai pensé que c'était très "cool". Cela veut dire qu'ils ne sont pas complètement éteints : ils vivent encore un petit peu en nous. »

Le zoo de Leipzig se trouve de l'autre côté de la ville par rapport à l'Institut d'anthropologie évolutionniste, mais ce dernier possède son propre bâtiment de recherche à l'intérieur du zoo, ainsi que des pièces spécialement aménagées pour faire des tests au sein de la résidence des grands singes, laquelle est appelée « Pongoland ». Puisqu'il n'existe plus aucun de ceux qui furent nos plus proches apparentés (sauf sous la forme de petites bribes à l'intérieur de nous), les chercheurs sont obligés, pour réaliser des expériences avec des êtres vivants, de se tourner vers les apparentés suivants les plus proches, c'est-à-dire les chimpanzés et les bonobos, ainsi qu'aux apparentés un peu plus lointains, les gorilles et les orangs-outangs. (On réalise aussi généralement sur de jeunes enfants les mêmes expériences ou, du moins, des expériences analogues, pour pouvoir faire des comparaisons.) Un beau matin, je me rendis au zoo, dans l'espoir de voir une expérience en cours. Ce jour-là, une équipe de la BBC était également venue visiter « Pongoland » pour tourner un documentaire télévisé sur l'intelligence animale.

Afin de satisfaire à la demande de l'équipe de télévision, un chercheur nommé Héctor Marín Manrique reproduisait une série d'expériences qu'il avait effectuées antérieurement dans un but purement scientifique. Une femelle orang-outang, appelée Dokana, fut amenée dans une pièce. Comme la plupart des orangs-outangs, elle avait une fourrure couleur cuivre et affichait un air profondément blasé. Dans la première expérience, où l'on donna au grand singe du jus de couleur rouge et des tubes de plastique très étroits, Dokana prouva qu'elle pouvait faire la distinction entre une paille servant réellement à boire du jus et une autre, qui ne fonctionnait pas. Dans la deuxième expérience, qui mettait en jeu encore plus de jus rouge et d'objets en plastique, elle montra qu'elle comprenait le concept de paille : en effet, elle retira un bâtonnet de plastique obturant toute la longueur d'un tube et se servit de ce tube maintenant évidé pour boire son jus. Finalement, faisant preuve d'une ingéniosité « pongidienne », Dokana réussit à extraire une cacahuète que Manrique avait placée au fond d'un long cylindre de plastique. (Celui-ci avait été fixé au mur, de sorte qu'il était impossible de le renverser.) Elle marcha en s'appuyant sur ses poings fermés jusqu'à son distributeur de boisson, prit un peu d'eau dans sa bouche, revint en marchant sur ses poings fermés, et recracha l'eau dans le cylindre. Elle répéta ce manège jusqu'à ce que la cacahuète flottant sur le dessus de l'eau soit à portée de main. Plus tard, j'ai vu l'équipe de la BBC refaire cette expérience avec des enfants de cinq ans, les cacahuètes étant remplacées par de petites boîtes en plastique contenant des bonbons. Bien qu'un plein arrosoir d'eau eût été laissé très en évidence à proximité, un seul des enfants (une fille) réussit à trouver la solution consistant à faire flotter la petite boîte, et encore avait-il fallu lui prodiguer force indices et encouragements. (« En quoi l'eau pourrait-elle m'aider ? » demanda plaintivement l'un des garçons, juste avant d'abandonner.)

L'une des façons d'essayer de répondre à la question : « Qu'est-ce qui fait de nous des êtres humains ? » est de se demander : « Qu'est-ce qui nous rend différents des grands singes ? » ou, pour être plus précise, des grands singes non humains car, bien entendu, les êtres humains sont des grands singes. Comme à peu près tout le monde le sait à présent (et les expériences avec Dokana le confirment une fois de plus), les grands singes non humains sont extrêmement intelligents. Ils sont capables de faire des déductions, de résoudre des problèmes complexes, ainsi que de comprendre quelles informations leurs congénères détiennent (ou ne détiennent pas). Lorsque les chercheurs de Leipzig soumirent à une batterie de tests des chimpanzés, des orangs-outangs et des enfants de deux ans et demi, ils constatèrent que tous les réussissaient avec des niveaux de succès comparables si les tests consistaient en une vaste série de tâches impliquant la compréhension de la réalité physique[7]. Par exemple, si un expérimentateur plaçait une récompense à l'intérieur d'une tasse prise parmi trois, puis changeait la position des tasses, les grands singes trouvaient la friandise aussi souvent que les petits enfants (en fait, les chimpanzés la trouvaient même plus souvent). Les grands singes semblaient saisir la notion de quantité tout aussi bien que les enfants (ils choisissaient régulièrement la coupelle contenant le plus de friandises, même lorsque, pour choisir, il leur fallait faire appel à ce que l'on pourrait qualifier au sens large de mathématiques) et ils paraissaient saisir tout aussi bien qu'eux la notion de causalité. (Les grands singes, par exemple, comprenaient qu'un récipient faisant du bruit lorsqu'il était secoué avait plus de chances de contenir de la nourriture qu'un autre n'en faisant pas.) Enfin, ils manipulaient facilement des outils simples.

Là où les enfants surclassaient systématiquement les grands singes, c'était dans des tâches impliquant de comprendre des signaux de nature sociale. Quand on donnait aux enfants un indice sur l'emplacement de la récompense (quelqu'un pointait du doigt la boîte correcte ou dirigeait son regard vers elle), ils le prenaient en compte. Les grands singes ne comprenaient pas qu'on était en train de les aider, ou bien ne saisissaient pas correctement le sens du signal. De même, lorsqu'on montrait aux enfants comment obtenir une récompense, disons, par exemple, en mettant en pièces une boîte, ils n'avaient aucune difficulté à comprendre la démonstration et à imiter le comportement. Les grands singes, là encore, étaient déroutés. Bien entendu, les enfants étaient très avantagés dans le domaine social, puisque les expérimentateurs appartenaient à leur propre espèce. Mais, de façon générale, les grands singes semblent ne pas être aptes à la résolution collective de problèmes, démarche qui revêt une importance centrale dans la société humaine.

« Les chimpanzés sont capables de faire une quantité de choses incroyablement astucieuses, reconnut Michael Tomasello, qui dirige le département de psychologie ontogénétique et comparée à l'Institut Max-Planck. Mais la principale différence que nous avons constatée concerne le fait de “se mettre ensemble pour résoudre un problème”. Au zoo, vous ne verriez jamais deux chimpanzés transporter ensemble quelque chose de lourd. Ils ne possèdent pas ce sens de la collaboration. »

Pääbo travaille généralement jusqu'à tard, et la plupart du temps, il dîne à l'Institut où la cafétéria ferme à 19 heures. Un soir, cependant, il proposa de s'arrêter de bonne heure et de m'emmener visiter Leipzig. Nous avons visité l'église où Bach est enterré et nous avons terminé notre tour à la *Auerbachs Keller*, la taverne où Méphisto emmène Faust dans la cinquième scène de la tragédie de Goethe. (On dit que ce dernier fréquentait assidûment cet établissement lorsqu'il était étudiant.) J'étais allée la veille au zoo, et je questionnai Pääbo au sujet d'une expérience

« par la pensée ». S'il avait la possibilité de soumettre des néandertaliens aux mêmes genres de tests que ceux que j'avais vus à « Pongoland », que feraient-ils ? À quoi ressemblaient-ils, selon lui ? Pensait-il qu'ils étaient capables de parler ? Il se cala dans son fauteuil et croisa les bras sur sa poitrine.

« C'est tellement tentant de spéculer, commença-t-il. Aussi vais-je essayer d'y résister en refusant de répondre à des questions telles que "Est-ce que je pense qu'ils parlaient ?". Parce que, franchement, je n'en sais rien, et, d'une certaine façon, vous pouvez spéculer de façon aussi justifiée que moi. »

Dans les nombreux sites où l'on a retrouvé leurs restes, on dispose de quantité d'indices permettant de se faire une idée de leur apparence et de leurs aptitudes, du moins pour les personnes aimant spéculer. Les néandertaliens étaient extrêmement robustes (comme l'atteste l'épaisseur de leurs os) et probablement capables de réduire des hommes modernes en bouillie. Ils étaient d'habiles fabricants d'outils en pierre, bien qu'ils semblent avoir passé des dizaines de milliers d'années à fabriquer inlassablement les mêmes outils. Au moins en certaines occasions, ils enterraient leurs morts. En certaines occasions également, ils semblent s'être entretués et avoir alors fait preuve de cannibalisme. Non seulement Nandy mais également de nombreux autres squelettes de néandertaliens présentent des signes de maladie ou des défigurements. Le néandertalien originel de la vallée de Neander semble avoir subi deux blessures graves, l'une à la tête, l'autre au bras gauche. Celui de La Chapelle-aux-Saints souffrit, en plus d'arthrite, de fractures d'une côte et d'une rotule. Ces lésions reflètent peut-être la façon dangereuse dont les néandertaliens se procuraient leur gibier, car ils n'avaient qu'un équipement de chasse limité. Ils semblent n'avoir jamais mis au point d'armes pouvant être projetées, de sorte qu'il leur fallait aller plus ou moins au contact de leurs proies pour pouvoir les tuer. Tout comme Nandy, le néandertalien originel et celui de La Chapelle-aux-Saints se remirent de leurs blessures, ce qui signifie que les néandertaliens devaient prendre soin les uns des autres, attitude qui, à son tour, implique une certaine capacité d'empathie.

Sur la base de données archéologiques, on a conclu que les néandertaliens sont apparus en Europe ou au Proche-Orient et se sont ensuite dispersés, s'arrêtant lorsqu'ils atteignaient des mers ou d'autres obstacles importants. (Pendant la dernière glaciation, le niveau de la mer était beaucoup plus bas qu'aujourd'hui et la Manche ne représentait pas une barrière, d'où leur présence au pays de Galles.) Il s'agit là de l'une des caractéristiques les plus fondamentales par lesquelles l'homme moderne diffère des néandertaliens, et, selon Pääbo, l'une des plus étranges. Lorsque l'homme moderne s'est rendu en Australie, bien que ce fût en plein milieu d'un âge glaciaire, il n'existait pas d'autre façon d'y aller qu'en traversant la mer.

Les hommes archaïques, tels qu'*Homo erectus,* « se sont répandus dans l'Ancien Monde à la façon dont l'ont fait de nombreux mammifères, m'exposa Pääbo. Ils n'ont jamais atteint Madagascar, ni l'Australie. Les néandertaliens non plus. C'est seulement l'homme complètement moderne qui se lance sur l'océan, alors même qu'aucune terre n'est visible à l'horizon. Bien sûr, cela s'explique en partie par la maîtrise technologique : pour faire cela, il faut disposer de bateaux. Mais il y a aussi, j'aime à le penser ou à le dire, une certaine folie dans ce genre de démarche. Réfléchissez-y un instant : combien de personnes ont pris la mer, puis ont disparu corps et biens dans le Pacifique, avant que l'on ne découvre l'île de Pâques ? Je pense que c'est risible. Car pourquoi fait-on cela ? Est-ce pour la gloire ? Pour l'immortalité ? Par curiosité ? Et maintenant, nous allons sur Mars. Rien ne nous arrêtera jamais ».

Si l'insatisfaction faustienne est l'une des caractéristiques spécifiques de l'homme moderne, alors, selon les conceptions de Pääbo, il doit exister une sorte de gène faustien. Il m'a dit plusieurs fois qu'il pensait possible d'identifier la base de notre « folie » en comparant l'ADN néandertalien à l'ADN de l'homme moderne. « Si nous apprenons, un beau jour, qu'une mutation insolite a permis l'existence de cette folle tendance humaine à l'exploration, il sera stupéfiant de penser que c'est ce petit changement sur un chromosome donné qui a conduit à tout cela, qui a provoqué le changement de l'écosystème planétaire entier et a fait en sorte que nous

Homme moderne
TACACTCACATTTTTTTGCATATTATCTAGTCCCATGACATTA
Néandertaliens
TACACTCACATTTTTTTACATATTATCTAGCCCCATGACATTA
Chimpanzé
TACACTCACA-TTTTTTACATATTATCTAGTCCCATGACATTA

Une même petite partie du chromosome 5
dans le génome de l'homme moderne,
des néandertaliens et du chimpanzé.

dominions tout ce qui nous entoure, me dit-il. D'une certaine manière, nous sommes fous. Quel est le ressort de cette folie ? C'est ce que je voudrais bien comprendre. Ce serait vraiment, vraiment "cool" de le savoir. »

Un après-midi, tandis que je passais par hasard à son bureau, Pääbo me montra la photographie d'une calotte crânienne récemment découverte par un collectionneur de fossiles amateur, à une demi-heure de Leipzig environ. En voyant la photo qui lui avait été adressée par e-mail, Pääbo avait estimé que cette pièce pouvait être très ancienne. Il pensait qu'elle appartenait peut-être à l'un des tout premiers néandertaliens ou même à *Homo heidelbergensis*, que certains considèrent comme l'ancêtre commun dont furent issus aussi bien les néandertaliens que l'homme moderne. Il avait aussi décidé qu'il devait se la procurer. La calotte crânienne avait été trouvée dans une mare au sein d'une carrière. Pääbo avait émis l'hypothèse que ces conditions avaient été favorables à sa bonne conservation, de sorte que s'il s'en occupait rapidement, il pourrait être en mesure d'en extraire de l'ADN. Mais la pièce avait déjà été promise à un professeur d'anthropologie à Mayence. Comment parviendrait-il à persuader ce dernier de lui donner une quantité suffisante d'os pour pouvoir le tester ?

Le paléogénéticien se mit à téléphoner à tous ceux, parmi ses relations, dont il pensait qu'ils pourraient peut-être connaître le professeur en question. Il demanda à sa secrétaire de contacter la secrétaire de ce dernier pour avoir son numéro de téléphone portable, et dit, en plaisantant (ou peut-être n'était-ce qu'une demi-plaisanterie), qu'il voulait bien coucher avec le professeur, si cela pouvait l'aider à atteindre son but. La recherche téléphonique frénétique à travers toute l'Allemagne dura plus d'une heure et demie, jusqu'à ce que, finalement, Pääbo entame une discussion avec l'un des chercheurs de son laboratoire. Ce dernier avait réellement vu la calotte crânienne et en avait conclu qu'elle n'était, tout compte fait, pas si ancienne que ça. Immédiatement, Pääbo se désintéressa complètement de cette pièce.

Avec les os anciens, on ne sait jamais vraiment à quoi on doit s'attendre. Il y a quelques années, Pääbo avait réussi à se procurer un morceau de dent de l'un des squelettes de « hobbits » trouvés sur l'île de Flores en Indonésie. Il est généralement admis que les « hobbits », qui n'ont été découverts qu'en 2004, étaient des hommes archaïques tout petits (*Homo floresiensis*). Cette dent avait été datée d'environ dix-sept mille ans avant aujourd'hui, ce qui veut dire qu'elle était moitié moins vieille que les os de néandertaliens trouvés en Croatie. Mais Pääbo ne put en extraire le moindre ADN.

Un an plus tard environ, il obtint un fragment d'un os de doigt qui avait été mis au jour dans une grotte du sud de la Sibérie, en même temps qu'une étrange molaire d'apparence vaguement humaine. L'os digital (de la taille d'une gomme à crayon) datait de plus de quarante mille ans. Pääbo pensait qu'il provenait soit d'un homme moderne, soit d'un néandertalien. S'il s'avérait qu'il s'agissait bien d'un doigt d'*Homo neanderthalensis*, cela voudrait dire que le site où avait été trouvé cet os serait le plus oriental de tous ceux ayant livré des restes de néandertaliens. Par contraste avec la dent du « hobbit », le fragment de doigt livra de l'ADN en quantité étonnante. Lorsque les analyses des premiers fragments d'ADN furent achevées, Pääbo se trouvait par hasard aux États-Unis. Il appela son bureau et l'un de ses collègues lui dit : « Est-ce que tu es bien assis ? » L'ADN montrait que le doigt n'était attribuable ni à un homme moderne ni à un néandertalien. En fait, l'être auquel il avait appartenu représentait un groupe d'hominidés totalement nouveau, dont on n'avait jusque-là pas soupçonné l'existence. Dans un article publié en décembre 2010 dans *Nature*, Pääbo donna à ce nouveau groupe le nom de « denisovien », en référence à la grotte de Denisova, où l'os avait été trouvé[8]. On put alors lire dans la presse internationale le gros titre suivant : « Doigt d'honneur pour les connaissances classiques en préhistoire ». De façon étonnante (mais peut-être devrait-on dire maintenant : de façon prévisible), l'homme moderne a dû également se croiser avec les denisoviens, parce que les Papous contemporains de Nouvelle-Guinée présentent jusqu'à 6 % d'ADN denisovien dans leur patrimoine génétique. (On ne sait pas très bien pourquoi cela ne s'observe que chez les populations de Nouvelle-Guinée, et non chez celles, autochtones, de Sibérie ou d'Asie, mais on peut supposer que cela a quelque chose à voir avec l'histoire des migrations humaines.)

Avec les « hobbits » et les denisoviens, l'homme moderne a acquis deux nouveaux proches parents. Et il semble vraisemblable que lorsque l'on aura analysé l'ADN d'autres os anciens, on trouvera des proches parents supplémentaires. Comme me l'a déclaré Chris Stringer, un éminent paléoanthropologue britannique : « Je suis sûr que d'autres surprises nous attendent. »

Jusqu'ici, on ne dispose pas de données sur les raisons de l'élimination des denisoviens ou des « hobbits ». Cependant, le moment de leur disparition et la façon générale dont se sont déroulées les extinctions de la fin du Pléistocène désignent un suspect évident. Vraisemblablement, puisqu'ils nous étaient étroitement apparentés, les denisoviens, de même que les « hobbits », devaient avoir une longue période de gestation, et présentaient donc le même type de vulnérabilité cruciale que la mégafaune : une faible vitesse de reproduction. Pour les conduire à l'extinction, il a sans doute suffi d'une pression constante réduisant le nombre des adultes en capacité de se reproduire.

Il en va de même pour nos proches parents suivants, ce qui explique pourquoi tous les grands singes (à l'exception de l'homme) sont aujourd'hui menacés d'anéantissement. Le nombre des chimpanzés dans la nature a chuté pour atteindre peut-être la moitié de ce qu'il était il y a cinquante ans, et celui des gorilles des montagnes a suivi la même trajectoire. Les gorilles des plaines ont décliné encore plus vite. On estime que leur population a diminué de 60 % durant les seules deux dernières décennies. Les causes de cet effondrement sont le braconnage, les maladies et la destruction de leur habitat. Ce dernier facteur a été exacerbé par plusieurs guerres qui ont poussé des vagues de réfugiés dans l'aire de répartition peu étendue des gorilles. Les orangs-outangs de Sumatra sont classés en « danger critique d'extinction », ce qui signifie qu'ils présentent un « risque d'extinction extrêmement élevé dans la nature ». Dans leur cas, la menace provient davantage de l'état de paix que de la guerre. La plupart des orangs-outangs restants vivent dans la province d'Aceh, où la fin des troubles politiques (qui duraient depuis des décennies) a récemment conduit à une explosion de la déforestation, légale ou non. L'une des nombreuses conséquences de l'Anthropocène n'ayant pas été délibérément recherchées a été l'élagage des branches de notre propre arbre généalogique. Après avoir coupé, il y a bien longtemps, celles de nos espèces « sœurs » (les néandertaliens et les denisoviens), nous nous attaquons, à présent, à celles de nos cousins germains et petits-cousins. Lorsque nous aurons fini, il est tout à fait possible qu'il ne restera plus un seul représentant des grands singes, à l'exception de nous-mêmes, bien sûr.

L'un des plus grands ensembles d'os de néandertaliens que l'on ait jamais trouvés (représentant les restes de sept individus) a été découvert il y a environ un siècle en un lieu appelé La Ferrassie, dans le sud-ouest de la France. Cette localité se situe en Dordogne, pas très loin de La Chapelle-aux-Saints et à moins d'une demi-heure de route de dizaines d'autres sites archéologiques importants, comme Lascaux et ses peintures rupestres. Depuis plusieurs étés, ces dernières années, une équipe comprenant l'un des collègues de Pääbo effectue des fouilles à La Ferrassie, et je décidai d'y jeter un coup d'œil. J'arrivai au quartier général des chercheurs (une ancienne grange servant autrefois à stocker les feuilles de tabac) juste à temps pour le dîner, un bœuf bourguignon servi sur des tables de fortune dressées dans la cour.

Le lendemain, je me rendis en voiture à La Ferrassie, en compagnie de quelques archéologues de l'équipe. Le site se trouve dans une zone rurale très calme, juste à côté de la route. Il y a des milliers d'années, La Ferrassie était une vaste grotte creusée dans le calcaire, mais l'une de ses parois s'est depuis effondrée, et elle est désormais ouverte sur deux côtés. Une énorme corniche fait saillie à environ 6 mètres au-dessus du sol, à la façon d'un plafond sur une demi-arche. Le site est entouré d'un grillage et orné de toiles goudronnées suspendues, ce qui lui donne l'aspect d'une scène de crime.

La journée était très chaude et il y avait beaucoup de poussière. Une demi-douzaine de chercheurs étaient accroupis dans une longue tranchée, grattant la terre avec des truelles. Sur le flanc de la tranchée, je vis des morceaux d'os pointant hors du sol rougeâtre. Ceux situés en bas du flanc, me dit-on, avaient été jetés là par les néandertaliens. Ceux se trouvant en haut du flanc correspondaient aux détritus laissés par les hommes modernes qui prirent possession de la grotte après la disparition des néandertaliens. Les squelettes de ces derniers avaient été retirés du site depuis longtemps, mais on espérait encore pouvoir trouver de petites pièces, des dents par exemple. Tout fragment d'os qui était déterré, de même que tout éclat de silex et n'importe quoi d'autre pouvant présenter un quelconque intérêt, même ténu, était mis de côté pour être ramené à la grange et étiqueté.

Après avoir observé pendant un moment les chercheurs fouiller sans discontinuer, je me retirai à l'ombre. J'essayai de me représenter à quoi avait pu ressembler la vie pour les néandertaliens à La Ferrassie. Bien que le lieu soit actuellement boisé, il n'y avait peut-être pas d'arbres à leur époque. Des élans devaient vagabonder dans la vallée, ainsi que des rennes, des aurochs et des mammouths. Hormis ces quelques images, pas grand-chose d'autre ne me vint à l'esprit. Je posai la question aux archéologues avec lesquels j'étais venue en voiture. « Il faisait froid », lança spontanément Shannon McPherron, de l'Institut Max-Planck. « Et cela sentait mauvais », déclara Dennis Sandgathe, de l'université Simon-Fraser, au Canada. « Ils avaient probablement faim », ajouta Harold Dibble, de l'université de Pennsylvanie. « Personne ne devait être très vieux », compléta Sandgathe.

Plus tard, de retour à la grange, je triai les petites pièces variées qui avaient été exhumées durant les derniers jours. Il y avait des centaines de fragments d'os d'animaux, chacun ayant été nettoyé, numéroté et placé dans son propre petit sac de plastique, et aussi des centaines d'éclats de silex. La plupart correspondaient probablement à des débris engendrés lors de la fabrication d'outils (l'équivalent des copeaux de bois à l'âge de la pierre taillée), mais certains, m'apprit-on, étaient des outils eux-mêmes. Une fois qu'on m'eut montré ce qu'il fallait rechercher, je distinguai bien les bords biseautés qu'avaient taillés les néandertaliens. Un outil en particulier était particulièrement frappant : il s'agissait d'un silex ayant la taille de la paume et la forme d'une larme. Dans le langage de l'archéologie, c'était un biface, appelé « hache à main », bien que l'on ne s'en servît probablement pas comme d'une hache dans le sens actuel du terme. Il avait été trouvé près du fond de la tranchée, et on estimait donc qu'il devait dater de soixante-dix mille ans avant notre ère, environ. Je le sortis de son sac de plastique et le retournai. Il était presque parfaitement symétrique et, pour l'œil humain au moins, tout à fait beau. Je remarquai que le néandertalien qui l'avait taillé devait avoir un sens aigu du façonnage des formes. McPherron émit une objection.

« On connaît l'aboutissement de cette histoire, m'expliqua-t-il. On sait à quoi ressemblent les produits culturels modernes et, par conséquent, on cherche à expliquer par quel cheminement on a pu y parvenir. On a alors tendance à surinterpréter le passé en y projetant le présent. Aussi, lorsqu'on voit un beau biface et que l'on dit : “Regardez la finesse avec laquelle il a été façonné, c'est quasiment un objet d'art”, on exprime une façon de voir actuelle. Mais on ne peut pas légitimement soutenir ce que vous êtes en train de dire. »

Parmi les milliers d'objets fabriqués par les néandertaliens que l'on a exhumés, presque aucun ne représente une tentative d'œuvre artistique ou d'article décoratif que l'on pourrait qualifier ainsi sans ambiguïté. Ceux que l'on a essayé d'interpréter de cette façon, par exemple des pendentifs en ivoire découverts dans une grotte du centre de la France*, font l'objet de disputes sans fin et souvent absconses. (Certains archéologues estiment que ces pendentifs ont été façonnés par des néandertaliens qui, après être entrés en contact avec des hommes modernes, ont essayé de les imiter. D'autres soutiennent que les pendentifs ont été fabriqués par les hommes modernes qui ont occupé le site après les néandertaliens.) Cette absence de production artistique a conduit certains scientifiques à postuler que les néandertaliens étaient incapables de produire de l'art ou, ce qui revient à peu près au même, ne s'y intéressaient pas. On peut trouver « beaux » leurs bifaces ; eux les considéraient comme utiles. En termes génomiques, leur faisait défaut ce que l'on pourrait peut-être appeler la « mutation de l'esthétique ».

Pour mon dernier jour en Dordogne, j'allai visiter un site archéologique voisin (un site de l'homme moderne), la « grotte des Combarelles ». Il s'agit d'une cavité extrêmement étroite zigzaguant sur près de 300 mètres à travers une falaise calcaire. Depuis sa redécouverte, à la fin du XIXe siècle, on l'a élargie et dotée d'éclairage électrique, afin d'y évoluer, si ce n'est aisément, du moins en toute sécurité. Lorsque les hommes modernes y ont pénétré, il y a douze ou treize mille ans, les conditions étaient tout autres. Le plafond de la grotte était alors si bas que la seule façon de s'y mouvoir devait être de ramper, et la seule façon d'y distinguer quelque chose dans l'obscurité complète, de transporter des torches. Néanmoins, quelque chose a poussé ces hommes à explorer cet endroit : peut-être la créativité, peut-être la spiritualité, peut-être la « folie ». Au plus profond de la grotte, les parois sont couvertes de centaines de gravures. Toutes représentent des animaux, dont beaucoup sont à présent éteints : mammouths, aurochs, rhinocéros laineux. Les dessins les plus détaillés semblent incroyablement vivants : un cheval sauvage paraît lever la tête, un renne se penche vers l'avant, apparemment pour boire.

* À Arcy-sur-Cure, dans l'Yonne.

On a souvent émis l'hypothèse que les hommes modernes qui avaient gravé ces images sur les parois de la grotte des Combarelles leur attribuaient des pouvoirs magiques. En un sens, ils avaient raison. Les néandertaliens ont vécu en Europe pendant plus de cent mille ans, et pendant cette période, ils n'ont pas eu plus d'impact sur leur environnement que n'importe quel autre grand vertébré. Nous avons toutes les raisons de penser que si l'homme moderne n'était pas entré en scène, les néandertaliens seraient toujours là, au milieu des chevaux sauvages et des rhinocéros laineux. La capacité à représenter le monde au moyen de signes et de symboles va de pair avec celle de le changer, et donc de le détruire. Une seule minuscule série de variations génétiques nous sépare des néandertaliens, mais elle suffit à faire toute la différence.

Chapitre 13

Cette petite créature avec des plumes

Homo sapiens

« La futurologie n'a jamais été considérée comme une discipline très sérieuse[1] », a écrit Jonathan Schell. Cet avertissement en tête, je me suis mise en route pour l'Institut de recherche sur la conservation des espèces, un établissement dépendant du zoo de San Diego, situé à une cinquantaine de kilomètres au nord de la ville. En s'y rendant en voiture, on passe à côté de plusieurs terrains de golf, un centre de production vinicole et un élevage d'autruches. Lorsque j'arrivai sur les lieux, il y régnait un silence d'hôpital. Marlys Houck, une chercheuse spécialiste de la culture des tissus, m'entraîna dans un long couloir conduisant à une pièce sans fenêtres. Elle enfila des sortes de gants, du genre de ceux, très résistants, que l'on utilise pour sortir un plat du four, et souleva le couvercle d'un grand récipient en métal. Une impressionnante bouffée de vapeur s'en échappa.

Au fond du récipient se trouvait une certaine quantité d'azote liquide dont la température est de – 196 °C. Suspendues au-dessus du fluide glacial étaient rangées des boîtes contenant de petits tubes en plastique. Elles étaient empilées les unes sur les autres, formant plusieurs colonnes, et les tubes s'y tenaient dressés comme des piquets, chacun dans sa propre loge. Houck localisa la boîte qu'elle recherchait, et compta plusieurs rangées en remontant puis en redescendant. Elle sortit deux des tubes et les plaça devant moi sur une table en acier. « Les voilà », dit-elle.

Dans ces tubes se trouvait pratiquement tout ce qui reste du po'o-uli, ou drépanide masqué, un petit oiseau courtaud, avec une gentille tête et une poitrine couleur crème, qui vivait sur Maui, l'une des îles de l'archipel d'Hawaï. On m'a décrit une fois le drépanide masqué comme le « plus beau des oiseaux pas particulièrement beaux dans le monde », et il s'est probablement éteint un an ou deux après que le zoo de San Diego et l'Office fédéral américain de la pêche et des animaux sauvages ont entrepris un effort de dernière minute pour le sauver, à l'automne 2004. À ce moment-là, on savait qu'il ne subsistait plus que trois individus, et on imagina que l'on pourrait essayer de les capturer et de les faire se reproduire. Mais un seul des trois spécimens se laissa prendre dans les filets des ornithologues. On avait cru qu'il s'agissait d'une femelle, mais il apparut que c'était un mâle, information qui poussa les scientifiques de l'Office de la pêche et des animaux sauvages à penser qu'il ne restait plus que des drépanides masqués d'un seul sexe. Lorsque l'oiseau captif mourut, sa dépouille fut immédiatement envoyée au zoo de San Diego. Houck se précipita à l'Institut pour s'en occuper. « C'est notre dernière chance, se rappelle-t-elle avoir pensé. C'est le dodo. » Elle réussit à mettre en culture quelques-unes des cellules provenant de l'œil de l'oiseau, et c'est le résultat de son travail qui se trouvait maintenant dans les tubes qu'elle avait sortis du bac d'azote liquide. Ne voulant pas que les cellules se détériorent, elle remit les tubes dans la boîte au bout d'une minute, et replaça le tout dans le conteneur.

La pièce sans fenêtres où sont maintenues en vie (enfin, une sorte de vie) les cellules du drépanide masqué est appelée le « Zoo congelé ». La dénomination anglaise « Frozen Zoo » est une marque déposée, et si d'autres établissements essayent de s'en servir pour leur propre compte, ils reçoivent un avertissement les informant qu'ils n'en ont pas le droit. Dans la pièce, on trouve une demi-douzaine d'autres conteneurs semblables à celui qu'avait ouvert la scientifique, et ils renferment, dans les vapeurs glaciales de l'azote, des lignées cellulaires représentant près d'un millier d'espèces. (En réalité, il ne s'agit que de la moitié du « zoo ». L'autre moitié est conservée dans des conteneurs installés dans un autre établissement dont la localisation est expressément tenue secrète. Chaque lignée cellulaire est répartie entre les deux établissements, juste au cas où l'un des deux subirait une panne d'électricité.) Le « Zoo congelé » héberge la plus grande collection au monde d'espèces conservées dans l'azote liquide, mais de plus en plus d'institutions sont elles aussi en train de constituer des « ménageries du froid » ; le zoo de Cincinnati, par exemple, gère ce qu'il appelle une « CryoBioBank » ; et l'université de Nottingham en Angleterre possède une « Arche congelée ».

Pour le moment, presque toutes les espèces conservées dans l'azote liquide à San Diego ont encore des représentants en chair et en os. Cependant, à mesure que des espèces de plantes et d'animaux de plus en plus nombreuses commenceront à suivre le même chemin que le drépanide masqué, la donne sera vraisemblablement modifiée. Tandis que Houck s'affairait à refermer le conteneur, je pensai aux centaines de cadavres de chauves-souris collectés sur le sol de la grotte d'Éole et expédiés à la Cryo-Collection du Muséum américain d'histoire naturelle. J'essayai de calculer combien il faudrait de petits tubes en plastique et de bacs d'azote liquide pour stocker les cultures cellulaires représentant toutes les grenouilles menacées par le chytride, et les coraux menacés par l'acidification des océans, et les pachydermes menacés par le braconnage, et les innombrables espèces menacées par le réchauffement climatique, les espèces invasives ainsi que la fragmentation de l'habitat, et j'abandonnai bientôt : cela faisait trop de nombres avec lesquels jongler.

Est-ce que tout doit vraiment se terminer ainsi ? Est-ce que le meilleur et ultime espoir pour les plus magnifiques animaux du monde (et d'ailleurs, pour les moins magnifiques aussi) réside réellement dans des conteneurs d'azote liquide ? Si l'on a pris conscience que nous mettons en péril d'autres espèces de mille façons, ne pouvons-nous pas agir pour les protéger ? La véritable solution n'est-elle pas d'essayer de prévoir l'avenir, de sorte que, ayant repéré les dangers qui se présenteront, nous changions le cours des choses afin de les éviter ?

Bien sûr, l'homme est capable de destruction et il n'envisage le plus souvent les choses qu'à court terme, mais il peut agir aussi avec prévoyance et altruisme. En maintes occasions, certaines personnes ont pu montrer qu'elles se soucient de ce que Rachel Carson a appelé « le problème de la coexistence avec les autres créatures peuplant notre planète[2] », et qu'elles sont prêtes à faire des sacrifices en faveur de ces derniers. Alfred Newton a décrit le massacre qui se produisait sur les côtes de la Grande-Bretagne : il en a résulté une loi pour la préservation des oiseaux de mer. John Muir a écrit des ouvrages sur les dégâts infligés aux biotopes montagneux de Californie, et a ainsi induit la création du parc national de Yosemite. Le livre de Rachel Carson, *Printemps silencieux*, expliquait les dangers représentés par les pesticides de synthèse, et, dix ans après sa publication, l'utilisation du DDT, sous pratiquement toutes ses formes, a été interdite. (L'une des nombreuses retombées positives de cette mesure a été qu'il existe encore des pygargues à tête blanche* aux États-Unis : leur nombre est même en augmentation.)

En 1974, deux ans après l'interdiction du DDT, le Congrès américain a voté une loi sur les espèces en danger. Depuis, il est presque incroyable, au sens littéral du terme, de constater jusqu'où certaines personnes ont pu aller pour protéger les animaux concernés par cette loi. Pour ne citer que l'un des nombreux exemples, la population de condors de Californie s'était effondrée, et ne comprenait plus, au milieu des années 1980, que vingt-deux individus. Pour sauvegarder l'espèce (le plus grand oiseau vivant sur le continent nord-américain), les biologistes spécialistes des animaux sauvages élevèrent des poussins condors en se servant, pour les nourrir, de marionnettes imitant les parents. Ils fabriquèrent de fausses lignes électriques pour apprendre aux oiseaux à ne pas s'électrocuter ;

* Le pygargue à tête blanche est un aigle de grande taille, propre à l'Amérique du Nord, qui est depuis 1782 l'emblème national des États-Unis, et qui figure sur des sceaux officiels et des pièces de monnaie.

pour leur enseigner à ne pas se nourrir d'ordures, ils électrifièrent des tas de détritus, de telle façon que les oiseaux recevaient un léger choc électrique s'ils essayaient de les becqueter. Ils vaccinèrent tous les individus (ils sont aujourd'hui quatre cents) contre le virus du Nil occidental, maladie pour laquelle, cela vaut la peine de le noter, il n'existe pas encore de vaccin chez l'homme. Ils vérifièrent régulièrement (et continuent de le faire) le degré d'intoxication de ces oiseaux par le plomb : les condors qui mangent des charognes, telles que des cadavres de cerfs, ingèrent souvent la grenaille de plomb des chasseurs. Ils ont donc soigné beaucoup de ceux qui étaient intoxiqués au moyen d'une thérapie par chélation. Plusieurs condors ont ainsi été traités plus d'une fois. Les efforts déployés pour sauver la grue blanche d'Amérique ont d'ailleurs mobilisé (et continuent de mobiliser) encore plus d'hommes et d'heures de travail, la plupart sous forme de bénévolat. Chaque année, une équipe de pilotes à bord d'ULM enseigne à de nouveaux groupes de grues élevées en captivité comment migrer vers le sud, depuis le Wisconsin jusqu'en Floride. Ce voyage de près de 2 000 kilomètres peut durer trois mois et comprend des dizaines d'étapes sur des terrains privés que leurs propriétaires prêtent aux oiseaux. Des millions d'Américains qui ne participent pas directement à de telles entreprises de sauvetage y contribuent indirectement en soutenant des organisations telles que le World Wildlife Fund (WWF), la Fédération nationale pour les animaux sauvages, les Défenseurs des animaux sauvages, la Société pour la conservation des animaux sauvages, la Fondation pour les animaux sauvages d'Afrique, la Conservation de la nature et l'Internationale de la conservation.

Ne serait-il pas préférable, d'un point de vue pratique et éthique, de se concentrer sur ce que l'on peut faire et sur ce qui est en train d'être fait pour sauver les espèces, plutôt que de spéculer tristement sur un avenir dans lequel la biosphère sera réduite à de petits tubes en plastique ? Le directeur d'un groupe se consacrant à la conservation en Alaska m'a un jour exprimé ce point de vue sous la forme suivante : « Il faut que les gens aient de l'espoir. Il faut que, personnellement, j'aie de l'espoir. C'est ce qui nous permet de continuer à faire ce que nous faisons. »

Juste à côté de l'Institut de recherche sur la conservation des espèces, on trouve un bâtiment qui lui ressemble, de couleur gris-brun. Il s'agit d'un hôpital vétérinaire également géré par le zoo de San Diego. La plupart des animaux qui y sont soignés n'y séjournent que temporairement, mais cet établissement a aussi un résident permanent : une corneille hawaïenne, nommée Kinohi. Elle est l'un des quelque cent individus de son espèce, ou ‘alala, existant aujourd'hui, tous en captivité. Pendant que j'étais à San Diego, je rendis visite à Kinohi, en compagnie de la directrice du département de physiologie de la reproduction du zoo, Barbara Durrant, qui, m'avait-on dit, est la seule personne à réellement comprendre cet oiseau. Tandis que nous étions en chemin pour aller le voir, elle s'arrêta dans une sorte de magasin d'aliments pour animaux et s'y procura quelques-uns de ses amuse-gueules préférés. Ils comprenaient des vers de farine, une souris nouveau-née nue, et l'arrière-train d'une souris adulte qui avait été tranché en deux, de sorte qu'il y avait une paire de pattes d'un côté et un tas d'entrailles de l'autre.

Personne ne sait exactement pour quelles raisons la corneille d'Hawaï s'est éteinte dans la nature. Comme dans le cas du drépanide masqué, elles sont probablement multiples et comprennent la réduction de l'habitat, la prédation par des espèces invasives telles que la mangouste, ou encore des maladies transmises par d'autres espèces introduites, telles que des moustiques. Quoi qu'il en soit, on pense que la dernière corneille hawaïenne vivant en forêt est morte en 2002. Kinohi est une corneille mâle. Il est né en captivité dans un centre d'élevage sur l'île Maui, il y a plus de vingt ans. D'après ce que tout le monde dit, c'est un oiseau extrêmement bizarre. Élevé en isolement, il ne s'identifie pas aux autres corneilles hawaïennes. Il ne semble pas non plus se prendre pour un être humain. « Il vit dans son propre monde bien à lui, m'expliqua Durrant. Une fois il est tombé amoureux d'un oiseau d'une autre espèce, une spatule. »

Kinohi fut envoyé à San Diego en 2009 parce qu'il ne voulait s'accoupler avec aucune des corneilles femelles en captivité, et l'on avait décidé qu'il fallait donc essayer quelque chose de neuf pour le persuader de fournir sa contribution à la collection de gènes, désormais quelque peu restreinte, de son espèce. La tâche assignée à Durrant fut d'imaginer la façon de gagner le cœur de Kinohi, ou, plus précisément, ses gonades. L'oiseau en vint assez rapidement à accepter les caresses prodiguées par la scientifique (les corneilles n'ont pas de pénis, aussi lui massait-elle la région autour du cloaque) ; lors de ma visite cependant, il n'avait pas encore réussi à émettre ce qu'elle appelait « un éjaculat de haute qualité ». Une nouvelle saison de reproduction approchait, aussi Durrant s'apprêtait-elle à le motiver de nouveau, à raison de trois fois par semaine pendant une période pouvant durer cinq mois. Si Kinohi donnait ce que l'on attendait de lui, elle devrait se précipiter avec le sperme à Maui et essayer d'inséminer artificiellement l'une des femelles hébergées dans le centre d'élevage de cette île.

Nous sommes arrivées à la cage de Kinohi, qui se révéla plutôt être un appartement de plusieurs pièces, avec une antichambre assez vaste pour accueillir plusieurs personnes, et une salle attenante remplie de cordes et d'autres objets destinés au divertissement des Corvidés. Kinohi sautilla pour venir à notre rencontre et nous saluer. Il était noir de jais, de la tête aux serres. À mes yeux, il ressemblait beaucoup au corbeau américain moyen, mais Durrant me montra qu'il avait le bec beaucoup plus gros, ainsi que des pattes bien plus développées. Kinohi gardait la tête baissée, comme pour éviter de nous regarder dans les yeux. Je me demandai si, lorsqu'il voyait arriver la scientifique, il avait en tête l'équivalent aviaire d'idées polissonnes. Elle lui offrit les amuse-gueules qu'elle lui avait apportés. Il émit un croassement rauque qui évoquait étrangement quelque chose de bien connu. Les corbeaux sont capables d'imiter les paroles humaines, et Durrant me traduisit ce croassement par : « Je sais. »

« Je sais, répéta Kinohi. Je sais. »

La vie sexuelle tragi-comique de Kinohi prouve une fois de plus (s'il en était besoin) à quel point l'homme prend l'extinction au sérieux. La perte d'une seule espèce représente une telle désolation que l'on veut bien pratiquer des échographies chez des rhinocéros via leur rectum, ou

des masturbations chez les corbeaux. Il est sûr que l'engagement en faveur de la conservation des espèces dont font preuve des personnes telles que Terri Roth ou Barbara Durrant, ainsi que des institutions comme les zoos de Cincinnati ou de San Diego, pourraient constituer des raisons de rester optimistes. Et si j'étais en train de rédiger un livre différent de celui que j'écris, c'est ce que je dirais.

Bien que nombre des chapitres précédents aient été consacrés à l'extinction (ou à la quasi-extinction) d'organismes individuels (la grenouille dorée du Panamá, le grand pingouin, le rhinocéros de Sumatra), mon véritable objectif a été de mettre en lumière le phénomène d'ensemble dont elle relève. J'ai essayé de cerner un épisode d'extinction (appelez-le l'extinction de l'Holocène, ou l'extinction de l'Anthropocène, ou la sixième extinction, si vous trouvez que cela sonne mieux) et de le replacer dans le contexte plus large de l'histoire des êtres vivants sur la Terre. Cette histoire n'est ni strictement uniformitariste ni catastrophiste. En réalité, elle intègre des aspects des deux façons de voir. Elle révèle le fait que la biosphère est passée par différents stades, et qu'elle est dotée d'une grande capacité de rebond, c'est-à-dire d'une grande capacité à repartir de l'avant après un choc majeur, même si celle-ci n'est pas illimitée. On recense, dans cette histoire, de très longues périodes durant lesquelles il ne s'est rien passé, et très, très occasionnellement des « révolutions de la surface du globe ».

Lorsqu'il est devenu possible d'en identifier certaines causes, on s'est aperçu de leur extrême variété : une glaciation dans le cas de l'extinction de la fin de l'Ordovicien, le réchauffement de la planète et des changements dans la composition chimique des océans dans le cas de l'extinction de la fin du Permien, et la collision d'un astéroïde avec la Terre lors des dernières secondes du Crétacé. La présente extinction a sa propre cause inédite : non pas un astéroïde ou une éruption volcanique massive, mais cette « espèce envahissante ». Comme me l'a énoncé Walter Alvarez : « Nous sommes désormais en train d'assister au fait qu'une extinction de masse peut être provoquée par les êtres humains. »

La seule caractéristique commune de ces événements disparates est le changement, ou plus exactement, la vitesse du changement. Quand le monde change plus vite que le processus d'adaptation des espèces, beaucoup d'entre elles sont fauchées. C'est ce qui se produit lorsque l'agent du changement fond du ciel comme un éclair embrasant tout sur son passage, mais également lorsqu'il se rend à son travail en roulant dans sa Honda. Soutenir que l'épisode actuel d'extinction pourrait être évité si les gens faisaient plus attention ou s'ils voulaient faire davantage de sacrifices n'est pas expressément faux. Cependant, cet argument passe à côté du vrai problème. En fait, il n'est pas très important que les gens fassent ou ne fassent pas attention. Ce qui compte, c'est que l'humanité change le monde.

Ce pouvoir est largement antérieur à l'ère moderne, bien qu'évidemment celle-ci le voie mis en œuvre sous sa forme la plus aboutie. En fait, il est probablement consubstantiel aux caractéristiques qui ont fait de nous des êtres humains, dès l'origine : notre insatisfaction, notre créativité, notre disposition à coopérer pour résoudre des problèmes et mener à bien des tâches complexes. Dès que l'homme a commencé à utiliser des signes et des symboles pour représenter le monde physique, il en a dépassé les limites. « De bien des façons, le langage et la culture sont comparables au patrimoine génétique, a écrit le paléontologue britannique Michael Benton. L'information est stockée et transmise, avec des modifications, de génération en génération. La communication permet aux sociétés humaines de rester unies et aux êtres humains d'échapper à l'évolution[3]. » Si ces derniers étaient tout simplement insouciants, ou égoïstes, ou violents, il n'y aurait pas d'Institut de recherche sur la conservation des espèces, et il n'y aurait nul besoin d'en avoir un. Si vous voulez réfléchir à la question de savoir pourquoi l'homme est si dangereux pour les autres espèces, vous pouvez vous représenter un braconnier en Afrique muni d'un AK-47, ou bien un bûcheron en Amazonie empoignant une hache ou, mieux encore, vous-même en train de tenir un livre entre vos mains.

Au centre de la galerie de la biodiversité du Muséum américain d'histoire naturelle, une exposition est enchâssée dans le plancher. Elle est organisée autour d'une plaque centrale qui rappelle que cinq phénomènes d'extinction majeurs se sont succédé depuis l'apparition des animaux complexes, il y a 500 millions d'années. On peut y lire : « Le changement climatique planétaire et d'autres causes, par exemple de probables collisions entre la Terre et des objets extraterrestres », ont été à l'origine de ces événements. « Actuellement, nous sommes en plein milieu de la sixième extinction, provoquée cette fois-ci par la seule action de l'homme sur l'environnement. »

À partir de la plaque centrale, d'autres plaques en Plexiglas épais sont disposées en rayon : en dessous se trouvent les restes fossilisés d'un petit nombre de victimes emblématiques. Le Plexiglas a été altéré et terni par les chaussures des dizaines de milliers de visiteurs du Muséum qui n'ont, pour la plupart, pas prêté attention à ce qu'il y avait sous leurs pieds. Mais accroupissez-vous et regardez attentivement : vous pourrez alors constater que chacun des fossiles porte une étiquette mentionnant le nom de son espèce et celui de l'extinction qui a provoqué sa fin. Les fossiles sont disposés par ordre chronologique, de sorte que les plus anciens (les graptolites de l'Ordovicien) sont proches du centre, tandis que les plus récents (des dents de *Tyrannosaurus rex*, datant de la fin du Crétacé) en sont plus éloignés. Si vous vous placiez à la périphérie de cette exposition, qui est, en fait, le seul endroit d'où on peut l'observer dans son intégralité, vous seriez à l'endroit exact où devraient figurer les victimes de la sixième extinction.

Dans le cadre de cette dernière extinction, qui est de notre fait, on peut se demander ce qu'il va finalement advenir de nous. L'une des possibilités (celle induite par la galerie de la biodiversité) est que, à terme, nous serons également éliminés, en raison de la « transformation » que nous avons imposée à l'« environnement ». L'argumentation soutenant cette manière de voir est la suivante : s'étant lui-même libéré des contraintes de l'évolution, l'homme reste néanmoins dépendant des facteurs biologiques et géochimiques régnant sur la Terre. En modifiant complètement ces facteurs (déforestation des forêts tropicales humides, altération de la composition de l'atmosphère, acidification des océans), nous mettons en danger notre propre survie. Parmi les nombreuses leçons que l'on peut tirer des archives géologiques, celle qui donne le plus à réfléchir est la suivante : concernant l'évolution des êtres vivants, de même qu'en matière de placements financiers, de bons résultats obtenus dans le passé ne garantissent pas de succès dans l'avenir. Lorsque survient une extinction de masse, les faibles sont éliminés, et les forts subsistent à un niveau très faible. Les graptolites en V étaient présents sur la Terre entière, et ont ensuite complètement disparu. Les ammonites ont nagé dans les mers du monde entier pendant des centaines de millions d'années, et se sont ensuite évanouies à jamais. Le paléoanthropologue Richard Leakey a émis l'avertissement suivant : « *Homo sapiens* ne sera pas seulement la cause de la sixième extinction, il en sera aussi l'une des victimes[4]. » Un panneau accroché dans la galerie de la biodiversité reprend une citation d'un spécialiste d'écologie scientifique à l'université Stanford, Paul Ehrlich : « En poussant les autres espèces à l'extinction, l'humanité ne fait que scier la branche sur laquelle elle est assise. »

Une autre possibilité (considérée par certains comme plus optimiste) est que l'ingéniosité humaine surmontera n'importe quel désastre qu'elle aura déclenché. Des scientifiques très sérieux soutiennent, par exemple, que si le réchauffement climatique planétaire devenait une menace trop grave, nous pourrions le contrecarrer en modifiant les caractéristiques physiques de l'atmosphère. Selon certains projets identiques, on pourrait disperser des sulfates dans la stratosphère de façon à réfléchir la lumière solaire en direction de l'espace ; d'autres projets consisteraient à pulvériser des gouttelettes d'eau salée au-dessus du Pacifique pour améliorer les caractéristiques physiques des nuages. Si rien de tout cela n'était couronné de succès et que les choses tournaient vraiment mal, certains pensent que l'humanité pourrait quand même très bien s'en sortir : nous nous envolerions tout simplement vers d'autres planètes. Un livre récent conseille de construire des villes « sur Mars, Titan, Europa, la Lune, les astéroïdes et n'importe quel autre gros bloc de matière inhabité ».

« Ne vous inquiétez pas, note son auteur. Tant que l'humanité continuera à explorer, elle survivra[5]. »

Bien entendu, l'avenir de notre espèce nous importe au plus haut point. Cependant, au risque de paraître misanthrope (dois-je mentionner que certains de mes meilleurs amis sont des êtres humains ?), je dirais que là n'est pas, finalement, ce qui compte le plus. Ici et maintenant, au cours de ce moment extraordinaire qu'est le présent, nous sommes en train de décider, sans en être vraiment conscients, des voies évolutives qui resteront ouvertes, et de celles qui se fermeront à jamais. Aucun autre organisme vivant n'a jamais eu à affronter ce genre de choix, et celui-ci représentera, malheureusement, notre legs le plus durable à la biosphère du futur. La sixième extinction continuera à déterminer le cours de l'évolution des êtres vivants, longtemps après que tout ce que l'homme a écrit, peint ou construit aura été réduit en poussière et que les rats géants auront (ou pas) hérité de la Terre.

Quelques grands événements dans l'histoire des êtres vivants au cours des 500 derniers millions d'années

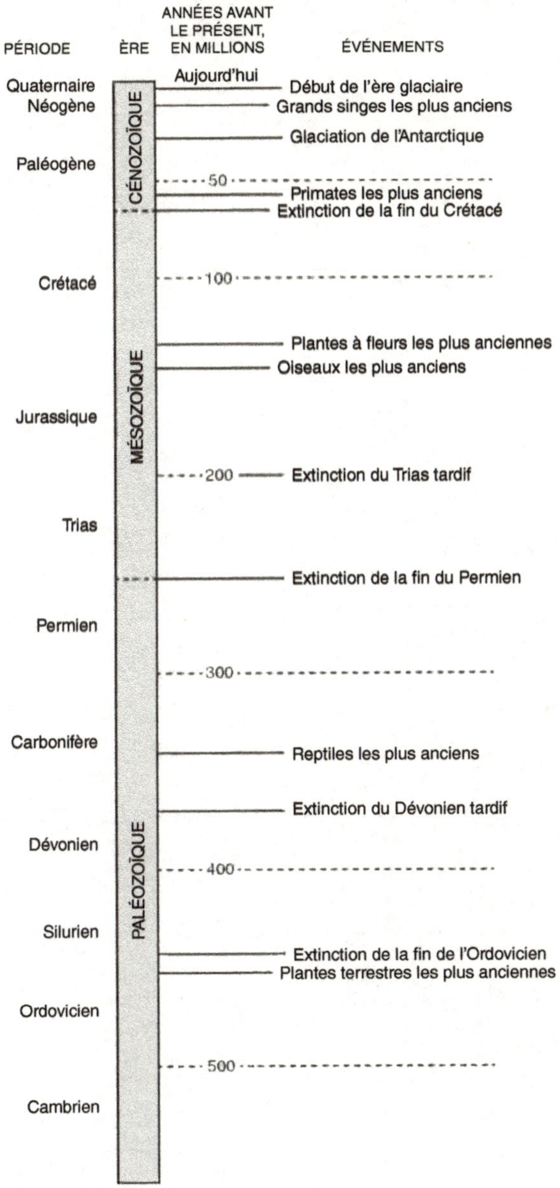

Remerciements

Une journaliste qui projette d'écrire un livre sur une extinction de masse a besoin de beaucoup de conseils. De nombreuses personnes très bien informées, douées d'infiniment de patience et de générosité, ont donné de leur temps et partagé leurs compétences d'experts pour m'aider lors de la réalisation de ce travail.

Je suis redevable à Edgardo Griffith, Heidi Ross, Paul Crump, Vance Vredenburg, David Wake, Karen Lips, Joe Mendelson, Erica Bree Rosenblum et Allan Pessier de m'avoir aidée à mieux comprendre ce qu'on appelle désormais la crise des amphibiens.

Je désire remercier Pascal Tassy de m'avoir permis de visiter les coulisses du Muséum national d'histoire naturelle de Paris. J'aimerais également dire merci à Guðmundur Guðmundsson, Reynir Sveinsson et Halldór Armannsson, pour m'avoir montré le grand pingouin et ses anciens lieux de prédilection, ainsi qu'à Magnus Bernhardsson, qui a rendu possible la traversée en bateau jusqu'à l'île d'Eldey. Avec beaucoup de générosité, Neil Landman m'a fait découvrir les sites du Crétacé du New Jersey ainsi que son extraordinaire collection d'ammonites. Mes remerciements vont à Lindy Elkins-Tanton et Andy Knoll pour avoir partagé avec moi leurs connaissances sur l'extinction de la fin du Permien, ainsi qu'à Nick Longrich et Steve D'Hondt, qui m'ont tant appris sur celle de la fin du Crétacé.

J'ai une dette particulière envers Jan Zalasiewicz, qui m'a non seulement accompagnée à la chasse aux graptolites en Écosse, mais qui a également, toutes ces dernières années, inlassablement répondu à mes innombrables questions. Je suis aussi reconnaissante à Dan Condon et à Ian Millar de m'avoir servi de guides lors d'une mémorable randonnée (même si elle fut bien arrosée par la pluie), et à Paul Crutzen de m'avoir expliqué sa conception de l'Anthropocène.

L'acidification des océans est une question complexe. Je n'aurais jamais été en mesure d'écrire quoi que ce soit à ce sujet sans l'aide de Chris

Langdon, Richard Feely, Chris Sabine, Joanie Kleypas, Victoria Fabry, Ulf Riebesell, Lee Kump et Mark Pagani. Je suis particulièrement reconnaissante à Jason Hall-Spencer de m'avoir emmenée nager par un froid glacial à Castello Aragonese et d'avoir ensuite patiemment répondu à mes nombreuses questions. Mille mercis également à Maria Cristina Buia pour l'organisation de cette expédition.

Je me suis adressée sans relâche à Ken Caldeira afin qu'il m'aide à comprendre un certain nombre de points concernant les domaines de la climatologie et de la chimie des océans. Je lui suis profondément redevable, ainsi qu'à sa femme, Lilian, et à toute l'équipe dont j'ai fait la connaissance sur One Tree Island : Jack Silverman, Kenny Schneider, Tanya Rivlin, Jen Reiffel et l'inimitable Russell Graham. Tous mes remerciements encore à l'intention de Davey Kline, Brad Opdyke, Selina Ward et Ove Hoegh-Guldberg.

Miles Silman s'est révélé être un guide extraordinaire dans une partie du monde qui ne l'était pas moins. Je ne le remercierai jamais assez d'avoir partagé tant de temps et de connaissances avec moi. Je voudrais aussi exprimer ma gratitude à ses étudiants, William Farfan Rios et Karina Garcia Cabrera. Mille mercis, aussi, à Chris Thomas.

Je n'aurais peut-être jamais essayé d'écrire ce livre sans l'aide de Tom Lovejoy. Sa générosité et sa patience sont, pour autant que j'en puisse juger, sans limites, et je lui suis profondément reconnaissante de sa coopération et de ses encouragements. Mario Cohn-Haft a fait preuve d'une jovialité merveilleuse lorsqu'il m'a initiée à la forêt tropicale amazonienne dont il est un expert. Je désire aussi remercier Rita Mesquita, José Luís Camargo, Gustavo Fonseca et Virgilio Viana.

Scott Darling et Al Hicks ont été parmi les toutes premières personnes à s'apercevoir de la gravité du syndrome du museau blanc. Ils ont partagé avec moi ce qu'ils étaient alors tout juste en train de découvrir, et leur aide m'a été précieuse. Ryan Smith, Susi von Oettingen et Alyssa Bennett furent assez aimables pour m'accompagner plusieurs fois à la grotte d'Éole. Joe Roman a bien voulu relire mon texte sur les espèces invasives, et me faire part de ses réactions.

Terri Roth et Chris Johnson m'ont aidée à comprendre la mégafaune, passée et présente. Un merci tout particulier à John Alroy, pour ses calculs sur les vitesses de reproduction, et merci, aussi, à Anthony Barnosky.

Svante Pääbo a passé de nombreuses heures à m'expliquer les complexités de la paléogénétique en général, et de sa recherche sur le génome des néandertaliens en particulier. Je désire le remercier, ainsi que Shannon McPherron, qui m'a fort aimablement fait visiter La Ferrassie, et Ed Green, toujours disponible pour répondre à mes interminables questions.

Marlys Houck, Oliver Ryder, Barbara Durrant et Jenny Mehlow ont été très généreux avec moi lorsque je me suis rendue à San Diego.

J'aimerais remercier les bibliothécaires de Williams College, qui ont pu mettre la main sur des livres et des articles pratiquement introuvables, et Jay Pasachoff, qui m'a fort obligeamment prêté ses dossiers sur l'extinction de la fin du Crétacé.

En 2010, j'ai eu la chance d'obtenir une bourse d'études de la Fondation John-Simon-Guggenheim, ce qui m'a permis de voyager et de me rendre dans des lieux qui me seraient sinon restés inaccessibles. Des soutiens indirects à la réalisation de cet ouvrage m'ont été aussi fournis par la Fondation de la famille Heinz et par une bourse attribuée aux écrivains par la Fondation Lannan.

Plusieurs extraits de ce livre ont été initialement publiés dans le *New Yorker*. Pour leurs conseils et leur soutien ainsi que pour leur patience, je suis profondément redevable à David Remnick et Dorothy Wickenden. Pour ses avis toujours sages, je désire remercier John Bennet. D'autres extraits ont paru dans *National Geographic* et sur le site web e360. Je désire aussi remercier Rob Kunzig, Jamie Shreeve et Roger Cohn pour leur aide et leurs idées. Mille mercis aussi à Steven Barclay et Eliza Fischer pour leur soutien indéfectible.

Remerciements à Laura Wyss, Meryl Levavi, Caroline Zancan et Vicki Haire pour avoir su transformer un manuscrit un peu chaotique en véritable livre.

Gillian Blake a été une responsable d'édition rêvée pour une entreprise de ce genre : subtile, perspicace, imperturbable. À chaque sortie de route, elle me ramenait toujours dans le droit chemin. L'aide dispensée par Kathy Robbins fut, comme toujours, sans égale. Ses conseils et ses idées furent des plus précieux, et sa bonne humeur, inaltérable.

De nombreux amis et membres de ma famille m'ont aidée lors de la réalisation de ce travail au long cours, certains probablement sans le savoir. Remerciements à Jim et Karen Shepard, Andrea Barrett, Susan Greenfield, Todd Purdum, Nancy Pick, Lawrence Douglas et Stewart Adelson, ainsi qu'à Marlene, Gerald et Dan Kolbert. Un remerciement tout particulier à Barry Goldstein. Merci aussi à Ned Kleiner qui m'a aidée à mettre en place les toutes dernières parties de ce livre, et à Aaron et Matthew Kleiner, qui n'ont jamais reproché à leur mère de ne pas assister à leurs matchs de football.

En dernier lieu, je désire remercier mon mari, John Kleiner, qui, une fois encore, m'a aidée bien plus qu'il n'y était tenu. J'ai écrit ce livre avec lui et pour lui.

Remerciements du traducteur

Marcel Blanc tient à remercier vivement les chercheurs du Muséum national d'histoire naturelle : Nadia Améziane, Mireille Guillaume, Annemarie Ohler et Pascal Tassy, qui l'ont aidé à traduire certains termes scientifiques et à trouver les noms vernaculaires français de nombreuses espèces exotiques. Il remercie également Nathalie Marandel de la Médiathèque Jean-Christophe Rufin à Sens pour lui avoir procuré des ouvrages documentaires difficiles à obtenir.

Notes

Chapitre 1. La sixième extinction

1. Ruth A. Musgrave, « Incredible Frog Hotel », *National Geographic Kids*, septembre 2008, p. 16-19.
2. D.B. Wake et V.T. Vredenburg, « Colloquium Paper : Are We in the Midst of the Sixth Mass Extinction ? A View from the World of Amphibians », *Proceedings of the National Academy of Sciences*, vol. 105, 2008, p. 11466-11473.
3. Martha L. Crump, *In Search of the Golden Frog*, Chicago, University of Chicago Press, 2000, p. 165.
4. Je suis extrêmement reconnaissante à John Alroy de m'avoir expliqué les complexités du calcul des taux d'extinction de fond. Voir aussi l'article d'Alroy, « Speciation and Extinction in the Fossil Record of North American Mammals », *in* Roger Butlin, Jon Bridle et Dolph Schluter (dir.), *Speciation and Patterns of Diversity*, Cambridge, Cambridge University Press, 2009, p. 310-323.
5. A. Hallam et P.B. Wignall, *Mass Extinctions and Their Aftermath*, Oxford, Oxford University Press, 1997, p. 1.
6. David Jablonski, « Extinctions in the Fossil Record », *in* John H. Lawton et Robert M. May (dir.), *Extinction Rates*, Oxford, Oxford University Press, 1995, p. 26.
7. Michael Benton, *When Life Nearly Died : The Greatest Mass Extinction of All Time*, New York, Thames and Hudson, 2003, p. 10.
8. David M. Raup, *De l'extinction des espèces : sur les causes de la disparition des dinosaures et de quelques milliards d'autres*, Paris, Gallimard, 1993, p. 91.
9. John Alroy, communication personnelle, 9 juin 2013.
10. Joseph R. Mendelson, « Shifted Baselines, Forensic Taxonomy, and Rabb's Fringe-limbed Treefrog : The Changing Role of Biologists in an Era of Amphibian Declines and Extinctions », *Herpetological Review*, n° 42, 2011, p. 21-25.
11. Malcolm M. McCallum, « Amphibian Decline or Extinction ? Current Declines Dwarf Background Extinction Rates », *Journal of Herpetology*, n° 41, 2007, p. 483-491.

12. Michael Hoffmann *et al.*, « The Impact of Conservation on the Status of the World's Vertebrates », *Science*, n° 330, 2010, p. 1503-1509. Voir aussi « Spineless – Status and Trends of the World's Invertebrates », rapport de la Société zoologique de Londres, 31 août 2012.

Chapitre 2. Les molaires du mastodonte

1. Paul Semonin, *American Monster : How the Nation's First Prehistoric Creature Became a Symbol of National Identity*, New York, New York University Press, 2000, p. 15.
2. Frank H. Severance, *An Old Frontier of France : The Niagara Region and Adjacent Lakes under French Control*, New York, Dodd, 1917, p. 320.
3. Jean-Étienne Guettard, « Mémoire dans lequel on compare le Canada à la Suisse par rapport à ses minéraux », *Histoire de l'Académie royale des Sciences, année 1752*, avec les *Mémoires de mathématiques et de physique pour la même année 1752*, 1756, p. 349.
4. Cité dans P. Semonin, *op. cit.*, p. 147-148.
5. Georges Louis Leclerc, comte de Buffon, *Histoire naturelle, générale et particulière*, supplément, t. 5, *Des Époques de la Nature, Notes justificatives*, 1778, p. 511.
6. Cité dans Dorinda Outram, *Georges Cuvier : Vocation, Science and Authority in Post-Revolutionary France*, Manchester, Manchester University Press, 1984, p. 13.
7. Martin J.S. Rudwick, *Bursting the Limits of Time : The Reconstruction of Geohistory in the Age of Revolution*, Chicago, Chicago University Press, 2005, p. 355.
8. *Ibid.*, p. 361.
9. Georges Cuvier, « Mémoire sur les espèces d'éléphants, tant vivantes que fossiles », *Magasin encyclopédique*, Paris, 1796, t. 3, p. 441.
10. *Ibid.*, p. 441. Toutes les citations suivantes, signalées par des guillemets, jusqu'à « quelle révolution a pu l'anéantir ? », sont tirées de la même source, p. 441, 443 et 444.
11. Cité dans Stephen Jay Gould, *Le Pouce du panda*, Paris, Grasset, 1982, p. 140.
12. G. Cuvier, « Extrait d'un ouvrage sur les espèces de quadrupèdes dont on a trouvé les ossements dans l'intérieur de la terre, adressé aux savants et aux amateurs des sciences », *Magasin encyclopédique ou Journal des sciences, des lettres et des arts*, Paris, 1801, t. 1, p. 67.
13. *Ibid.*, p. 80.
14. M.J.S. Rudwick, *Bursting the Limits of Time, op. cit.*, p. 501.
15. Charles Coleman Sellers, *Mr. Peale's Museum : Charles Willson Peale and the First Popular Museum of Natural Science and Art*, New York, Norton, 1980, p. 142.

16. Charles Willson Peale, *The Selected Papers of Charles Willson Peale and his Family*, Lillian B. Miller, Sidney Hart et David C. Ward (dir.), vol. 2, pt. 1, New Haven, Conn., Yale University Press, 1988, p. 408.
17. G. Cuvier, « Sur différentes dents du genre des mastodontes, mais d'espèces moindres que celle de l'Ohio, trouvées en plusieurs lieux des deux continents », *Annales du Muséum d'histoire naturelle*, 1806, n° 8, p. 413.
18. Honoré de Balzac, *La Peau de chagrin*, Paris, C. Gosselin et U. Canel, Libraires, 1831, t. 1, chap. V, p. 89.
19. Lettre de Cuvier au révérend Conybeare, 20 mars 1824, citée dans P. Vincent *et al.*, *Geological Magazine*, 2014, n° 151, p. 7-20.
20. G. Cuvier, *Recherches sur les ossements fossiles des quadrupèdes, Discours préliminaire* (1812), Paris, Garnier-Flammarion, réédition 1992, p. 98.
21. G. Cuvier, passage non publié du manuscrit des *Recherches sur les ossements fossiles* (1812), MNHN, MS 631, p. 35-36.
22. G. Cuvier et M.J.S. Rudwick, *Georges Cuvier, Fossil Bones and Geological Catastrophes : New Translations and Interpretations of the Primary Texts*, Chicago, University of Chicago Press, 1997, p. 229.
23. Jean-Baptiste Lamarck, « Discours d'ouverture de l'an XI », *Bulletin scientifique de la France et de la Belgique*, Paris, réédition 1907, t. 11, p. 103.
24. G. Cuvier, *Recherches sur les ossements fossiles de quadrupèdes, Discours préliminaire, op.cit*, p. 117.
25. G. Cuvier, « Éloge de M. de Lamarck », *Mémoires de l'Académie royale des sciences de l'Institut de France*, 1835, t. 13, p. 1.
26. G. Cuvier, « Mémoire sur les espèces d'éléphants tant vivantes que fossiles », *op. cit.*, t. 3, p. 444.
27. G. Cuvier, *Recherches sur les ossements fossiles de quadrupèdes, Discours préliminaire, op. cit.*, p. 55.
28. *Ibid.*, p. 261.
29. *Ibid.*, p. 60.
30. *Ibid.*, p. 54.

Chapitre 3. Le pingouin d'origine

1. M.J.S. Rudwick, *Worlds before Adam : The Reconstruction of Geohistory in the Age of Reform*, Chicago, University of Chicago Press, 2008, p. 358.
2. Leonard G. Wilson, « Lyell : The Man and His Times », *in* Derek J. Blundell et Andrew C. Scott (dir.), *Lyell : The Past is the Key to the Present*, Bath, Geological Society, 1998, p. 21.
3. Charles Lyell, *Life, Letters and Journals of Sir Charles Lyell*, Mrs. Lyell (dir.), vol. 1, Londres, John Murray, 1881, p. 249.
4. Ch. Lyell, *Principles of Geology*, vol. 1, Chicago, University of Chicago Press, 1990, p. 123.
5. *Ibid.*, p. 153.

6. L.G. Wilson, *Charles Lyell, The Years to 1841 : The Revolution in Geology*, New Haven, Conn., Yale University Press, 1972, p. 344.
7. A. Hallam, *Great Geological Controversies*, Oxford, Oxford University Press, 1983, p. IX.
8. Pour une discussion sur la signification de ce dessin humoristique, voir M.J.S. Rudwick, *Lyell and Darwin Geologists : Studies in the Earth Sciences in the Age of Reform*, Aldershot, Ashgate, 2005, p. 537-540.
9. Frank J. Sulloway, « Darwin and His Finches : The Evolution of a Legend », *Journal of History of Biology*, n° 15, 1982, p. 1-53.
10. Ch. Lyell, *Principles of Geology, op. cit.*, vol. 1, p. 476.
11. Sandra Herbert, *Charles Darwin, Geologist*, Ithaca, New York, Cornell University Press, 2005, p. 63.
12. Claudio Soto-Azat *et al.*, « The Population Decline and Extinction of Darwin's Frogs », *PLOS ONE*, n° 8, 2013.
13. David Dobbs, *Reef Madness : Charles Darwin, Alexander Agassiz and the Meaning of Coral*, New York, Pantheon, 2005, p. 152.
14. M.J.S. Rudwick, *Worlds before Adam, op. cit.*, p. 491.
15. Janet Browne, *Charles Darwin : Voyaging*, New York, Knopf, 1995, p. 186.
16. Ch. Lyell, *Principles of Geology, op. cit.*, vol. 2, p. 124.
17. Ernst Mayr, *The Growth of Biological Thought : Diversity, Evolution, and Inheritance*, Cambridge, Massachusetts, Belknap Press of Harvard University Press, 1982, p. 407.
18. Charles Darwin, *L'Origine des espèces*, 6e édition (1876), trad. E. Barbier, Paris, François Maspéro, réédition 1980, t. 1, p. 90.
19. *Ibid.*, t. 2, p. 396.
20. *Ibid.*, p. 394.
21. *Ibid.*
22. Errol Fuller, *The Great Auk*, New York, Abrams, 1999, p. 197.
23. Truls Moum *et al.*, « Mitochondrial DNA Sequence Evolution and Phylogeny of the Atlantic Alcidae, Including the Extinct Great Auk (*Pinguinus impennis*) », *Molecular Biology and Evolution*, n° 19, 2002, p. 1434-1439.
24. Jeremy Gaskell, *Who Killed the Great Auk ?*, Oxford, Oxford University Press, 2000, p. 8.
25. *Ibid.*, p. 9.
26. Jacques Cartier, *Voyages au Canada*, Paris, François Maspéro/La Découverte, réédition 1981, p. 113-114.
27. Cité dans J. Gaskell, *Who Killed the Great Auk ?, op. cit.*, p. 87.
28. E. Fuller, *The Great Auk, op. cit.*, p. 64.
29. Cité dans *ibid.*, p. 65-66.
30. Tim Birkhead, « How Collectors Killed the Great Auk », *New Scientist*, n° 142, 1994, p. 26.
31. Cité dans J. Gaskell, *Who Killed the Great Auk ?, op. cit.*, p. 109.
32. Cité dans *ibid.*, p. 37. Gaskell relève aussi la contradiction dans le compte rendu fait par Audubon.

33. E. Fuller, *The Great Auk, op. cit.*, p. 228-229.
34. Alfred Newton, « Abstract of Mr. J. Wolley's Researches in Iceland Respecting the Gare-Fowl or Great Auk », *Ibis* 3, 1861, p. 394.
35. Alexander F.R. Wollaston, *Life of Alfred Newton*, New York, E.P. Dutton, 1921, p. 52.
36. Cité dans *ibid.*, p. 112.
37. Cité dans *ibid.*, p. 121.
38. On peut accéder sur Internet à un grand nombre des lettres de Darwin (mais non à toutes ; Elizabeth Smith, du « Darwin Correspondence Project », a obligeamment effectué cette recherche sur la totalité de la base de données).
39. Thalia K. Grant et Gregory B. Estes, *Darwin in Galápagos : Footsteps to a New World*, Princeton, N.J., Princeton University Press, 2009, p. 123.
40. *Ibid.*, p. 122.
41. Ch. Darwin, *L'Origine des espèces, op. cit.*, t. 2, p. 396.
42. David Quammen, *The Reluctant Mr. Darwin : An Intimate Portrait of Charles Darwin and the Making of His Theory of Evolution*, New York, Atlas Books/Norton, 2006, p. 209.

Chapitre 4. La malchance des ammonites

1. Walter Alvarez, « Earth History in the Broadest Possible Context », Ninety-Seventh Annual Faculty Research Lecture, University of California, Berkeley, International House, discours prononcé le 29 avril 2010.
2. W. Alvarez, *La Fin tragique des dinosaures*, Paris, Hachette Littérature, 2000, p. 181.
3. *Ibid.*, p. 69.
4. Richard Muller, *Nemesis*, New York, Weidenfeld and Nicolson, 1988, p. 51.
5. Cité dans Charles Officer et Jake Page, « The K-T Extinction », *in* Frank H.T. Rhodes, Richard O. Stone et Bruce D. Malamud (dir.), *Language of the Earth : A Literary Anthology*, 2e édition, Chichester, Wiley, 2009, p. 183.
6. Cité dans Malcolm W. Browne, « Dinosaur Experts Resist Meteor Extinction Idea », *New York Times*, 29 octobre 1985.
7. *New York Times* Editorial Board, « Miscasting the Dinosaur's Horoscope », *New York Times*, 2 avril 1985.
8. Ch. Lyell, *Principles of Geology, op. cit.*, vol. 3, 1991, p. 328.
9. David M. Raup, *The Nemesis Affair : A Story of the Death of Dinosaurs and the Ways of Science*, New York, Norton, 1986, p. 58.
10. Ch. Darwin, *L'Origine des espèces, op. cit.*, t. 2, p. 388.
11. *Ibid.*, t. 1, p. 79. *[N.d.T.]*
12. George Gaylord Simpson, *Why and How : Some Problems and Methods in Historical Biology*, Oxford, Pergamon Press, 1980, p. 35.

13. Cité dans M.W. Browne, « Dinosaur Experts Resist Meteor Extinction Idea », *op. cit.*
14. B.F. Bohor *et al.*, « Mineralogic Evidence for an Impact Event at the Cretaceous-Tertiary Boundary », *Science*, n° 224, 1984, p. 867-869.
15. Neil Landman *et al.*, « Mode of Life and Habitat of Scaphitid Ammonites », *Geobios*, n° 54, 2012, p. 87-98.
16. Communication personnelle, Steve D'Hondt, 5 janvier 2012.
17. Nicholas R. Longrich, T. Tokaryk et D.J. Field, « Mass Extinction of Birds at the Cretaceous-Paleogene (K-Pg) Boundary », *Proceedings of the National Academy of Sciences*, vol. 108, 2011, p. 15253-15257.
18. N.R. Longrich, Bhart-Anjan S. Bhullar et Jacques A. Gauthier, « Mass Extinction of Lizards and Snakes at the Cretaceous-Paleogene (K-Pg) Boundary », *Proceedings of the National Academy of Sciences*, vol. 109, 2012, p. 21396-21401.
19. Kenneth Rose, *The Beginning of the Age of Mammals*, Baltimore, Johns Hopkins University Press, 2006, p. 2.
20. Paul D. Taylor, *Extinctions in the History of Life*, Cambridge, Cambridge University Press, 2004, p. 2.

Chapitre 5. Bienvenue dans l'Anthropocène

1. Jerome S. Bruner et Leo Postman, « On the Perception of Incongruity : A Paradigm », *Journal of Personality*, n° 18, 1949, p. 206-223. Je suis redevable à James Gleick d'avoir attiré mon attention sur cette expérience : voir *Chaos : Making a New Science*, New York, Viking, 1987, p. 35.
2. Thomas S. Kuhn, *La Structure des révolutions scientifiques*, Paris, Flammarion, 2008, p. 98.
3. Cité dans Patrick John Boylan, « William Buckland, 1784-1859 : Scientific Institutions, Vertebrate Paleontology and Quaternary Geology », exposé de Ph.D., université de Leicester, 1984, p. 468.
4. William Glen, *Mass Extinction Debates : How Science Works in a Crisis*, Stanford, Californie, Stanford University Press, 1994, p. 2.
5. A. Hallam et P.B. Wignall, *Mass Extinctions and their Aftermath*, *op. cit.*, p. 4.
6. Richard A. Fortey, *Life : A Natural History of the First Four Billion Years of Life on Earth*, New York, Vintage, 1999, p. 135.
7. David M. Raup et J. John Sepkoski Jr., « Periodicity of Extinctions in the Geologic Past », *Proceedings of the National Academy of Sciences*, vol. 81, 1984, p. 801-805.
8. D.M. Raup, *The Nemesis Affair*, *op. cit.*, p. 19.
9. *New York Times* Editorial Board, « Nemesis of Nemesis », *New York Times*, 7 juillet 1985.

10. Luis W. Alvarez, « Experimental Evidence That an Asteroid Impact Led to the Extinction of Many Species 65 million Years Ago », *Proceedings of the National Academy of Sciences*, vol. 80, 1983, p. 633.
11. Timothy M. Lenton *et al.*, « First Plants Cooled the Ordovician », *Nature Geoscience*, n° 5, 2012, p. 86-89.
12. Timothy Kearsey *et al.*, « Isotope Excursions and Palaeotemperature Estimates from the Permian-Triassic Boundary in the Southern Alps (Italy) », *Palaeogeography, Palaeoclimatology, Palaeoecology*, n° 279, 2009, p. 29-40.
13. Shu-zhong Shen *et al.*, « Calibrating the End-Permian Mass Extinction », *Science*, n° 334, 2011, p. 1367-1372.
14. Lee R. Kump, Alexander Pavlov et Michael A. Arthur, « Massive Release of Hydrogen Sulfide to the Surface Ocean and Atmosphere during Intervals of Oceanic Anoxia », *Geology*, n° 33, 2005, p. 397-400.
15. Carl Zimmer, « Introduction » dans W. Alvarez, *T. rex and the Crater of Doom*, Princeton, N.J., Princeton University Press, 2008, p. xv.
16. Jan Zalasiewicz, *The Earth After Us : What Legacy Will Humans Leave in the Rocks ?*, Oxford, Oxford University Press, 2008, p. 89.
17. *Ibid.*, p. 240.
18. Cité dans William Stolzenburg, *Rat Island : Predators in Paradise and the World's Greatest Wildlife Rescue*, New York, Bloomsbury, 2011, p. 21.
19. Terry L. Hunt, « Rethinking Easter Island's Ecological Catastrophe », *Journal of Archaeological Science*, n° 34, 2007, p. 485-502.
20. J. Zalasiewicz, *The Earth After Us, op. cit.*, p. 9.
21. Paul J. Crutzen, « Geology of Mankind », *Nature*, n° 415, 2002, p. 23.
22. J. Zalasiewicz *et al.*, « Are We Now Living in the Anthropocene ? », *GSA Today*, n° 18, 2008, p. 6.

Chapitre 6. Cette mer qui nous entoure

1. Jason M. Hall-Spencer *et al.*, « Volcanic Carbon Dioxide Vents Show Ecosystem Effects of Ocean Acidification », *Nature*, n° 454, 2008, p. 96-99. Les informations détaillées sont tirées de tableaux complémentaires.
2. Ulf Reibesell, communication personnelle, 6 août 2012.
3. Wolfgang Kiessling et Carl Simpson, « On the Potential for Ocean Acidification to Be a General Cause of Ancient Reef Crises », *Global Change Biology*, n° 17, 2011, p. 56-67.
4. Andrew H. Knoll, « Biomineralization and Evolutionary History », *Reviews in Mineralogy and Geochemistry*, n° 54, 2003, p. 329-356.
5. J.M. Hall-Spencer *et al.*, « Volcanic Carbon Dioxide Vents Show Ecosystem Effects of Ocean Acidification », *op. cit.*, p. 96-99.
6. Merci à Chris Sabine (qui travaille au Programme de recherche sur le gaz carbonique du laboratoire sur l'environnement marin du Pacifique dépendant de l'Agence nationale américaine pour l'étude des océans et de l'at-

mosphère) de m'avoir fourni les chiffres les plus récents sur les rejets de gaz carbonique dans l'atmosphère et leur absorption par les océans.
7. Rachel Carson, *Printemps silencieux*, Marseille, Wildproject, 2009, p. 30.
8. Jennifer Chu, « Timeline of a Mass Extinction », MIT News Office, publié sur Internet le 18 novembre 2011.
9. Lee Kump, Timothy Bralower et Andy Ridgwell, « Ocean Acidification in Deep Time », *Oceanography*, n° 22, 2009, p. 105.

Chapitre 7. DÉVERSEMENT D'ACIDE

1. Cité dans James Bowen et Margarita Bowen, *The Great Barrier Reef : History, Science, Heritage*, Cambridge, Cambridge University Press, 2002, p. 11.
2. Cité dans *ibid.*, p. 2.
3. D. Dobbs, *Reef Madness, op. cit.*, p. 147-148. Lyell attribua par erreur cette idée à Adelbert von Chamisso, un naturaliste qui accompagnait Otto von Kotzebue.
4. *Ibid.*, p. 256.
5. Charles Sheppard, Simon K. Davy et Graham M. Pilling, *The Biology of Coral Reefs*, Oxford, Oxford University Press, 2009, p. 278.
6. Ove Hoegh-Guldberg *et al.*, « Coral Reefs under Rapid Climate Change and Ocean Acidification », *Science*, n° 318, 2007, p. 1737-1742.
7. Ken Caldeira et Michael E. Wickett, « Anthropogenic Carbon and Ocean pH », *Nature*, n° 425, 2003, p. 365.
8. Katherina E. Fabricius *et al.*, « Losers and Winners in Coral Reefs Acclimatized to Elevated Carbon Dioxide Concentrations », *Nature Climate Change*, n° 1, 2011, p. 165-169.
9. J.E.N. Veron, « Is the End in Sight for the World's Coral Reefs ? », e360, publié sur Internet le 6 décembre 2010.
10. Glenn De'ath *et al.*, « The 27-Year Decline of Coral Cover on the Great Barrier Reef and Its Causes », *Proceedings of the National Academy of Sciences*, vol. 109, 2012, p. 17995-17999.
11. Jacob Silverman *et al.*, « Coral Reefs May Start Dissolving when Atmospheric CO_2 Doubles », *Geophysical Research Letters*, n° 36, 2009.
12. Laetitia Plaisance *et al.*, « The Diversity of Coral Reefs : What Are We Missing ? », *PLOS ONE*, n° 6, 2011.
13. Kent E. Carpenter *et al.*, « One-Third of Reef Building Corals Face Elevated Extinction Risk from Climate Change and Local Impacts », *Science*, n° 321, 2008, p. 560-563.
14. Poème de June Chilvers, reproduit dans Harold Heatwole, Terence Done et Elizabeth Cameron, *Community Ecology of a Coral Cay : A Study of One-Tree Island, Great Barrier Reef, Australia*, La Haye, W. Junk, 1981, p. v.

Chapitre 8. La forêt et les arbres

1. Barry Lopez, *Rêves arctiques*, Paris, Gallmeister, 2014, p. 52.
2. Gordon P. DeWolf, *Native and Naturalized Trees of Massachusetts*, Amherst, Cooperative Extension Service, University of Massachusetts, 1978.
3. John Whitfield, *In the Beat of a Heart : Life, Energy and the Unity of Nature*, Washington, D.C., National Academies Press, 2006, p. 212.
4. Alexander von Humboldt et Aimé Bonpland, *Essai sur la géographie des plantes*, Paris, Levrault Schoell, 1807, p. 34.
5. Alexander von Humboldt, *Views of Nature or Contemplations on the Sublime Phenomena of Creation with Scientific Illustrations*, trad. Elsie C. Otté et Henry George Bohn, Londres, H.G. Bohn, 1850, p. 213-217.
6. On peut trouver le résumé de nombreuses théories sur le gradient latitudinal de diversité dans l'article de Gary G. Mittelbach *et al.*, « Evolution and the Latitudinal Diversity Gradient : Speciation, Extinction and Biogeography », *Ecology Letters*, n° 10, 2007, p. 315-331.
7. Daniel H. Janzen, « Why Mountain Passes Are Higher in the Tropics », *American Naturalist*, n° 101, 1967, p. 233-249.
8. Alfred R. Wallace, *Tropical Nature and Other Essays*, Londres, Macmillan, 1878, p. 123.
9. Kenneth J. Feeley *et al.*, « Upslope Migration of Andean Trees », *Journal of Biogeography*, n° 38, 2011, p. 783-791.
10. A.R. Wallace, *The Wonderful Century : Its Successes and Its Failures*, New York, Dodd, Mead, 1898, p. 130.
11. Ch. Darwin, *On the Origin of Species*, *op. cit.*, p. 366-367.
12. Rocío Urrutia et Mathias Vuille, « Climate Change Projections for the Tropical Andes Using a Regional Climate Model : Temperature and Precipitation Simulations for the End of the 21st Century », *Journal of Geophysical Research*, n° 114, 2009.
13. Alessandro Catenazzi *et al.*, « *Batrachochytrium dendrobatidis* and the Collapse of Anuran Species Richness and Abundance in the Upper Manú National Park, Southeastern Peru », *Conservation Biology*, n° 25, 2011, p. 382-391.
14. Anthony D. Barnosky, *Heatstroke : Nature in an Age of Global Warming*, Washington, D.C., Island Press/Shearwater Books, 2009, p. 55-56.
15. Chris D. Thomas *et al.*, « Extinction Risk from Climate Change », *Nature*, n° 427, 2004, p. 145-148.
16. C.D. Thomas, « First Estimates of Extinction Risk from Climate Change », *in* Lee Jay Hannah (dir.), *Saving a Million Species : Extinction Risk from Climate Change*, Washington, D.C., Island Press, 2012, p. 17-18.
17. Aradhna K. Tripati, Christopher D. Roberts et Robert E. Eagle, « Coupling of CO_2 and Ice Sheet Stability over Major Climate Transitions of the Last 20 Million Years », *Science*, n° 326, 2009, p. 1394-1397.

Chapitre 9. Des îles sur la terre ferme

1. Jeff Tollefson, « Splinters of the Amazon », *Nature*, n° 496, 2013, p. 286.
2. *Ibid.*
3. Roger LeB. Hooke, José F. Martín-Duque et Javier Pedraza, « Land Transformation by Humans : A Review », *GSA Today*, n° 22, 2012, p. 4-10.
4. Erle C. Ellis et Navin Ramankutty, « Putting People in the Map : Anthropogenic Biomes of the World », *Frontiers in Ecology and the Environment*, n° 6, 2008, p. 439-447.
5. Richard O. Bierregard *et al.*, *Lessons from Amazonia : The Ecology and Conservation of a Fragmented Forest*, New Haven, Connecticut, Yale University Press, 2001, p. 41.
6. Jared Diamond, « The Island Dilemma : Lessons of Modern Biogeographic Studies for the Design of Natural Reserves », *Biological Conservation*, n° 7, 1975, p. 129-146.
7. J. Diamond, « "Normal" Extinctions of Isolated Populations », *in* Matthew H. Nitecki (dir.), *Extinctions*, Chicago, University of Chicago Press, 1984, p. 200.
8. Susan G.W. Laurance *et al.*, « Effects of Road Clearings on Movement Patterns of Understory Rainforest Birds in Central Amazonia », *Conservation Biology*, n° 18, 2004, p. 1099-1109.
9. E.O. Wilson, *La Diversité de la vie*, Paris, Odile Jacob, 1993, p. 12.
10. Carl W. Rettenmeyer *et al.*, « The Largest Animal Association Centered on One Species : The Army Ant Eciton Burchellii and Its More Than 300 Associates », *Insectes sociaux*, n° 58, 2011, p. 281-292.
11. *Ibid.*
12. Terry L. Erwin, « Tropical Forests : Their Richness in Coleoptera and Other Arthropod Species », *Coleopterists Bulletin*, n° 36, 1982, p. 74-75.
13. Andrew J. Hamilton *et al.*, « Quantifying Uncertainty in Estimation of Tropical Arthropod Species Richness », *American Naturalist*, n° 176, 2010, p. 90-95.
14. E.O. Wilson, « La diversité du vivant menacée », *Pour la science*, novembre 1989, p. 66.
15. John H. Lawton et Robert M. May, *Extinction Rates*, Oxford, Oxford University Press, 1995.
16. « Spineless : Status and Trends of the World's Invertebrates », publié sur Internet, 31 juillet 2012, p. 17.
17. Thomas E. Lovejoy, « Biodiversity : What is It ? » *in* Marjorie L. Kudla, Don E. Wilson et E.O. Wilson (dir.), *Biodiversity II : Understanding and Protecting Our Biological Resources*, Washington, D.C., Joseph Henry Press, 1997, p. 12.

Chapitre 10. La Nouvelle Pangée

1. Ch. Darwin, lettre à J.D. Hooker, 19 avril 1855, « Darwin Correspondence Project », Cambridge University.
2. Ch. Darwin, lettre au *Gardener's Chronicle*, 21 mai 1855, « Darwin Correspondence Project », Cambridge University.
3. Ch. Darwin, *On the Origin of Species*, *op. cit.*, p. 385.
4. *Ibid.*, p. 394.
5. Alfred Wegener, *La Genèse des continents et des océans : théorie des translations continentales*, Paris, Christian Bourgois, 1991, p. 17.
6. Mark A. Davis, *Invasion Biology*, Oxford, Oxford University Press, 2009, p. 22.
7. Anthony Ricciardi, « Are Modern Biological Invasions an Unprecedented Form of Global Change ? », *Conservation Biology*, n° 21, 2007, p. 329-336.
8. Randall Jarrell et Maurice Sendak, *La Chauve-souris poète*, Paris, L'École des loisirs, 1980, p. 7.
9. Paul M. Cryan *et al.*, « Wing pathology of White-Nose Syndrome in Bats Suggests Life-Threatening Disruption of Physiology », *BMC Biology*, n° 8, 2010.
10. Cette histoire de l'expansion du scarabée japonais est tirée de Charles S. Elton, *The Ecology of Invasions by Animals and Plants*, 1958, réédition Chicago, University of Chicago Press, 2000, p. 51-53.
11. Jason Van Driesche et Roy Van Driesche, *Nature Out of Place : Biological Invasions in the Global Age*, Washington, D.C., Island Press, 2000, p. 91.
12. Ces renseignements sur les escargots terrestres de Hawaï sont tirés de Christen Mitchell *et al.*, *Hawaii's Comprehensive Wildlife Conservation Strategy*, Honolulu, Department of Land and Natural Resources, 2005.
13. David Quammen, *The Song of the Dodo : Island Biogeography in an Age of Extinctions*, 1966, réédition, New York, Scribner, 2004, p. 333.
14. J. Van Driesche et R. Van Driesche, *Nature out of Place*, *op. cit.*, p. 123.
15. George H. Hepting, « Death of the American Chestnut », *Forest and Conservation History*, n° 18, 1974, p. 60.
16. Paul Somers, « The Invasive Plant Problem », http://www.mass.gov/eea/docs/dfg/nhesp/land-protection-and-management/invasive-plant-problem.pdf.
17. John C. Maerz, Victoria A. Nuzzo et Bernd Blossey, « Decline in Woodland Salamander Abundance Associated with Non-Native Earthworm and Plant Invasions », *Conservation Biology*, n° 23, 2009, p. 975-981.
18. « Opération Journée de recherche des crapauds : Fiche de conseils », conseil municipal de Townsville, http://www.townsville.qld.gov.au/resident/pests/Documents/TDO%202012_Tip%20Sheet.pdf.
19. Steven L. Chown *et al.*, « Continent-wide Risk Assessment for the Establishment of Nonindigenous Species in Antarctica », *Proceedings of the National Academy of Sciences*, vol. 109, 2012, p. 4938-4943.

20. Alan Burdick, *Out of Eden : an Odyssey of Ecological Invasion*, New York, Farrar, Straus and Giroux, 2005, p. 29.
21. Jennifer A. Leonard *et al.*, « Ancient DNA Evidence for Old World Origin of New World Dogs », *Science*, n° 298, 2002, p. 1613-1616.
22. Cité dans Kim Todd, *Tinkering with Eden : A Natural History of Exotics in America*, New York, Norton, 2001, p. 137-138.
23. Peter T. Jenkins, « Pet Trade », *in* Daniel Simberloff et Marcel Rejmánek (dir.), *Encyclopedia of Biological Invasions*, Berkeley, University of California Press, 2011, p. 539-543.
24. Gregory M. Ruiz *et al.*, « Invasion of Coastal Marine Communities of North America : Apparent Patterns, Processes and Biases », *Annual Review of Ecology and Systematics*, n° 31, 2000, p. 481-531.
25. J. Van Driesche et R. Van Driesche, *Nature out of Place*, *op. cit.*, p. 46.
26. Ch.S. Elton, *The Ecology of Invasions by Animals and Plants*, *op. cit.*, p. 50-51.
27. James H. Brown, *Macroecology*, Chicago, University of Chicago Press, 1995, p. 220.

Chapitre 11. Le rhinocéros passe une échographie

1. Ludovic Orlando *et al.*, « Ancient DNA Analysis Reveals Woolly Rhino Evolutionary Relationships », *Molecular Phylogenetics and Evolution*, n° 28, 2003, p. 485-499.
2. E.O. Wilson, *L'Avenir de la vie*, Paris, Seuil, 2003, p. 112.
3. Adam Welz, « The Dirty War Against Africa's Remaining Rhinos », e360, publié sur Internet le 27 novembre 2012.
4. Fiona Maisels *et al.*, « Devastating Decline of Forest Elephants in Central Africa », *PLOS ONE*, n° 8, 2013.
5. Thomas Lovejoy, « A Tsunami of Extinctions », *Scientific American*, décembre 2012, p. 33-34.
6. Tim M. Flannery, *The Future Eaters : An Ecological History of the Australasian Lands and People*, New York, G. Braziller, 1995, p. 55.
7. Valérie A. Olson et Samuel T. Turvey, « The Evolution of Sexual Dimorphism in New Zealand Giant Moa (*Dinornis*) and Other Ratites », *Proceedings of the Royal Society B*, n° 280, 2013.
8. A.R. Wallace, *The Geographical Distribution of Animals with a Study of the Relations of Living and Extinct Faunas as Elucidating the Past Change of the Earth's Surface*, vol. 1, New York, Harper and Brothers, 1876, p. 150.
9. Robert Morgan, « Big Bone Lick », posté sur Internet à l'adresse http://www.big-bone-lick.com/2011/10.
10. Ch. Lyell, *Travels in North America, Canada and Nova Scotia with Geological Observations*, 2e édition, Londres, J. Murray, 1855, p. 67.

11. Ch. Lyell, *Geological Evidences of the Antiquity of Man, with Remarks on Theories of the Origin of Species by Variation*, 4e édition révisée, Londres, J. Murray, 1873, p. 189.
12. Cité dans Donald K. Grayson, « Nineteenth Century Explanations », *in* Paul S. Martin et Richard G. Klein (dir.), *Quaternary Extinctions : A Prehistoric Revolution*, Tucson, University of Arizona Press, 1984, p. 32.
13. A.R. Wallace, *The Geographical Distribution of Animals*, *op. cit.*, p. 150-151.
14. A.R. Wallace, *The World of Life : A Manifestation of Creative Power, Directive Mind and Ultimate Purpose*, New York, Moffat, Yard, 1911, p. 264.
15. Paul S. Martin, « Prehistoric Overkill », *in* Paul S. Martin et H.E. Wright (dir.), *Pleistocene Extinctions : The Search for a Cause*, New Haven, Conn., Yale University Press, 1967, p. 115.
16. Jared Diamond, *De l'inégalité parmi les sociétés*, Paris, Gallimard, 2007, p. 42.
17. Susan Rule *et al.*, « The Aftermath of Megafaunal Extinction : Ecosystem Transformation in Pleistocene Australia », *Science*, n° 335, 2012, p. 1483-1486.
18. John Alroy, « A Multispecies Overkill Simulation of the End-Pleistocene Megafaunal Mass Extinction », *Science*, n° 292, 2001, p. 1893-1896.
19. J. Alroy, « Putting North America's End-Pleistocene Megafaunal Extinction in Context », *in* Ross D.E. MacPhee (dir.), *Extinctions in Near Time : Causes, Contexts and Consequences*, New York, Kluwer Academic/Plenum, 1999, p. 138.

Chapitre 12. Le gène de la folie

1. Ch. Darwin, *La Filiation de l'homme et la sélection liée au sexe*, Paris, Syllepse, 2000, p. 139.
2. James Shreeve, *The Neanderthal Enigma : Solving the Mystery of Human Origins*, New York, William Morrow, 1995, p. 38.
3. Marcellin Boule, *Les Hommes fossiles : éléments de paléontologie humaine*, Paris, Masson, 1946, p. 240.
4. William L. Straus Jr. et A.J.E. Cave, « Pathology and the Posture of Neanderthal Man », *Quaterly Review of Biology*, n° 32, 1957, p. 348-363.
5. Ray Solecki, *Shanidar, the First Flower People*, New York, Knopf, 1971, p. 250.
6. Richard E. Green *et al.*, « A Draft Sequence of the Neandertal Genome », *Science*, n° 328, 2010, p. 710-722.
7. E. Herrmann *et al.*, « Humans Have Evolved Specialized Skills of Social Cognition : The Cultural Intelligence Hypothesis », *Science*, n° 317, 2007, p. 1360-1366.
8. David Reich *et al.*, « Genetic History of an Archaic Hominin Group from Denisova Cave in Siberia », *Nature*, n° 468, 2010, p. 1053-1060.

Chapitre 13. Cette petite créature avec des plumes

1. Jonathan Schell, *The Fate of the Earth*, New York, Knopf, 1982, p. 21.
2. R. Carson, *Printemps silencieux*, *op. cit.*, p. 268.
3. Michael Benton, « Paleontology and the History of Life », *in* Michael Ruse et Joseph Travis (dir.), *Evolution : The First Four Billion Years*, Cambridge, Mass., Belknap Press of Harvard University Press, 2009, p. 84.
4. Richard E. Leakey et Roger Lewin, *La Sixième Extinction : évolution et catastrophes*, Paris, Flammarion, 1999, p. 317.
5. Annalee Newitz, *Scatter, Adapt and Remember : How Humans Will Survive a Mass Extinction*, New York, Doubleday, 2013, p. 263.

Bibliographie

Ouvrages en français

ALVAREZ, Walter, *La Fin tragique des dinosaures*, trad. J.-P. Ricard, Paris, Hachette Littératures, 2000. *Traduction de* T. rex and the Crater of Doom.

BORGES, Jorge L., « Le jardin aux sentiers qui bifurquent », *Fictions* (trad. Verdevoye, Paul), Paris, Gallimard, 1951.

BOULE, Marcellin, *Les Hommes fossiles : éléments de paléontologie humaine*, 3e éd., Paris, Masson, 1946.

CARSON, Rachel, *Printemps silencieux*, trad. J.-F. Gravrand, nouvelle édition, Marseille, Wildproject, 2009. *Traduction de* Silent Spring.

CARSON, Rachel, *La Mer autour de nous*, trad. C. Delavaud, nouvelle édition, Marseille, Wildproject, 2012. *Traduction de* The Sea Around Us.

COHEN, Claudine, *Le Destin du mammouth*, nouvelle édition, Paris, Seuil, 2004.

DARWIN, Charles, *La Filiation de l'homme et la sélection liée au sexe*, trad. M. Prum, Paris, Honoré Champion, 2013. *Traduction de* The Descent of Man.

DARWIN, Charles, *L'Origine des espèces*, texte intégral de la 1re édition de 1859, trad. T. Hoquet, Paris, Seuil, 2013. *Traduction de* On the Origin of Species : A Facsimile of the First Edition.

DARWIN, Charles, *L'Autobiographie*, trad. J.-M. Goux et N. Witkowski, Paris, Seuil, 2011. *Traduction de* The Autobiography of Charles Darwin.

DIAMOND, Jared, *De l'inégalité parmi les sociétés*, trad. P.-E. Dauzat, Paris, Gallimard, 2007. *Traduction de* Guns, Germs and Steel : The Fates of Human Societies.

GLEICK, James, *La Théorie du chaos : vers une nouvelle science*, trad. C. Jeanmougin, nouvelle édition, Paris, Flammarion, 2008. *Traduction de* Chaos : Making a New Science.

GOULD, Stephen Jay, *Le Pouce du panda*, trad. J. Chabert, nouvelle édition, Paris, Seuil, 2014. *Traduction de* The Panda's Thumb.

HUMBOLDT, Alexander von, et BONPLAND, Aimé, *Essai sur la géographie des plantes* (Fac-sim. de l'éd. de Paris: Levrault Schoell, 1807), New York, Arno Press, 1977.

JARRELL, Randall et SENDAK, Maurice, *La Chauve-souris poète*, trad. C. Chaine et B. Noël, Paris, L'École des loisirs, 1980. *Traduction de* The Bat-Poet.

KUHN, Thomas S., *La Structure des révolutions scientifiques*, trad. L. Meyer, Paris, Flammarion, 2008. *Traduction de* The Structure of Scientific Revolutions.

Leakey, Richard E. et Lewin, Roger, *La Sixième Extinction : évolution et catastrophes*, trad. V. Fleury, Paris, Flammarion, 1999. *Traduction de* The Sixth Extinction : Patterns of Life and the Future of Humankind.

Lopez, Barry, *Rêves arctiques*, trad. D. Letellier, Paris, Gallmeister, 2014. *Traduction de* Arctic Dreams.

Mayr, Ernst, *Histoire de la biologie*, trad. M. Blanc, Paris, Librairie générale française, 1995. *Traduction de* The Growth of Biological Thought : Diversity, Evolution and Inheritance.

Raup, David M., *De l'extinction des espèces : sur les causes de la disparition des dinosaures et de quelques milliards d'autres*, trad. M. Blanc, Paris, Gallimard, 1993. *Traduction de* Extinction : Bad Genes or Bad Luck ?

Wegener, Alfred, *La Genèse des continents et des océans : théorie des translations continentales*, trad. A. Lerner, Paris, Christian Bourgois, 1991.

Wilson, Edward O., *La Diversité de la vie*, trad. M. Blanc, Paris, Odile Jacob, 1993. *Traduction de* The Diversity of Life.

Wilson, Edward O., *L'Avenir de la vie*, trad. C. Jeanmougin, Paris, Seuil, 2003. *Traduction de* The Future of Life.

Ouvrages en anglais

Alroy, John, « A Multispecies Overkill Simulation of the End-Pleistocene Megafaunal Mass Extinction », *Science*, n° 292, 2001, p. 1893-96.

Alvarez, Luis W., « Experimental Evidence that an Asteroid Impact Led to the extinction of Many Species 65 Million Years Ago », *Proceedings of the National Academy of Sciences*, n° 80, 1983, p. 627-42.

Alvarez, Luis W., Alvarez, W., Asaro, F., et Michel, H.V., « Extraterrestrial Cause for the Cretaceous-Tertiary Extinction », *Science*, n° 208, 1980, p. 1095-108.

Alvarez, Walter, « Earth History in the Broadest Possible Context », *Ninety-Seventh Annual Faculty Research Lecture*, University of California, Berkeley, International House, 29 Avril 2010.

Appel, Toby A., *The Cuvier-Geoffroy Debate: French Biology in the Decades Before Darwin*, New York, Oxford University Press, 1987.

Barnosky, Anthony D., « Megafauna Biomass Tradeoff as a Driver of Quaternary and Future Extinctions », *Proceedings of the National Academy of Sciences*, n° 105, 2008, p. 11543-11548.

Barnosky, Anthony D., *Heatstroke: Nature in an Age of Global Warming*, Washington, D.C., Island Press/Shearwater Books, 2009.

Benton, Michael J., *When Life Nearly Died: The Greatest Mass Extinction of All Time*, New York, Thames and Hudson, 2003.

Bierregaard, Richard O., *et al.*, *Lessons from Amazonia: The Ecology and Conservation of a Fragmented Forest*, New Haven, Conn., Yale University Press, 2001.

Birkhead, Tim, « How Collectors Killed the Great Auk », *New Scientist*, n° 142, 1994, p. 24-27.

Blundell, Derek J., Scott, Andrew C., dir., *Lyell: The Past Is the Key to the Present*, London, Geological Society, 1998.

BOHOR, B. F., *et al*, « Mineralogic Evidence for an Impact Event at the Cretaceous-Tertiary Boundary », *Science*, n° 224, 1984, p. 867-869.
BOWEN, James, BOWEN, Margarita, *The Great Barrier Reef: History, Science, Heritage*, Cambridge, Cambridge University Press, 2002.
BROWN, James H., *Macroecology*, Chicago, University of Chicago Press, 1995.
BROWNE, Janet, *Charles Darwin: Voyaging*, New York, Knopf, 1995.
BROWNE, Janet, *Charles Darwin: The Power of Place*, New York, Knopf, 2002.
BROWNE, Malcolm W., « Dinosaur Experts Resist Meteor Extinction Idea », *New York Times*, 29 octobre 1985.
BUCKLAND, William, *Geology and Mineralogy Considered with Reference to Natural Theology*, Londres, W. Pickering, 1836.
BURDICK, Alan, *Out of Eden: An Odyssey of Ecological Invasion*, New York, Farrar, Straus and Giroux, 2005.
BURKHARDT, Richard Wellington, *The Spirit of System: Lamarck and Evolutionary Biology*, Cambridge, Mass., Harvard University Press, 1977.
BUTLIN, Roger, BRIDLE, Jon, SCHLUTER, Dolph, dir., *Speciation and Patterns of Diversity*, Cambridge, Cambridge University Press, 2009.
CALDEIRA, Ken, WICKETT, Michael E., « Anthropogenic Carbon and Ocean pH », *Nature*, n° 425, 2003, p. 365.
CARPENTER, Kent E., et al., « One-Third of Reef-Building Corals Face Elevated Extinction Risk from Climate Change and Local Impacts », *Science*, n° 321, 2008, p. 560-63.
CATENAZZI, Alessandro, et al., « *Batrachochytrium dendrobatidis* and the Collapse of Anuran Species Richness and Abundance in the Upper Manú National Park, Southeastern Peru », *Conservation Biology*, n° 25, 2011, p. 382-91.
CHOWN, Steven L., et al., « Continent-wide Risk Assessment for the Establishment of Nonindigenous Species in Antarctica », *Proceedings of the National Academy of Sciences*, n° 109, 2012, p. 4938-43.
CHU, Jennifer, « Timeline of a Mass Extinction », *MIT News Office*, 18 novembre 2011.
COLEMAN, William, *Georges Cuvier, Zoologist: A Study in the History of Evolution Theory*, Cambridge, Massachusetts, Harvard University Press, 1964.
COLLEN, Ben, BÖHM, Monika, KEMP, Rachael, BAILLIE, Jonathan E. M., dir., *Spineless: Status and Trends of the World's Invertebrates*, Londres, Zoological Society, 2012.
COLLINGE, Sharon K., *Ecology of Fragmented Landscapes*, Baltimore, Johns Hopkins University Press, 2009.
COLLINS, James P., CRUMP, Martha L., *Extinctions in Our Times: Global Amphibian Decline*, Oxford, Oxford University Press, 2009.
CRUMP, Martha L., *In Search of the Golden Frog*, Chicago, University of Chicago Press, 2000.
CRUTZEN, Paul J., « Geology of Mankind », *Nature*, n° 415, 2002, p. 23.
CRYAN, Paul M., et al., « Wing Pathology of White-Nose Syndrome in Bats Suggests Life-Threatening Disruption of Physiology », *BMC Biology*, n° 8, 2010.

Cuvier, Georges, Rudwick, Martin J. S., *Georges Cuvier, Fossil Bones, and Geological Catastrophes: New Translations and Interpretations of the Primary Texts*, Chicago, University of Chicago Press, 1997.

Darwin, Charles, *The Structure and Distribution of Coral Reefs*, 3e éd., New York, D. Appleton, 1897.

Darwin, Charles, *The Works of Charles Darwin. Vol. 1, Diary of the Voyage of H.M.S. Beagle. Edited by Paul H. Barrett and R. B. Freeman*, New York, New York University Press, *1987.*

Darwin, Charles, *The Works of Charles Darwin. Vol. 2, Journal of Researches. Edited by Paul H. Barrett and R. B. Freeman*, New York, New York University Press, 1987.

Darwin, Charles, *The Works of Charles Darwin. Vol. 3, Journal of Researches, Part 2, Edited by Paul H. Barrett and R. B. Freeman*, New York, New York University Press, 1987.

De'ath, Glenn, et al., « The 27-Year Decline of Coral Cover on the Great Barrier Reef and Its Causes », *Proceedings of the National Academy of Sciences*, n° 109, 2012, p. 17995-99.

DeWolf, Gordon P., *Native and Naturalized Trees of Massachusetts*, Amherst, Cooperative Extension Service, University of Massachusetts, 1978.

Diamond, Jared, « The Island Dilemma: Lessons of Modern Biogeographic Studies for the Design of Natural Reserves », *Biological Conservation*, n° 7, 1975, p. 129-46.

Dobbs, David, *Reef Madness: Charles Darwin, Alexander Agassiz, and the Meaning of Coral*, New York, Pantheon, 2005.

Ellis, Erle C., et Ramankutty, Navin, « Putting People in the Map: Anthropogenic Biomes of the World », *Frontiers in Ecology and the Environment*, n° 6, 2008, p. 439-47.

Elton, Charles S., *The Ecology of Invasions by Animals and Plants, 1958*, Réimpression, Chicago, University of Chicago Press, 2000.

Erwin, Douglas H., *Extinction: How Life on Earth Nearly Ended 250 Million Years Ago*, Princeton, N. J., Princeton University Press, 2006.

Erwin, Terry L., « Tropical Forests: Their Richness in Coleoptera and Other Arthropod Species », *Coleopterists Bulletin*, n° 36, 1982, p. 74-75.

Fabricius, Katherina E., et al., « Losers and Winners in Coral Reefs Acclimatized to Elevated Carbon Dioxide Concentrations », *Nature Climate Change*, n° 1, 2011, p. 165-69.

Feeley, Kenneth J., et al., « Upslope Migration of Andean Trees », *Journal of Biogeography*, n° 38, 2011, p. 783-91.

Feeley, Kenneth J., et Silman, Miles R., « Biotic Attrition from Tropical Forests Correcting for Truncated Temperature Niches », *Global Change Biology*, n° 16, 2010, p. 1830-36.

Flannery, Tim F., *The Future Eaters: An Ecological History of the Australasian Lands and People*, New York, G. Braziller, 1995.

Fortey, Richard A., *Life: A Natural History of the First Four Billion Years of Life on Earth*, New York, Vintage, 1999.

Fuller, Errol, *The Great Auk*, New York, Abrams, 1999.

GASKELL, Jeremy, *Who Killed the Great Auk?*, Oxford, Oxford University Press, 2000.

GATTUSO, Jean-Pierre, et HANSSON, Lina, dir., *Ocean Acidification*, Oxford, Oxford University Press, 2011.

GLEN, William, ed., *The Mass-Extinction Debates: How Science Works in a Crisis*, Stanford, Californie, Stanford University Press, 1994.

GOODELL, Jeff, *How to Cool the Planet: Geoengineering and the Audacious Quest to Fix Earth's Climate*, Boston, Houghton Mifflin Harcourt, 2010.

GRANT, K. Thalia, et ESTES, Gregory B., *Darwin in Galápagos: Footsteps to a New World*, Princeton, N. J., Princeton University Press, 2009.

GRAYSON, Donald K., et MELTZER, David J., « A Requiem for North American Overkill », *Journal of Archaeological Science*, n° 30, 2003, p. 585-93.

GREEN, Richard E., et al., « A Draft Sequence of the Neandertal Genome », *Science*, n° 328, 2010, p. 710-22.

HALLAM, A., *Great Geological Controversies*, Oxford, Oxford University Press, 1983.

HALLAM, A., et WIGNALL, P.B., *Mass Extinctions and Their Aftermath*, Oxford, Oxford University Press, 1997.

HALL-SPENCER, Jason M., et al., « Volcanic Carbon Dioxide Vents Show Ecosystem Effects of Ocean Acidification », *Nature*, n° 454, 2008, p. 96-99.

HAMILTON, Andrew J., et al., « Quantifying Uncertainty in Estimation of Tropical Arthropod Species Richness », *American Naturalist*, n° 176, 2010, p. 90-95.

HANNAH, Lee Jay, ed., *Saving a Million Species: Extinction Risk from Climate Change*, Washington, D.C., Island Press, 2012.

HAYNES, Gary, ed., *American Megafaunal Extinctions at the End of the Pleistocene*, Dordrecht, Springer, 2009.

HEATWOLE, Harold, DONE, Terence, et CAMERON, Elizabeth, *Community Ecology of a Coral Cay: A Study of One Tree Island, Great Barrier Reef, Australia*, The Hague, W. Junk, 1981.

HEDEEN, Stanley, *Big Bone Lick: The Cradle of American Paleontology*, Lexington, University Press of Kentucky, 2008.

HEPTING, George H, « Death of the American Chestnut », *Forest and Conservation History*, n° 18, 1974, p. 60-67.

HERBERT, Sandra, *Charles Darwin, Geologist*, Ithaca, N. Y., Cornell University Press, 2005.

HERRMANN, E., et al., « Humans Have Evolved Specialized Skills of Social Cognition: The Cultural Intelligence Hypothesis », *Science*, n° 317, 2007, p. 1360-66.

HOEGH-GULDBERG, Ove, et al., « Coral Reefs under Rapid Climate Change and Ocean Acidification », *Science*, n° 318, 2007, p. 1737-42.

HOFFMANN, Michael, et al., « The Impact of Conservation on the Status of the World's Vertebrates », *Science*, n° 330, 2010, p. 1503-9.

HOLDAWAY, Richard N., et JACOMB, Christopher, « Rapid Extinction of the Moas (Aves: Dinornithiformes): Model, Test, and Implications », *Science*, n° 287, 2000, p. 2250-54.

HOOKE, Roger, MARTIN-DUQUE, José F., et PEDRAZA, Javier, « Land Transformation by Humans: A Review », *GSA Today*, n° 22, 2012, p. 4-10.

Huggett, Richard J., *Catastrophism: Systems of Earth History*, Londres, E. Arnold, 1990.
Humboldt, Alexander von., *Views of Nature, or, Contemplations on the Sublime Phenomena of Creation with Scientific Illustrations* (trad. Otté, Elsie C., et Bohn, Henry George), Londres, H. G. Bohn, 1850.
Hunt, Terry L., « Rethinking Easter Island's Ecological Catastrophe », *Journal of Archaeological Science*, n° 34, 2007, p. 485-502.
Hutchings, P. A., Kingsford, Michael, Hoegh-Guldberg, Ove, dir., *The Great Barrier Reef: Biology, Environment and Management*, Collingwood, Australia, CSIRO, 2008.
Janzen, Daniel H., « Why Mountain Passes Are Higher in the Tropics », *American Naturalist*, n° 101, 1967, p. 233-49.
Johnson, Chris, *Australia's Mammal Extinctions: A 50,000 Year History*, Cambridge, Cambridge University Press, 2006.
Kiessling, Wolfgang, et Simpson, Carl, « On the Potential for Ocean Acidification to Be a General Cause of Ancient Reef Crises », *Global Change Biology*, n° 17, 2011, p. 56-67.
Knoll, A. H., « Biomineralization and Evolutionary History », *Reviews in Mineralogy and Geochemistry*, n° 54, 2003, p. 329-56.
Kudla, Marjorie L., Wilson, Don E., et Wilson, E. O., dir., *Biodiversity II: Understanding and Protecting Our Biological Resources*, Washington, D. C., Joseph Henry Press, 1997.
Kump, Lee, Bralower, Timothy, et Ridgwell, Andy, « Ocean Acidification in Deep Time », *Oceanography*, n° 22, 2009, p. 94-107.
Kump, Lee R., Pavlov, Alexander, et Arthur, Michael A., « Massive Release of Hydrogen Sulfide to the Surface Ocean and Atmosphere during Intervals of Oceanic Anoxia », *Geology*, n° 33, 2005, p. 397.
Landman, Neil, et al., « Mode of Life and Habitat of Scaphitid Ammonites », *Geobios*, n° 54, 2012, p. 87-98.
Laurance, Susan G. W., et al., « Effects of Road Clearings on Movement Patterns of Understory Rainforest Birds in Central Amazonia », *Conservation Biology*, n° 18, 2004, p. 1099-109.
Lawton, John H., et May, Robert M., *Extinction Rates*, Oxford, Oxford University Press, 1995.
Lee, R., *Memoirs of Baron Cuvier*, New York, J. and J. Harper, 1833.
Lenton, Timothy M., et al., « First Plants Cooled the Ordovician », *Nature Geoscience*, n° 5, 2012, p. 86-9.
Levy, Sharon, *Once and Future Giants: What Ice Age Extinctions Tell Us about the Fate of Earth's Largest Animals*, Oxford, Oxford University Press, 2011.
Longrich, Nicholas R., Bhullar, Bhart-Anjan S., et Gauthier, Jacques A., « Mass Extinction of Lizards and Snakes at the Cretaceous-Paleogene Boundary », *Proceedings of the National Academy of Sciences*, n° 109, 2012, p. 21396-401.
Longrich, Nicholas R., Tokaryk, T., et Field, D.J., « Mass Extinction of Birds at the Cretaceous-Paleogene (K-Pg) Boundary », *Proceedings of the National Academy of Sciences*, n° 108, 2011, p. 15253-57.

LOVEJOY, Thomas, « A Tsunami of Extinction », *Scientific American*, décembre 2012, p. 33-34.

LYELL, Charles, *Travels in North America, Canada, and Nova Scotia with Geological Observations*, 2de éd., Londres, J. Murray, 1855.

LYELL, Charles, *Geological Evidences of the Antiquity of Man; with Remarks on Theories of the Origin of Species by Variation*, 4e éd. revisée, Londres, Murray, 1873.

LYELL, Charles, *Life, Letters and Journals of Sir Charles Lyell, edited by Mrs. Lyell*, Londres, J. Murray, 1881.

LYELL, Charles, *Principles of Geology, Vol. 1*, Chicago, University of Chicago Press, 1990.

LYELL, Charles, *Principles of Geology, Vol. 2*, Chicago, University of Chicago Press, 1990.

LYELL, Charles, *Principles of Geology, Vol. 3*, Chicago, University of Chicago Press, 1991.

MACPHEE, R. D. E., ed., *Extinctions in Near Time: Causes, Contexts, and Consequences*, New York, Kluwer Academic/Plenum, 1999.

MAERZ, John C., NUZZO, Victoria A., et BLOSSEY, Bernd, « Declines in Woodland Salamander Abundance Associated with Non-Native Earthworm and Plant Invasions », *Conservation Biology*, n° 23, 2009, p. 975-81.

MAISELS, Fiona, et al., « Devastating Decline of Forest Elephants in Central Africa », *PLOS ONE*, n° 8, 2013.

MARTIN, Paul S., et KLEIN, Richard G., dir., *Quaternary Extinctions: A Prehistoric Revolution*, Tucson, University of Arizona Press, 1984.

MARTIN, Paul S., et WRIGHT, H. E., dir., *Pleistocene Extinctions: The Search for a Cause*, New Haven, Conn., Yale University Press, 1967.

MARVIN, Ursula B., *Continental Drift: The Evolution of a Concept*, Washington, D. C., Smithsonian Institution Press (distribué par Braziller, G.), 1973.

MCCALLUM, Malcolm L., « Amphibian Decline or Extinction? Current Declines Dwarf Background Extinction Rates », *Journal of Herpetology*, n° 41, 2007, p. 483-91.

MENDELSON, Joseph R., « Shifted Baselines, Forensic Taxonomy, and Rabb's Fringelimbed Treefrog: The Changing Role of Biologists in an Era of Amphibian Declines and Extinctions », *Herpetological Review*, n° 42, 2011, p. 21-25.

MITCHELL, Alanna, *Seasick: Ocean Change and the Extinction of Life on Earth*, Chicago, University of Chicago Press, 2009.

MITCHELL, Christen, et al., *Hawaii's Comprehensive Wildlife Conservation Strategy*, Honolulu, Department of Land and Natural Resources, 2005.

MITTELBACH, Gary G., et al., « Evolution and the Latitudinal Diversity Gradient: Speciation, Extinction and Biogeography », *Ecology Letters*, n° 10, 2007, p. 315-31.

MONKS, Neale, et PALMER, Philip, *Ammonites*, Washington, D. C., Smithsonian Institution Press, 2002.

MOUM, Truls, et al., « Mitochondrial DNA Sequence Evolution and Phylogeny of the Atlantic Alcidae, Including the Extinct Great Auk (Pinguinus impennis) », *Molecular Biology and Evolution*, n° 19, 2002, p. 1434-39.

MULLER, Richard, *Nemesis*, New York, Weidenfeld and Nicolson, 1988.

Musgrave, Ruth A., « Incredible Frog Hotel », *National Geographic Kids*, septembre 2008, p. 16-19.
Newitz, Annalee, *Scatter, Adapt, and Remember: How Humans Will Survive a Mass Extinction*, New York, Doubleday, 2013.
Newman, M. E. J., et Palmer, Richard G., *Modeling Extinction*, Oxford,Oxford University Press, 2003.
Newton, Alfred, « Abstract of Mr. J. Wolley's Researches in Iceland Respecting the Gare-Fowl or Great Auk », *Ibis*, n° 3, 1861, p. 374-99.
Nitecki, Matthew H., ed., *Extinctions*, Chicago, University of Chicago Press, 1984.
Novacek, Michael J., *Terra: Our 100-Million-Year-Old Ecosystem and the Threats That Now Put It at Risk*, New York, Farrar, Straus and Giroux, 2007.
Olson, Valérie A., et Turvey, Samuel T., « The Evolution of Sexual Dimorphism in New Zealand Giant Moa (Dinornis) and Other Ratites », *Proceedings of the Royal Society B*, n° 280, 2013.
Orlando, Ludovic, et al., « Ancient DNA Analysis Reveals Woolly Rhino Evolutionary Relationships », *Molecular Phylogenetics and Evolution*, n° 28, 2003, p. 485-99.
Outram, Dorinda, *Georges Cuvier: Vocation, Science and Authority in Post-Revolutionary France*, Manchester, Royaume-Uni, Manchester University Press, 1984.
Palmer, Trevor, *Perilous Planet Earth: Catastrophes and Catastrophism through the Ages*, Cambridge, Cambridge University Press, 2003.
Peale, Charles Willson, *The Selected Papers of Charles Willson Peale and His Family, Edited by Lillian B. Miller, Sidney Hart, and Toby A. Appel*, New Haven, Conn., Yale University Press (publié pour la National Portrait Gallery, Smithsonian Institution), p. 1983-2000.
Phillips, John, *Life on the Earth*, Cambridge, Macmillan and Company, 1860.
Plaisance, Laetitia, et al., « The Diversity of Coral Reefs: What Are We Missing? », *PLOS ONE*, n° 6, 2011.
Powell, James Lawrence, *Night Comes to the Cretaceous: Dinosaur Extinction and the Transformation of Modern Geology*, New York, W. H. Freeman, 1998.
Quammen, David, *The Song of the Dodo: Island Biogeography in an Age of Extinctions, 1996*, Réimprimé, New York, Scribner, 2004.
Quammen, David, *The Reluctant Mr. Darwin: An Intimate Portrait of Charles Darwin and the Making of His Theory of Evolution*, New York, Atlas Books/Norton, 2006.
Quammen, David, *Natural Acts: A Sidelong View of Science and Nature*, New York, Norton, 2008.
Rabinowitz, Alan, « Helping a Species Go Extinct: The Sumatran Rhino in Borneo », *Conservation Biology*, n° 9, 1995, p. 482-88.
Randall, John E., Allen, Gerald R., et Steene, Roger C., *Fishes of the Great Barrier Reef and Coral Sea*, Honolulu, University of Hawaii Press, 1990.
Raup, David M., *The Nemesis Affair: A Story of the Death of Dinosaurs and the Ways of Science*, New York, Norton, 1986.
Raup, David M., et Sepkoski Jr, John, « Periodicity of Extinctions in the Geologic Past », *Proceedings of the National Academy of Sciences*, n° 81, 1984, p. 801-5.

RAUP, David M., « Mass Extinctions in the Marine Fossil Record », *Science*, n° 215, 1982, p. 1501-3.

REICH, David, et al., « Genetic History of an Archaic Hominin Group from Denisova Cave in Siberia », *Nature*, p. 468, 2010, p. 1053-60.

RETTENMEYER, Carl W. et al., « The Largest Animal Association Centered on One Species: The Army Ant *Eciton burchellii* and Its More Than 300 Associates », *Insectes sociaux*, n° 58, 2011, p. 281-92.

RHODES, Frank H. T., STONE, Richard O., et MALAMUD, Bruce D, *Language of the Earth: A Literary Anthology*, 2de éd., Chichester, Royaume-Uni, Wiley, 2009.

RICCIARDI, Anthony, « Are Modern Biological Invasions an Unprecedented Form of Global Change? », *Conservation Biology*, n° 21, 2007, p. 329-36.

ROSE, Kenneth D., *The Beginning of the Age of Mammals*, Baltimore, Johns Hopkins University Press, 2006.

ROSENZWEIG, Michael L., *Species Diversity in Space and Time*, Cambridge, Cambridge University Press, 1995.

RUDWICK, M. J. S., *The Meaning of Fossils: Episodes in the History of Palaeontology*, 2de éd. révisée, New York, Science History, 1976.

RUDWICK, M. J. S., *Bursting the Limits of Time: The Reconstruction of Geohistory in the Age of Revolution*, Chicago, University of Chicago Press, 2005.

RUDWICK, M. J. S., *Lyell and Darwin, Geologists: Studies in the Earth Sciences in the Age of Reform*, Aldershot, Royaume-Uni, Ashgate, 2005.

RUDWICK, M. J. S., *Worlds Before Adam: The Reconstruction of Geohistory in the Age of Reform*, Chicago, University of Chicago Press, 2008.

RUIZ, Gregory M., et al., « Invasion of Coastal Marine Communities in North America: Apparent Patterns, Processes, and Biases », *Annual Review of Ecology and Systematics*, n° 31, 2000, p. 481-531.

RULE, Susan, et al., « The Aftermath of Megafaunal Extinction: Ecosystem Transformation in Pleistocene Australia », *Science*, n° 335, 2012, p. 1483-86.

RUSE, Michael, et TRAVIS, Joseph, dir., *Evolution: The First Four Billion Years*, Cambridge, Mass., Belknap Press of Harvard University Press, 2009.

SCHELL, Jonathan, *The Fate of the Earth*, New York, Knopf, 1982.

SELLERS, Charles Coleman, *Mr. Peale's Museum: Charles Willson Peale and the First Popular Museum of Natural Science and Art*, New York, Norton, 1980.

SEMONIN, Paul, *American Monster: How the Nation's First Prehistoric Creature Became a Symbol of National Identity*, New York, New York University Press, 2000.

SEVERANCE, Frank H., *An Old Frontier of France: The Niagara Region and Adjacent Lakes under French Control*, New York, Dodd, 1917.

SHEN, Shu-zhong, et al., « Calibrating the End-Permian Mass Extinction », *Science*, n° 334, 2011, p. 1367-72.

SHEPPARD, Charles, DAVY, Simon K., et PILLING, Graham M., *The Biology of Coral Reefs*, Oxford, Oxford University Press, 2009.

SHREEVE, James, *The Neandertal Enigma: Solving the Mystery of Modern Human Origins*, New York, William Morrow, 1995.

SHRENK, Friedemann, et MÜLLER, Stephanie, *The Neanderthals*, London, Routledge, 2009.

SILVERMAN, Jacob, et al., « Coral Reefs May Start Dissolving when Atmospheric CO2 Doubles », *Geophysical Research Letters*, n° 35, 2009.
SIMBERLOFF, Daniel, et REJMÁNEK, Marcel, dir., *Encyclopedia of Biological Invasions*, Berkeley, University of California Press, 2011.
SIMPSON, George Gaylord, *Why and How: Some Problems and Methods in Historical Biology*, Oxford, Pergamon Press, 1980.
SOTO-AZAT, Claudio, et al., « The Population Decline and Extinction of Darwin's Frogs », *PLOS ONE*, n° 8, 2013.
STANLEY, Steven M., *Extinction*, New York, Scientific American Library, 1987.
STOLZENBURG, William, *Rat Island: Predators in Paradise and the World's Greatest Wildlife Rescue*, New York, Bloomsbury, 2011.
STRAUS, William L. Jr., et CAVE, A. J. E., « Pathology and the Posture of Neanderthal Man », *Quarterly Review of Biology*, n° 32, 1957, p. 348-63.
SULLOWAY, Frank J., « Darwin and His Finches: The Evolution of a Legend », *Journal of the History of Biology*, n° 15, 1982, p. 1-53.
TAYLOR, Paul D., *Extinctions in the History of Life*, Cambridge, Cambridge University Press, 2004.
THOMAS, Chris D., et al., « Extinction Risk from Climate Change », *Nature*, n° 427, 2004, p. 145-48.
THOMSON, Keith Stewart, *The Legacy of the Mastodon: The Golden Age of Fossils in America*, New Haven, Conn., Yale University Press, 2008.
TODD, Kim, *Tinkering with Eden: A Natural History of Exotics in America*, New York, Norton, 2001.
TOLLEFSON, Jeff, « Splinters of the Amazon », *Nature*, n° 496, 2013, p. 286-89.
TRIPATI, Aradhna K., ROBERTS, Christopher D., et EAGLE, Robert A., « Coupling of CO2 and Ice Sheet Stability over Major Climate Transitions of the Last 20 Million Years », *Science*, n° 326, 2009, p. 1394-97.
TURVEY, Samuel, *Holocene Extinctions*, Oxford, Oxford University Press, 2009.
URRUTIA, Rocío, et VUILLE, Mathias, « Climate Change Projections for the Tropical Andes Using a Regional Climate Model: Temperature and Precipitation Simulations for the End of the 21st Century », *Journal of Geophysical Research*, n° 114, 2009.
VAN DRIESCHE, Jason, et VAN DRIESCHE, Roy, *Nature out of Place: Biological Invasions in the Global Age*, Washington, D. C., Island Press, 2000.
VERON, J. E. N., *A Reef in Time: The Great Barrier Reef from Beginning to End*, Cambridge, Mass., Belknap Press of Harvard University Press, 2008.
VERON, J. E. N., « Is the End in Sight for the World's Coral Reefs? », *e360*, 6 décembre 2010.
WAKE, D. B., et VREDENBURG, V. T., « Colloquium Paper: Are We in the Midst of the Sixth Mass Extinction? A View from the World of Amphibians », *Proceedings of the National Academy of Sciences*, n° 105, 2008, p. 11466-73.
WALLACE, Alfred Russel, *The Geographical Distribution of Animals with a Study of the Relations of Living and Extinct Faunas as Elucidating the Past Changes of the Earth's Surface, Vol. 1*, New York, Harper and Brothers, 1876.
WALLACE, Alfred Russel, *Tropical Nature and Other Essays*, Londres, Macmillan, 1878.

WALLACE, Alfred Russel, *The Wonderful Century: Its Successes and Its Failures*, New York, Dodd, Mead, 1898.

WALLACE, Alfred Russel, *The World of life: A Manifestation of Creative Power, Directive Mind and Ultimate Purpose*, New York, Moffat, Yard, 1911.

WELLS, Kentwood David, *The Ecology and Behavior of Amphibians*, Chicago, University of Chicago Press, 2007.

WELZ, Adam, « The Dirty War against Africa's Remaining Rhinos », *e360*, 27 novembre 2012.

WHITFIELD, John, *In the Beat of a Heart: Life, Energy, and the Unity of Nature*, Washington, D.C., National Academies Press, 2006.

WHITMORE, T. C., et SAYER, Jeffrey, dir., *Tropical Deforestation and Species Extinction*, Londres, Chapman and Hall, 1992.

WILSON, Leonard G., *Charles Lyell, the Years to 1841: The Revolution in Geology*, New Haven, Connecticut., Yale University Press, 1972.

WOLLASTON, Alexander F. R., *Life of Alfred Newton*, New York, E. P. Dutton, 1921.

WORTHY, T. H., et HOLDAWAY, Richard N., *The Lost World of the Moa: Prehistoric Life of New Zealand*, Bloomington, Indiana University Press, 2002.

ZALASIEWICZ, Jan, *The Earth After Us: What Legacy Will Humans Leave in the Rocks?*, Oxford, Oxford University Press, 2008.

ZALASIEWICZ, Jan, et al., « Are We Now Living in the Anthropocene? », *GSA Today*, n° 18, 2008, p. 4-8.

ZALASIEWICZ, Jan, et al., « Graptolites in British Stratigraphy », *Geological Magazine*, n° 146, 2009, p. 785-850.

Sources des illustrations

218 © Philip C. Stouffer
226 U.S. Fish and Wildlife Service/Science Source
253 Vermont Fish and Wildlife Department/Joel Flewelling
259 Tom Uhlman, zoo de Cincinnati
265 © Natural History Museum, Londres/Mary Evans Picture Library
269 AFP/Getty Images/Newscom
279 Muséum de Neanderthal
284 © Paul D. Stewart/NPL/Minden Pictures
286 Muséum de Neanderthal
296 Remerciements à Ed Green
312 Zoo de San Diego

La recherche des photos a été effectuée par Laura Wyss et Wyssphoto, Inc.

Les diagrammes des pages 26, 94, 106, 195, 317 ont été exécutés par Mapping Specialists.

Table des matières

conception
réalisation
mise en page
44405 Rezé cedex

Mise en pages PCA
44400 Rezé

Cet ouvrage a été imprimé par
CPI en novembre 2015

Dépôt légal : août 2015
N° d'impression : 2019482
N° d'édition : 2016_0738

Imprimé en France